Antônio Inácio Andrioli
Richard Fuchs (Hrsg.)

Die Saat des Bösen

Antônio Inácio Andrioli
Richard Fuchs (Hrsg.)

AGRO-GENTECHNIK:
DIE SAAT DES BÖSEN

Die schleichende Vergiftung von Böden und Nahrung

emu verlag

ISBN 3-89189-152-0
2. Auflage 2007

Umschlagfoto: Martin Gutjahr-Jung
Umschlaggestaltung: Martin Gutjahr-Jung

Gesamtherstellung: Kösel, Krugzell

Inhalt

Essay

von Richard Fuchs

In der kleinen Stadt in der Wetterau, zwischen Taunus und Vogelsberg, ist die Welt noch in Ordnung – zumindest auf den ersten Blick. Man kennt sich, ist per Du, feiert Feste, leistet Nachbarschaftshilfe. Das Städtchen mit den rund 9000 Seelen ist umgeben von fruchtbaren Feldern, Wiesen und Seen. Dort, wo der stillgelegte Braunkohlentagebau tiefe Gruben hinterlassen hat, entstand durch das nachfließende Grundwasser eine schöne Seenlandschaft. Hier lädt jedes Jahr der Anglerverein zum »ausgelassenen« Anglerball unter dem Motto »Es raschelt im Schilf« ein. Was darunter zu verstehen ist, macht die Vereinsordnung deutlich. Sie gestattet auch nächtliches Angeln vom Boot aus. Da mag sich so manches Paar bei Mondenschein im Schilf verloren haben.

Wem das Angeln zu langweilig ist, kann in den Schützenverein, Brieftauben- oder Landfrauenverein gehen. Was die Homepage des Ortes noch verspricht: »Ein Dinner zu zweit in einem Bergwerk oder in völliger Dunkelheit.« Der örtliche Kindergarten ist ein »Ort des Lachens und der Freuden«. Unter dem Motto »Lust auf Luxus« verkauft die Dessous-Boutique nebenan französische Marken zu erschwinglichen Preisen. Also rundherum fast eine ganz normale Kleinstadt.

Hier leben Lisa und ihre Geschwister. Denn sie lieben das Leben auf dem Lande. Lisa macht eine gute Figur. Ihr attraktives Äußeres mit dem gepflegten rotbraunen Haar und den dunkelbraunen Augen fallen jedem auf, der sie zum ersten Mal sieht. Dabei ist ihr selbst nicht bewusst, wie schön sie ist. Ihr Idealgewicht und ihre Gesundheit führt sie auf eine vitalstoffreiche vegetarische Vollwertkost zurück. So ernähren und ernährten sich bereits ihre Eltern und ihre Vorfahren.

Herr im Haus ist Gottfried. Das ist Tradition auf dem Lande. Sie wird selbst dann nicht kritisch hinterfragt, wenn es um Ernährungsfragen geht. Als rechtschaffener und strebsamer Bürger genießt Gottfried im

Ort Anerkennung als CDU-Mandatsträger in dem ansonsten von der SPD dominierten Gemeinderat. Auch im professionellen Bereich sitzt Gottfried in der ersten Reihe. Er ist experimentierfreudig, vertraut den Behörden und den Offerten seiner Geschäftspartner.

So vergehen die Jahre, und alles könnte so bleiben. Die Familie wächst. An Platz mangelt es nicht. Nichts deutet auf eine Veränderung des beschaulichen Lebens hin. Dass sich die Inhaltsstoffe der Nahrung ein wenig geändert haben, können weder Lisa noch ihre Geschwister ahnen. Denn das nimmt man weder optisch noch geschmacklich wahr. Was dennoch irritiert, ist seit einiger Zeit ein unerklärbares Unwohlsein nach den Mahlzeiten.

Plötzlich ist nicht mehr alles wie früher. Lisa fühlt sich matt und müde, klagt über Schmerzen. Ihre Lebenslust schwindet dahin. Für erste Krankheitssymptome gibt es keine Erklärung. Vergebens fragt Gottfried den Arzt und Apotheker. Auch die stehen vor einem Rätsel. Hilflose Versuche mit Infusionen bringen keine Besserung. In Lisas Gelenken sammelt sich Wasser, sie hat Blut im Harn. Ihre Blutgefäße erweitern sich. Schließlich platzen sogar einzelne Adern. Massive Stoffwechselstörungen wie auch eine schwere Nierenbeckenentzündung sind nicht mehr beherrschbar. Ihren Geschwistern geht es nicht besser. Gottfried ist verzweifelt. Nach einem kurzen schweren Leiden stirbt Lisa, viel zu früh und in den besten Jahren. Ihre Geschwister folgen ihr. Was Lisa nicht wissen konnte: Gentechnisch verfälschte Nahrung könnte ihr blühendes Leben viel zu früh beendet haben. Die enthielt Gift.

Lisa und das Schicksal einer 70-köpfigen Milchkuhherde

Lisa war eine von 70 Milchkühen im Stall des »Weidenhof«-Landwirts Gottfried Glöckner im hessischen Wölfersheim. Fortschrittlich und experimentierfreudig wie Glöckner war, bestellte er bereits 1997 als einer der ersten Landwirte in Deutschland seine Felder mit gentechnisch verändertem »BT-Mais 176« des Schweizer Saatgut/Chemiekonzerns *Syngenta.*[1]

Es war eine der ersten Genpflanzen überhaupt, die zur Saatgutproduktion, zur Vermarktung, für den Import, zur Verarbeitung, für Nahrungsmittel und Tierfutter in Europa freigegeben wurde. Die für Deutschland zuständige Genehmigungsbehörde, das *Robert-Koch-Institut* (*RKI*), stellte beruhigend fest: »Von dem dreifach genveränderten Mais sind keine schädlichen Auswirkungen zu erwarten.«[2] Selbst der deutsche Bundeskanzler Helmut Kohl (CDU) sprach sich auf der ANUGA (*Allgemeine Nahrungs- und Genussmittel-Ausstellung*) in Köln – der weltweit größten Messe dieser Art – nachdrücklich für den Einsatz der Gentechnik in der Landwirtschaft und deren »große wirtschaftliche Bedeutung« aus.[3] Da mochte der Parteifreund Glöckner nicht widersprechen. Auch *Novartis* (heute *Syngenta*) verbreitete Zuversicht: »30 Wissenschaftler haben unseren Mais untersucht, er ist wahrscheinlich das sicherste Lebensmittel überhaupt.«[4] Obwohl andererseits die Genehmigung von BT-Mais 176 von Anfang an umstritten war, verfütterte Glöckner den Mais an seine Kühe.

Bt-Mais

Bt-Mais (Bt = Bacillus thuringiensis) veranlasst die komplette Maispflanze, während ihrer gesamten Lebensdauer ein Gift zu produzieren, das sie gegen den Maiszünsler schützen soll – ein Produkt, das im Übrigen selbst in Regionen propagiert wird, wo keine Maiszünsler zu sehen sind. Das Bacillus thuringiensis in der »Killerpflanze« zerstört den Magen-Darm-Trakt von Insekten. Dabei unterscheidet das Gift nicht zwischen dem Maiszünsler und anderen Insekten. Es gefährdet auch nützliche Insekten vor Ort und im weiten Umkreis, wie auch Raupen geschützter Schmetterlinge. Denn der Pollenflug der Gen-Maispflanzen enthält hohe Konzentrationen des Bt-Giftes, außerdem ein ganzes Sortiment an fremdem Erbgut: Eingebaut wurden Gene für Antibiotika-Resistenz, Spritzmittel-Resistenz, mehrere Gene für das Insektengift sowie verschiedene Gene, die die Wirkung der Gift-Gene noch verstärken sollen.

Der Autor Patrice Courvalin stellte in einer Studie des renommierten Pasteur-Instituts (Paris) fest, dass die Antibiotika-Resistenzgene auf Mensch und Tier übertragen werden können und damit Resistenzen verursachen, die die Liste der inzwischen unwirksam gewordenen Antibiotika verlängern. Dadurch sei die Wirksamkeit der Behandlung schwerer Infektionen gefährdet. Auch andere funktionsfähige Gene aus dem Mais oder dem Fleisch der Tiere könnten von menschlichen Darmbakterien aufgenommen werden.[5]

Als es schon fast zu spät war, stellte eine staatliche Untersuchungsanstalt im Auftrag von Glöckner fest, dass der Frischmais pro Kilogramm 8,3 ng Toxin enthält. Das Gift wurde überall gefunden, im Kot, im Urin, damit auch in der Gülle, im Blutkreislauf und in den Lymphknoten der Tiere. Wenn das Toxin einmal über den Boden, das Futter, die Gülle und den Mist in den Kreislauf gelangt, macht es selbst vor dem

Menschen nicht Halt. Untersuchungen der Milch ergaben, dass auch in ihr Konstrukte des Toxins nachzuweisen sind. In einem anderen Labor, der Universität in Göttingen, verschwanden die übersandten Gewebeproben unter nicht geklärten Umständen.

Trotz jahrelanger Rettungsversuche musste die 70-köpfige Herde schließlich geschlachtet werden. An einem kalten trüben Wintertag, am 13. Dezember 2004, sagte Gottfried Glöckner mit trauriger Stimme, »Heute ist ein historischer Tag, heute lasse ich meine letzten Milchkühe abholen. Dann steht der Stall leer«.[6] Noch vor wenigen Jahren lieferte er täglich über 1500 Liter Milch in die Tanks.

1997, ein Jahr bevor die EU als Folge von Protesten in der Öffentlichkeit ein De-facto-Moratorium für die Zulassung von gentechnisch veränderten Organismen (GVO) verhängte, genehmigte die *EU-Kommission* das Inverkehrbringen des Bt-176-Genmais, d.h. den Anbau und das Verfüttern an Tiere. Glöckner konnte davon ausgehen, dass dieser Genmais wissenschaftlich ausreichend auf Unbedenklichkeit überprüft worden war. Nun steigerte Glöckner den Anbau von Genmais der Firma *Novartis* von zunächst 0,5 Hektar bis auf 10 Hektar seiner gesamten Anbaufläche. Die Lager mit Silomais[7] als Futtermittel waren wohlgefüllt.

Das Schicksal nimmt seinen Lauf

Nach zweieinhalb Jahren Fütterung nahm das Schicksal seinen Lauf: Die Kühe bekamen, so Glöckner, einen klebrig-grau-weißen Durchfall, Wasseransammlungen in den Gelenken, Ödeme in den Eutern, die Blutgefäße erweiterten sich. Bei einzelnen Tieren platzten Adern, Blut war in der Milch und im Harn zu finden. Bei manchen Kühen war die Euterhaut spröde und rissig, andere riegelten ihre Milchproduktion bei 20 Litern plötzlich ab und gaben keinen Tropfen mehr. Es kam zu Missbildungen der Kälber und bei einer Kuh zu einem Euterdurchbruch: Schwälle von Blut und Fleischklumpen ergossen sich aus dem Euter. Schließlich starben die ersten Tiere.

Was den Landwirtschaftsmeister stutzig machte, die Kühe liefen im Sommer von der Weide in den Stall und verendeten in der Box. Sie konnten sich bei Sonnenschein in der frischen Luft bewegen und frisches Gras fressen. Erstmals hatte Glöckner den Verdacht, dass auch auf der Weide Gift vorhanden sein musste. Bis zum Jahr 2002 hatte er jedes Jahr Gülle auf die Grünflächen ausgebracht und die Weide so ebenfalls mit Bt-Toxinen kontaminiert. Das heißt, die Kühe wurden nicht nur durch die Fütterung des Bt-176-Maises belastet, sondern auch durch das frische Gras auf der Weide sowie das silierte Gras oder das Heu. Diesen Giftkreislauf hatte *Syngenta* zunächst in Frage gestellt: »Zuerst hieß es«, so Glöckner, »dass das Toxin im Siliervorgang abgebaut wird. Als die von mir in Auftrag gegebenen Untersuchungen das Gegenteil bewiesen, hieß es, das Toxin wird in Sekundenschnelle im Verdauungstrakt abgebaut und taucht daher weder im Fleisch noch anderswo im Tier auf. Letztlich wurde es aber überall nachgewiesen: im Kot, im Blutkreislauf und in den Lymphknoten. Danach übte sich *Syngenta* in Schweigen«.

Seinen Glauben an die Gentechnik musste Glöckner teuer bezahlen. Von Genehmigungsbehörden war er ebenso enttäuscht wie von der interessengeleiteten Wissenschaft und natürlich von *Syngenta*. Zu seinem Erstaunen musste Glöckner feststellen: Den Zulassungsantrag für den Bt-176-Mais hatte Syngenta selbst geschrieben und so ging er auch unverändert durch. Die Wissenschaftler des *Robert-Koch-Instituts* hatten einen Fütterungsversuch mit Bt-176-Mais über einen Zeitraum von lediglich 60 Tagen durchgeführt. Dieser war aufgrund der kurzen Dauer wertlos. Denn Glöckners Kühe bekamen erst nach zweieinhalb Jahren Probleme. Auch bei der Zulassung des Bt-11-Mais von *Syngenta* verzichtete das *RKI* auf Langzeitstudien.

Wie glaubhaft ist die Auftragsforschung?

Wie glaubhaft Auftragsforschung ist, zeigt folgendes Beispiel: Während Glöckner vom *Syngenta*-Forschungszentrum in North Carolina/USA die Nachricht erhielt, dass in seinen Futterproben kein Bt-Toxin gefunden wurde, konnte die *Staatliche Lehr- und Versuchsanstalt* in Neustadt an der Weinstraße im Bt-176-Silomais des Jahres 2000 8,3 Mikrogramm Toxin pro Kilogramm Frischmasse nachweisen. *Syngenta* empfiehlt, die nach der Ernte des Körnermais nicht verwendete Restpflanze zu häckseln, um so auf »kostengünstige und sinnvolle Weise« Dünger für den Acker zur Verfügung zu haben. Die Bt-176-Maissilage sollte allerdings nicht auf Grünland ausgebracht werden, weil etwaige Wechselwirkungen nicht vorausgesehen werden können.[8] Grob falsch ist auch die von vornherein getroffene Annahme der substanziellen Äquivalenz – also der immer wieder behaupteten Gleichwertigkeit der Inhaltsstoffe von gentechnisch veränderten und konventionellen Pflanzen. Das zeigt die von Glöckner in Auftrag gegebene Aminosäuremessung.

Vom Befürworter zum Kritiker der Agro-Gentechnik konvertiert, fordert Glöckner nun Konsequenzen, tiefgreifende Risikoforschung in der Gentechnik, Ehrlichkeit und Offenheit sowie diejenigen für Schäden haftbar zu machen, die diese Produkte in Umlauf bringen. Auf die Frage, warum vergleichbare Fälle nicht an die Öffentlichkeit gelangen, antwortet Glöckner: »Zum einen dürfen keine negativen Erkenntnisse an die Öffentlichkeit gelangen, nicht einmal im Rahmen der sogenannten Sicherheitsforschung. Für den Bauern selbst ist es jedoch sehr schwierig, die Zusammenhänge nachzuvollziehen. Ich habe in Zusammenarbeit mit den Labors dreieinhalb Jahre dazu gebraucht.«[9]

Eine wirksame Öffentlichkeitsarbeit hingegen leistete Manfred Ladwig vom *Südwestfunk* (*SWR*) mit einem Beitrag der TV-Sendung *REPORT Mainz* vom 8. Dezember 2003, der zahlreiche weitere Medienberichte im In- und Ausland folgten.

In dem Beitrag *REPORT Mainz* vom *SWR* kommt u.a. der Veterinärmediziner Prof. Hartwig Bostedt von der *Universität Gießen* zu Wort, der die toten Kühe untersucht hat: Er stehe, so Bostedt, vor einem Rätsel. Es habe wahrscheinlich ein Zusammenwirken mehrerer Ursachen gegeben, die zum Tod der Tiere geführt haben. Er kommt deshalb zu einem anderen Schluss als *Syngenta*, was den verfütterten Gen-Mais betrifft, und schließt eine Mitwirkung dieses Teils der Fütterung als Ursache für den Tod der Kühe nicht aus. Demgegenüber kann Prof. Dr. Hans-Jörg Buhk vom *Robert-Koch-Institut* keinen Zusammenhang zwischen dem Bt-Mais und den toten Kühen erkennen. Dieser Ansicht schließt sich auch das *Bundesministerium für Bildung und Forschung* an. Das Ministerium verweist auf Fehler bei der Fütterung insgesamt, bei der auch andere Bestandteile eine Rolle gespielt haben sollen. Ein weiterer Wissenschaftler des *SWR*-Beitrages, der Molekularbiologe Prof. Ralf Einspanier, ließ Kühe mit Gen-Mais füttern und fand bereits fünf Wochen danach das Bt-Gift im Körper der Tiere und auch geringe Spuren eines Signals noch im Kot. Darum plädiert er für Langzeitversuche, um Klarheit zu bekommen.

Auf eine Telefonanfrage (14.8.06) bei *Syngenta* Deutschland teilte Frau Dr. Stehle dem Autor R. Fuchs mit, dass es keinen vergleichbaren Fall in Deutschland gegeben habe, da auch kein anderer Bauer den Bt-Mais an Kühe verfüttert habe. Im Übrigen sei Bt-176-Mais vom Markt genommen worden, da *Syngenta* inzwischen bessere Sorten anbieten würde. Zu dem immer noch laufenden Verfahren zwischen Glöckner und *Syngenta*, das im Herbst 2006 in Gießen verhandelt werden soll, wollte Frau Dr. Stehle sich nicht äußern. Der »Weidenhof« samt Ländereien stand laut Telefonauskunft im August 2005 kurz vor der Zwangsversteigerung. Ein marktüblicher Preis wird nicht erreicht werden können, da Äcker und Weideflächen gentechnisch kontaminiert sind.

In den USA lief 2001 die Genehmigung für Bt-176-Mais aus. In Europa untersagten Österreich, Luxemburg und Italien den Anbau. Auch in Deutschland darf seit Anfang 2000 der Bt-Mais nur noch zu Versuchszwecken angebaut werden. Viel zu spät ordnete das *RKI* das Ruhen der Genehmigung für das Inverkehrbringen der Maislinie einschließlich ihrer Abkömmlinge an.

Unverantwortliche Zulassungspraxis in Brüssel und Berlin

Wir schreiben das Jahr 2006. Nachdem im Jahr 2003/04 in Europa das De-facto-Zulassungs-Moratorium für GVO beendet wurde, steht nun wieder vor allem Gen-Mais auf der Liste der Zulassungen, und wieder unter Vernachlässigung von Sicherheitsfragen. Denn die Wirkungen dieser Pflanzen auf die komplexen Vorgänge der Naturkreisläufe können nicht annähernd abgeschätzt werden. Sollten langfristig ganze Insektenarten vernichtet werden, kann es einerseits zu Ernteausfällen kommen, andererseits besteht die Gefahr der Resistenzbildung, die wiederum einen noch höheren Gifteinsatz erfordern würde.

Fünf wissenschaftliche Studien in den USA haben gezeigt, dass in den »Corn Belt« zwischen Kansas, Nebraska über Iowa bis zum Staat New York Schmetterlinge durch Gen-Mais bedroht sind. In diesem Anbaugebiet werden 88 Prozent der nordamerikanischen Maisernte eingefahren. 45 Prozent davon waren (Stand 2005) Bt-Maissorten – Bt-11 von *Syngenta* und MON 810 von *Monsanto*. Dort stellten Wissenschaftler zunächst im Labor, dann aber auch im Freiland fest, dass die Larven des Monarchfalters ein erhöhtes Sterberisiko haben. Die Falter kommen nach der Verpuppung mit weniger Gewicht auf die Welt und zeigen eine reduzierte Fruchtbarkeit. Als die Nachricht in der Zeitschrift *Nature* und anschließend auch in anderen Medien verbreitet wurde, kam es zu erheblichen Kurseinbrüchen bei *Monsanto*-Aktien.

Wie die Europaabgeordnete Hiltrud Breyer in ihrer Presseerklärung vom 13. Januar 2006 schreibt, ist »die endgültige Importzulassung des Gen-Mais MON 863 der US-Firma *Monsanto* trotz alarmierender Risiken verheerend. Die Zulassung ist grob fahrlässig, da eindeutig die gesundheitliche Unbedenklichkeit für Mensch und Tier nicht gegeben ist«. MON 863 soll u. a. als Lebensmittel und Lebensmittelzusatz zugelassen werden. »Die EU-Kommission ignoriert die fehlende Zustimmung im Ministerrat und Warnungen von Wissenschaftlern.« Dabei dürfen in der EU nur solche gentechnisch veränderten Nahrungsmittel auf den Markt kommen, die für Verbraucher ebenso unbedenklich sind wie vergleichbare konventionelle Erzeugnisse. Auf eine Anfrage von Frau Breyer musste die Europäische Kommission einräumen, nicht in der Lage zu sein, grundlegende Sicherheitsfragen beantworten zu können. Wie auch im Fall Glöckner handelt es sich bei MON 863 ebenfalls um einen Bt-Mais, der ein Gift gegen den Maiswurzelbohrer produziert und außerdem ein umstrittenes Antibiotika-Resistenz-Gen enthält.

Zu alarmierenden Ergebnissen kam eine von *Monsanto* selbst mit MON 863 durchgeführte Fütterungsstudie an Ratten. Bei den Versuchstieren war es zu starken Veränderungen im Blutbild und an den Organen gekommen. Die Testmethoden selbst waren fragwürdig weil lückenhaft. So wurden weder Daten zum Verdauungstrakt erhoben noch ausreichend junge Ratten getestet, um Wachstumsunterschiede tatsächlich beobachten zu können. Hinzu kommt die zu kurze Dauer der Fütterung. Das alles hätte *Monsanto* gern verschwiegen. Die nach Meinung unabhängiger Wissenschaftler als gravierend erachteten Unterschiede zwischen Versuchstieren und der Kontrollgruppe wurden von *Monsanto* als »not biologically meaningful« (biologisch bedeutungslos) und deshalb als vernachlässigbar eingestuft.

Die Mängel der Studie konnten nur überprüft und festgestellt werden, weil sie 2005 als Ergebnis eines Gerichtsurteils des Oberverwaltungsgerichts Münster offengelegt werden mussten. Anlass war die Klage *Monsantos* gegen die Entscheidung des *Bundesamtes für Verbraucherschutz und Lebensmittelsicherheit* gewesen, das im April 2005 entschied, der Öffentlichkeit freien Zugang zur Studie zu gewähren. Das Gericht gab dem Bundesamt Recht.

MON 863 ist nur ein Beispiel für die unverantwortliche Praxis der Zulassung von GVO in Brüssel und Berlin. Das leidige Problem in Brüssel ist, wenn im Agrarministerrat keine Einigung bzw. ausreichende Mehrheit bei der Abstimmung erzielt wird, fällt die Kompetenz an die *Europäische Kommission* zurück, und die steht der Gentechnik nicht gerade skeptisch gegenüber. Im Oktober 2004 wurde bereits ein Produkt von *Monsanto*, der Gen-Mais NK 603, als Lebens- und Futtermittel in einer übereilten Entscheidung der *EU-Kommission* zugelassen. Auch hier fehlten Untersuchungen über die Langzeitfolgen für die menschliche Gesundheit, über toxische Effekte. Im September 2004 genehmigte die *EU-Kommission* die Eintragung von 17 Sorten der gentechnisch veränderten Maislinie MON 810 von *Monsanto* in den EU-Sortenkatalog.

Auch in Berlin hinterlassen die Lobbyisten deutliche Spuren. Das dem deutschen *Bundeslandwirtschaftsministerium* unterstellte *Bundessortenamt* erteilte im Februar 2005 die Vertriebsgenehmigung für den Anbau von gv-Mais der Firmen *Pioneer*, *Monsanto* (USA) und *KWS* (Deutschland), außerdem für sechs Sorten, alle auf der Basis der gentechnischen Veränderung MON 810. Demnach dürfen insgesamt 515 Doppeltonnen dieser Maissorten in Verkehr gebracht werden. Die Vertriebsgenehmigung ist notwendig, wenn eine Sorte noch nicht in der deutschen oder europäischen Saatgutliste eingetragen ist, aber dennoch angebaut werden soll.[10] Dass gv-Mais auf Anweisung des *Landwirtschaftsministeriums* eine Sortenzulassung bekommt, ist neu und rechtlich umstritten. Ein im Auftrag der Bundesfraktion der Grünen erstelltes Gutachten weist auf Verfahrensfehler im europäischen Zulassungsverfahren hin und hält den Anbau deswegen für gesetzeswidrig.[11] Bisher beruhte der gv-Maisanbau auf einer jedes Jahr wieder neu erteilten Sondergenehmigung der damals noch rot-grünen Bundesregierung.

Horst Seehofers Offensive pro Gentechnik im Auftrag der Bundeskanzlerin Angela Merkel wurde inzwischen getrübt. Über 10 000 kritische Schreiben zum Thema Agro-Gentechnik erreichten ihn, darunter auch rund 1000 Schreiben von Gesundheitsberatern GGB und ein sechsseitiges Schreiben der *Gesellschaft für Gesundheitsberatung GGB e.V.* selbst. Keine Versicherung will die Risiken der Agro-Gentechnik versichern. Das bestätigte mir auf telefonische Nachfrage eine der größten Versicherungen, die *Viktoria*. Risiken dieser Art hat *Viktoria* bisher nicht versichert und wird sie nach Auskunft auch in Zukunft nicht versichern. Einen Entschädigungs-Fond zur Schadensregulierung für

Bauern wird es ebenso nicht geben. Ob Seehofer bei der nächsten Bundestagswahl in seinem Heimatwahlkreis im bayrischen Ingolstadt-Eichstätt wieder ein gutes Ergebnis einfahren wird, wie zur letzten Wahl, ist mehr als fraglich. Dort gehen die Bauern auf die Barrikaden und haben ihre Felder zur »gentechnikfreien Zone« erklärt. Am 3. März 2006 demonstrierten in Ingolstadt 1000 Landwirte mit 60 Traktoren, Verbrauchern und Naturschützern und forderten: ganz Bayern solle gentechnikfreie Zone werden.

1500 Studien können sich nicht irren

Für Gentech-Lebens- und -Futtermittel gilt weitestgehend, dass sie unzureichend auf Risiken und Nebenwirkungen hin getestet sind und so die Konsumenten zu uninformierten und unfreiwilligen Probanden missbraucht werden. Denn Zulassungsverfahren für diese Erzeugnisse sind weder standardisiert noch öffentlich zugänglich. Unerwünschte Testresultate werden so lange uminterpretiert, bis sie nicht mehr stören, oder sind in Mengen der Unterlagen – nicht selten über 1000 Seiten – versteckt. Eine beliebte Praxis ist, die bis an die Kapazitätsgrenze belasteten Gesundheitsbehörden mit einem kaum zu bewältigenden Pensum an Interpretationen von Testergebnissen einzudecken. Bereits 1996 soll es 1500 Studien allein für die Unbedenklichkeit der »Roundup Ready«-Sojabohne der Firma *Monsanto* gegeben haben. Es fiel nicht schwer, die ohnehin von Lobbyisten beeinflussten und auf Gentechnikkurs eingeschworenen EU-Kommissionsmitglieder damit zu beeindrucken.

Die sicherste Methode, einer Studie den Segen zu erteilen, ist der Gütestempel eines vorgeblich unabhängigen und anerkannten Wissenschaftlers. So geschehen bereits im Oktober 1996, einen Monat bevor am 5. November die erste Schiffsladung mit Gen-Soja, aus New Orleans kommend, im Hamburger Hafen gelöscht wurde. Ein Auftrag von *Monsanto* mag Professor Klaus-Dieter Jany von der *Forschungsanstalt für Ernährung* in Karlsruhe für eine werbliche Pauschalaussage geneigt gemacht haben: Die Dokumentation »Roundup Ready Sojabohne«, ein Begleitmedium zur Roundup-Sojaeinfuhr, mit vielen sogenannten wissenschaftlichen Studien, wurde von Jany und Gabriele E. Sachse von der Frankfurter *BioAliance* zusammengefasst. *BioAliance* ist ein Unternehmen, das *Monsanto* im Umgang mit der Öffentlichkeit berät. Jany, der zu dieser Zeit außerdem als deutscher Experte für Lebenssicherheit bei der *WHO* und *OECD* tätig war, versicherte, dass aus heutiger Sicht die Sojabohnen und alle daraus gewonnenen Produkte gesundheitlich unbedenklich sind. »Mit Gentechnik« habe etwa den Aussagewert der Kennzeichnung eines Autos »Mit Kraftstoff« – ein rein verfahrenstechnischer Hinweis, so Jany.[12] Auf solcherlei »wissenschaftliche« Erkenntnisse gestützt, beantwortet im selben Jahr die Bundesregierung eine Anfrage der SPD: »Gentechnisch veränderte Sojabohnen sind gesundheitlich ebenso unbedenklich wie herkömmliche Sojabohnen. Dies gilt auch für das Allergierisiko. Eine Kennzeichnung der gentechnisch veränderten Sojabohnen ist daher nicht erforderlich.«[13]

2006. Droht bald das Ende der Ökolandwirtschaft?

Zehn Jahre später bezieht sich der Referatsleiter 222 Bio- und Gentechnologie des *Bundesministeriums für Ernährung, Landwirtschaft und Verbraucherschutz*, Wolfgang Koehler, im Auftrag des Bundesministers Seehofer in einem Schreiben wieder auf »ernstzunehmende Wissenschaftler«.[14] Ausgerechnet bei einer Frage, die selbst der »dümmste Bauer« anders beantworten würde, bemüht Koehler »ernstzunehmende Wissenschaftler«. Dabei geht es um die sogenannte Koexistenz beider Anbausysteme (mit und ohne Gentechnik). Da ist die Frage erlaubt: Ist es Unwissenheit oder, was umso schwerer wiegt, eine vorsätzliche Irreführung der Öffentlichkeit, glauben zu machen, dass eine Abstandsregelung, die wenige Meter Abstand zwischen Kulturen mit oder ohne Gentechnik vorsieht, einen horizontalen Gentransfer verhindern könnte? Der Wind weht, wo er will und damit auch die Pollen bis weit über einhundert Kilometer. In einem Eckpunktepapier des Landwirtschaftsministeriums wird ein Mindestabstand von lediglich 150 Metern diskutiert; *Monsanto* hält einen Abstand von 20 Metern für ausreichend. Auch Bienen kennen keine Grenzen. So würden nach und nach Gen-Pflanzen sämtliche Kulturpflanzen durchdringen und verseuchen. Welche Folgen das in Deutschland haben kann, wenn nicht gänzlich auf Agro-Gentechnik verzichtet wird, kann in Kanada und den USA studiert werden. Dort ist wegen gentechnischer Kontaminierung der Ökoanbau fast gänzlich zum Erliegen gekommen.

Wie wissenschaftlich ist die Wissenschaft?

Allen Ernstes behaupten die bereits zitierten »Wissenschaftler«: »... Nach diesen Befunden ist der Verzehr von GV-Maisprodukten grundsätzlich gesünder als der Verzehr von herkömmlichen Maisprodukten.« Oder: »Nach Abwägung der vorangegangenen Erörterungen erscheint es äußerst unwahrscheinlich, dass beim Verzehr der in der *Europäischen Union* zugelassenen GVO-Nahrungsmittel ein höheres Gesundheitsrisiko besteht als beim Verzehr herkömmlicher Nahrungsmittel. Im Gegenteil: Die GVO-Produkte sind umfassend geprüft, sind als sicher eingestuft worden und unterliegen strengen gesetzlichen Regelungen.«[15] Das sind Worte mit Gewicht aus dem Memorandum *der Union der Deutschen Akademien der Wissenschaften*, das dem *Bundeslandwirtschaftsministerium* als Stellungnahme zum Gespräch mit Minister Seehofer, »Grüne Gentechnik verantwortlich nutzen«, am 20. 4. 2006 zur Verfügung gestellt wurde.

Auf solche Aussagen – so ist zu befürchten – stützten sich die Referatsleiter in Seehofers Ministerium. Hinterfragt man die Forschungsinteressen der Absender des Memorandums näher, wird klar, warum sie ihr unhaltbares Votum pro Agro-Gentechnik abgegeben haben: Immer dabei ist der bereits beschriebene Prof. Klaus-Dieter Jany, vor zehn Jahren bereits ein »williger Helfer« von *Monsanto*. Prof. Heinz Saedler vom *Max-Planck-Institut für Züchtungsforschung* in Köln ist ein wichtiger Kooperationspartner der *Bayer AG*. Bekannt wurde Saedler 1989 durch seinen fehlgeschlagenen Freisetzungsversuch von Petunien. Ausgerechnet der erste Freilandversuch mit transgenen Pflanzen in Deutschland war zugleich der erste Flop: Entgegen der Planung blühten die Petunien weiß statt lachsrosa.

Prof. Uwe Sonnewald betreibt ein Joint Venture mit *BASF*, eine Pflanzen-Biotech-Firma als Ausgründung am *Institut für Pflanzengenetik und Kulturpflanzenforschung* in Gatersleben, Prof. Alfred Pühler von der *Universität in Bielefeld* ist Inhaber eines Lehrstuhls für Genetik. Prof. Hans-Walter Heldt von der *Universität Göttingen* ist Vorsitzender der *Kommission Grüne Gentechnik der Akademieunion*. Auch die Professoren Ivo Feußner und Prof. Wilfried Wackernagel von der *Universität Oldenburg* vertreten einschlägige Interessen. Wenn diese Professoren behaupten: »Die Ungefährlichkeit von GVO-Produkten wurde in umfangreichen Fütterungsversuchen mit Hunderten von Tieren bestätigt ...«, dann blenden sie die zahlreichen Fälle aus, die das Gegenteil zeigen. Auf einer Internationalen Tagung der *Akademien der Wissenschaft* im Mai 2006 in Berlin hat das sogenannte *Interacademy Panel* ein Manifest erarbeitet, das allen Wissenschaftsakademien der Welt zur Ratifizierung vorgelegt werden und die Botschaft verbreiten soll, dass gentechnisch veränderte Lebensmittel mindestens genauso sicher seien wie andere Nahrungsgüter.

Nicht immer gibt es bei der Einführung neuer Technologien, wie zur Zeit in Europa, Gelegenheit, die Langzeitfolgen solcher Technologien in einem anderen Land bzw. Kontinent zu studieren. Ein Blick in die USA mit einer 10-jährigen Praxis der Agro-Gentechnik, müsste für Politiker europäischer Staaten als Grund genügen, vor jeglichem Anbau gentechnisch veränderter Pflanzen zu warnen und ihn zu verbieten. Das macht der aus den USA zur Verfügung gestellte Bericht des Buches »Monsanto gegen Bauern« des *Center for Food Safety* in Washington, überdeutlich. Keine der ursprünglichen Versprechungen der Agro-Gentechnik konnte gehalten werden. Es kam und kommt zu Ernteeinbußen und vor allem zu der von *Monsanto* beabsichtigten Steigerung des Pestizidverbrauchs, wie in den Beiträgen des Mitherausgebers und Autors Antônio Inácio Andrioli nachdrücklich zu entnehmen ist. Eine Koexistenz zwischen Anbau mit und ohne Gentechnik hat sich als Illusion erwiesen. Es gibt kaum noch qualitativ hochwertige konventionelle Sorten im Handel.

Unschuldige Bauern, deren Felder durch Pollenflug kontaminiert sind, werden von Gerichten schuldig gesprochen, Strafen oder Lizenzgebühren zu zahlen. Mit einem 10-Millionen-US-Dollar-Etat und 75 Angestellten in der Rechtsabteilung von *Monsanto* werden Bauern in den Ruin getrieben. Die Saatgutverträge von *Monsanto* erlauben die unbeschränkte Einsicht und Prüfung von Geschäftsbüchern und Beständen. Vertragsbrüche enden häufig im Bankrott der Bauern. Gebührenfreie Telefonnummern für Denunzianten, gefälschte Unterschriften auf Saatgutverträgen, Rufschädigungen von Bauern, Kriminalisierung von Bauern, Drohbriefe, erzwungene außergerichtliche Vergleiche zählen zu dem Repertoire der *Monsanto*-Marketingstrategen. Zahlungen von insgesamt 15 253 602,82 US-Dollar an *Monsanto* sind das Ergebnis. Andererseits verklagen auch Bauern *Monsanto* wegen defekter Technologie. Der Widerstand wächst. Neue Gesetze in einzelnen Bundesstaaten beschneiden inzwischen die Rechte von Saatgutmultis. Gefordert wird ein US-weites Anbauverbot oder ein Zulassungsmoratorium für gv-Pflanzen.

Eine Zeitenwende mit weitreichenden Folgen

Mit einer unheiligen Allianz von Lobbyisten der Saatgut-/Chemiekonzerne, interessengeleiteten Wissenschaftlern, der *EU-Kommission* und der deutschen Bundesregierung stehen dennoch alle Zeichen auf eine zunehmende Verbreitung transgener Pflanzen mit allen wirtschaftlichen, ökologischen und gesundheitlichen Folgen. Schon heute sind fast die Hälfte aller Gesundheitskosten ernährungsbedingt. Obwohl der »schöne Schein« der Produktwerbung und des Packungs-Designs der Nahrungs- und Genussmittelindustrie anderes verspricht: Food Design, Functional Food oder Health Food, das heißt Industriekost, könne die Gesundheit erhalten oder diese sogar wiederherstellen.

In derselben Richtung argumentieren die bereits zitierten Wissenschaftler der *Deutschen Akademien der Wissenschaften*, wenn sie behaupten, Gen-Mais sei »grundsätzlich gesünder« als konventioneller Mais. Unter Verzicht eines Nachweises behaupten sie außerdem, »dass seit 1996 vor allem in der Neuen Welt Hunderte von Millionen Menschen Produkte aus GVO verzehrt haben, ohne dass dabei über wissenschaftlich belegte Schäden berichtet wurde«. Diese Feststellung ist insofern zynisch, als es zwar in der Tat fast keine wissenschaftlichen Belege gibt, diese aber auch nicht geben kann. Denn auf dem amerikanischen Kontinent gibt es weder eine Kennzeichnung für Genfood noch irgendwelche Begleitstudien. Vieles spricht hingegen für ein erhöhtes Risiko, wenn wir in Zukunft Nahrungsmittel verzehren, deren Ausgangsprodukte transgene Pflanzen sind. Das haben nicht nur Fütterungsversuche bei Tieren gezeigt. Denn sowohl herbizidresistente als auch insektenresistente Pflanzen enthalten Toxine. Entgegen vieler Ankündigungen sind bis heute keine Gen-Pflanzen auf dem Markt, die den Verbrauchern einen Nutzen bieten. Während die Konzerne zunächst Bauern gegenüber ihre Versprechungen halten konnten, zeigte bereits 1999 eine Studie, ausgerechnet des *US-Landwirtschaftsministeriums*: Weder ging der Pestizidverbrauch zurück, noch konnten die Erträge gesteigert werden.[16] Für Multis und andere Protagonisten der Grünen Gentechnik war die Studie ein Rückschlag. Denn welcher Landwirt oder welches Entwicklungsland will Geld für das teure, genpatentierte Saatgut unter Verzicht anderer Vorteile ausgeben? Darum ist es unverantwortlich, gegen den Widerstand einer sehr großen Mehrheit der Bevölkerung und der Bauern, in Europa solche Produkte zuzulassen.

Jeder hat das Recht auf Leben und körperliche Unversehrtheit

Obwohl das *Deutsche Grundgesetz* allen Bürgerinnen und Bürgern körperliche Unversehrtheit verspricht, stehen mit dem Essen aus dem Genlabor elementare Überlebensinteressen auf dem Spiel. Auf dem Spiel steht außerdem ein wichtiges Verkaufsargument der *EU-Agrarwirtschaft* im Binnenmarkt wie im Export auf den Weltmärkten von EU-Agrarprodukten: »garantiert Gentechnik-frei«. Auf dem Spiel stehen außerdem Arbeitsplätze als Folge von Vernichtungen kleiner bäuerlicher Betriebe. Denn Brüssel und die Chemieindustrie setzen seit langem auf großindustriell bewirtschaftete Landwirtschaft. Nach dem Prinzip *Manipulieren, Patentieren, Konfiszieren* hat längst ein schleichender Prozess begonnen, der am Ende zur Enteignung unserer Nahrungsgrundlage führen und die Landwirte zu Leibeigenen weniger Saatgut-/Chemiekonzerne machen wird. Mit der weltweiten Industrialisierung der Landwirtschaft werden Bauern – 50 Prozent der Weltbevölkerung – in die Städte, in die Slums, in die Entwurzelung, in Arbeitslosigkeit getrieben. Dabei sind in vielen Ländern kleine Landwirte das Herz der Nahrungsmittelproduktion. Noch steht es in der Macht der VerbraucherInnen zu entscheiden, was ihnen serviert wird: Biotechnologie oder Biogemüse.

Von Diktaturen weiß man, dass Grundrechte des Menschen nicht viel gelten. Zunehmend gilt auch für demokratische Gesellschaften, dass Regierungen und die dahinterstehenden Lobbyisten ein großes Interesse daran haben, die Rechte der Bürgerinnen und Bürger Stück für Stück zu beschneiden – und das keineswegs nur auf dem Gebiet der sogenannten »Grünen Gentechnik«.[17] Darum sollten wir uns nicht blind auf unsere Volksvertreter verlassen. Wir können sie vielmehr dazu verpflichten, unserem Wohl zu dienen. Denn alle Mitglieder der Bundesregierung müssen einen Eid schwören, dessen Wortlaut Artikel 56 GG bestimmt: »Ich schwöre, dass ich meine Kraft dem Wohle des deutschen Volkes widmen, seinen Nutzen mehren, Schaden von ihm wenden, das Grundgesetz und die Gesetze des Bundes wahren und verteidigen, meine Pflichten gewissenhaft erfüllen und Gerechtigkeit gegen jedermann üben werde. So wahr mir Gott helfe.«

Sollte die Bundesregierung entgegen berechtigter Interessen der Wähler und Wählerinnen nur noch im Auftrag weniger – vor allem US-amerikanischer Chemiekonzerne – handeln, ist Widerstand geboten. In

Art. 20 Abs. 4 GG heißt es: »Gegen jeden, der es unternimmt, diese Ordnung zu beseitigen, haben alle Deutschen das Recht zum Widerstand, wenn andere Abhilfe nicht möglich ist.« Nicht umsonst ist unser gutes altes Grundgesetz von 1949 aufgrund der abschreckenden Erfahrungen mit dem totalitären nationalsozialistischen Unrechtsstaat so formuliert worden. Dennoch steht uns mit der Enteignung unserer Nahrung oder dem Griff nach dem Erbgut wieder eine Art »Machtergreifung« und eine Diktatur ins Haus. Eine totalitäre Machtergreifung gegen die Eigentumsrechte am Saatgut, gegen die freie Nahrungs-Auswahl, gegen gesunde Lebensmittel, gegen das Recht auf körperliche Unversehrtheit, gegen unsere Gesundheit, gegen die Gesundheit der Tiere, gegen das unverfälschte Saatgut, gegen die ökologische und konventionelle Landwirtschaft, gegen bäuerliche Existenzen und die von ihnen erhaltene Kulturlandschaft. Bald könnte es heißen:

Alle Macht geht *dem* Volke aus

Noch aber können Verbraucherinnen und Verbraucher etwas tun, damit die Warnung des jüdischen Lyrikers Erich Fried nicht Wirklichkeit wird:

»Was keiner geglaubt haben wird,
was keiner gewusst haben konnte,
was keiner geahnt haben durfte,
das wird dann wieder das gewesen sein,
was keiner gewollt haben konnte.«

In vielen Teilen Europas haben sich Gebietskörperschaften zu gentechnikfreien Zonen erklärt. Gegen derartige Gebiete wehrte sich allerdings schon der ehemalige Agrarkommissar Franz Fischler mit den Worten: Die Kommission werde sie nicht dulden, zumindest dann nicht, wenn sie landesweit ausgerufen werden. Die aktuelle Gefahr lässt erwarten, dass es zu neuen Koalitionen von ökologisch und konventionell wirtschaftenden Agrariern kommen wird, die sich vorher eher skeptisch gegenüberstanden. Andererseits gibt es Widerstandsbewegungen wie die französischen *Faucheurs volontaires* (freiwillige Mäher), deren Mitglieder auf eigene Verantwortung – also niemals im Namen ihrer Organisation – Versuchsfelder mit Genpflanzen zerstören. Hierzulande nennt die Organisation *Gendreck-weg*[18] solche Aktionen »Feldbefreiung«. Die 2003 auf dem Larzac entstandene Bewegung des zivilen Ungehorsams zählt heute 5000 Aktivistinnen und Aktivisten.

Sie finden Nachahmer in anderen Ländern der EU. Auch in Deutschland machen Feldbefreier mobil. Während einige Aktivisten inzwischen zu empfindlichen Geldstrafen verurteilt wurden, ist nun zu Gunsten der Aktivisten Bewegung in die Sache gekommen: Die Strafkammer der Landesgerichte Orléans (Dez. 2005) haben in zwei Urteilen die Rechtmäßigkeit der Faucheurs anerkannt. Dabei gehen sie von einer Notstandssituation aus, die sie aus dem Grundsatz der »Zurückhaltung« der französischen Umweltcharta ableiten, der seit 1. März Verfassungsrang genießt. *LE MONDE diplomatique* vom 6. April 2006 kommentiert diese Aktionen so: »Wenn die repräsentative Demokratie nicht mehr funktioniert und die Zukunft der Biodiversität von eingefrorenem Saatgut in einer Grotte am Nordpol abhängt, muss Widerstand neues Recht setzen.«

Zur aktuellen politischen Entwicklung kurz vor Drucklegung, September 2006

Während der Koalitionsvertrag der großen Koalition noch die Förderung der Gentechnik versprach, ist inzwischen auf dem Feld der Gentechnik eine trügerische Ruhe eingekehrt. Im Januar 2006 kündigte der Künast-Nachfolger Horst Seehofer (CSU) an, er wolle der Agro-Gentechnik in Deutschland zum Durchbruch verhelfen. Genveränderte Pflanzen sollten laut Koalitionsvertrag in Zukunft vermehrt auf Feldern angebaut werden (SZ 11.1.2006). Etwas moderater äußerte sich Seehofer sechs Monate später: Der Koalitionsvertrag solle umgesetzt werden, gleichzeitig aber auch der Schutz von Mensch und Umwelt gewährleistet sein (RP 27.7.2006). Der damalige Präsident der *Deutschen Forschungsgemeinschaft*, Prof. Ernst-Ludwig Winnacker, Lobbyist an vorderster Front, mahnte, das Gentechnikgesetz sei wissenschaftsfeindlich und bedeute das Ende der Grünen Gentechnik. Die Botschaften fielen weniger auf fruchtbaren Boden als vielmehr auf steinigen Acker. Die größte gentechnikfreie Zone in Deutschland wurde ausgerechnet im Wahlkreis von Seehofer eingerichtet. Der Parteifreund und Generalsekretär der CSU, Markus Söder, drängt auf einen Kurs der Zurückhaltung und empfiehlt wegen »unkalkulierbarer Risiken« ein Moratorium für die wirtschaftliche Nutzung der Agro-Gentechnik (RP 19.7.2006). Auch der Bauernpräsident Sonnleitner rät vom Anbau gentechnisch veränderten Saatguts ab. Für 97 Prozent der Bauern ist Gentechnik kein Thema. Inzwischen (Stand: 30.1.2007) liegt lediglich ein Eckpunktepapier vor, mit dem die Bundesregierung die von ihren Behörden betriebenen Freisetzungen unter ihren Schutz nehmen will. Das heißt: Wenn es zu Auskreuzungen kommt, soll der Bund, bzw. wir alle mit unseren Steuergeldern haften. Die genauen Standorte sollen der Öffentlichkeit gegenüber nicht mehr zugänglich sein. Seine Lobbyarbeit hat Winnacker ab 1.1.2007 als erster Generalsekretär des »European Research Council« (ERC) nach Brüssel verlagert. Im Konzert mit der EU-Ratspräsidentschaft von Angela Merkel sind weitere Gefahren nicht ausgeschlossen. Denn ihre strategische Weichenstellung verfolgt den Plan einer transatlantischen Freihandelszone (EU/USA). Das würde eine uneingeschränkte Einfuhr transgener Pflanzen aus den USA zur Folge haben.

Gen-Saaten rund um den Globus

Von Kanada bis Argentinien, von Rumänien bis China – fast 90 Millionen Hektar gentechnisch manipulierte Pflanzen

von Richard Fuchs

Heute gehört uns Amerika und morgen die ganze Welt

Das muss man Amerika lassen. Es hat weltweit eine ziemlich kühl operierende Machtmanipulation betrieben und sich dabei als Streiter für das universelle Gute gebärdet. Ein glänzender, sogar geistreicher, äußerst erfolgreicher Hypnoseakt. Ich behaupte, die Vereinigten Staaten ziehen die größte Show der Welt ab, ganz ohne Zweifel. Brutal, gleichgültig, verächtlich und skrupellos, aber auch ausgesprochen clever. Als Handlungsreisende stehen sie ziemlich konkurrenzlos da, und ihr Verkaufsschlager heißt Eigenliebe.

Nobelpreis-Rede von Harold Pinter, Übersetzung von Michael Walter, DIE NOBELPREISSTIFTUNG 2005, aus: Website des Nobelpreis-Komitees, http://nobelprize.org

Nicht erst heute zielt die globale Machtpolitik der USA auf die Entwicklung strategischer Schlüsselpositionen auf verschiedenen Ebenen: im politischen und militärischen Bereich, im Finanzwesen, in der Energieversorgung, der Kommunikations-, Unterhaltungsindustrie und nicht zuletzt auf dem Nahrungssektor. In der Sprachregelung des Pentagon nennt man die strategischen Schlüsselpositionen »full spectrum dominance«. Diese beziehen sich zunächst auf ein globales militärisches Übergewicht, die Vorherrschaft über die ständig abnehmenden Ölvorräte, aber auch auf die Steuerung des eigentlich viel zu schwachen Dollars als Welt-Leitwährung.[1] Dabei erhebt die US-Administration den Anspruch, die Welt nach eigenem Gutdünken zu beherrschen und die globalen Staatsziele den eigenen Interessen zu unterwerfen. Obwohl die USA unter einem chronischen Außenhandelsdefizit leidet, bietet Amerika noch einige Exportgüter für den globalen Markt: Waffen, Getreideüberschüsse, Fastfood, Hormonfleisch, Software, Hollywood-»Kultur«, Coca-Cola und »Demokratie«. Auf dem Agrarexportsektor sehen die USA einen erheblichen Nachholbedarf.

Denn die stark subventionierte Landwirtschaft produziert Überschüsse, die, soweit diese gentechnisch kontaminiert sind, nicht unbedingt jeder haben will. Die USA verkaufen zwar jedes Jahr für insgesamt 9,2 Milliarden Euro Agrarprodukte an die Länder der *Europäischen Union*. Mit der Aufhebung der Einfuhrbeschränkungen der EU für gentechnisch veränderte Produkte soll dieser Export – so die Wunschvorstellung – erheblich gesteigert werden.

Auch wenn sich die Ergebnisse und Erwartungen des größten US-Saatgut-/Chemiekonzerns *Monsanto* nicht überall erfüllen konnten oder werden, so muss allein die Utopie dieses Konzerns bedenklich stimmen. Auf einem Gentechnikkongress im Jahre 1999 wurde den Teilnehmern das Unternehmensziel dieses Konzerns vorgestellt: Binnen 15 bis 20 Jahren solle sämtliches Saatgut auf der Welt gentechnisch verändert und damit patentiert sein. Die entscheidende Strategie, die der Konzern verfolgen solle, so die Empfehlung *Arthur Anderson Consulting Group*, sei die Einflussnahme auf die US-Regierung. Deren Rolle solle es sein, genmanipulierte Produkte auf die Märkte der Welt zu bringen, bevor sich Widerstand regt. Die Industrie hofft darauf, dass der Markt im Lauf der Zeit so überschwemmt wird, dass man nichts mehr dagegen tun kann.[2]

Seit vor zehn Jahren (1996) mit der Zulassung von Roundup Ready Sojabohnen[3] des US-Chemiekonzerns *Monsanto* genveränderte Sorten auf den Markt kamen, haben sich Gen-Saaten – vor allem Soja, Baumwolle, Raps und Mais, daneben auch Kartoffeln, Kürbis und Papaya – inzwischen auf einer Anbaufläche von insgesamt fast 90 Millionen Hektar legal oder auch illegal ausgebreitet. 2001 waren es weltweit noch rund 54 Millionen Hektar. Dabei handelt es sich fast ausnahmslos um Pflanzen mit veränderten agronomischen Eigenschaften wie Herbizid- und Insektenresistenz, die für Verbraucherinnen und Verbraucher keinerlei Nutzen bieten. Die wiederholten, aber bis heute uneingelösten Versprechen, transgene Pflanzen mit direktem Nutzen für die Verbraucher zu entwickeln oder den Hunger in der Welt besiegen zu können, entpuppten sich als rhetorischer Versuch, dem negativen Image der Agrar-Gentechnik entgegenzuwirken.

USA. Mit über 40 Millionen Hektar Anbaufläche führend

Mit der Entwicklung, Patentierung, Lizenzierung und Vermarktung von gentechnisch veränderten Nahrungspflanzen hat eine Zeitenwende in der Geschichte der menschlichen Zivilisation begonnen. Bisher galt die gemeinschaftliche Sorge der Menschen zur Sicherung der Ernährung dem gemeinschaftlichen Besitz von Saatgut und dem freien Saataustausch. Sie droht, mit der Kontrolle weniger Großkonzerne über die Grundlagen der menschlichen Ernährung, zu enden.

Mit über 40 Millionen Hektar Anbaufläche halten die USA die Führungsposition, gefolgt von Argentinien, Kanada und China. Unter einer Million Hektar Anbaufläche mit dabei ist Südafrika, Australien, Indien, Rumänien, Spanien Uruguay – mit weniger als 10000 Hektar Anbau: Mexiko, Indonesien, Honduras, Bulgarien, Kolumbien und Deutschland. 2004 waren weltweit über 60 Prozent der Sojaernte gentechnisch verändert. In China stammen inzwischen zwei Drittel der Baumwollernte aus dem Gen-Anbau, in den USA 70 Prozent. Auf Grund von Verunreinigung und Auskreuzung ist der gentechnikfreie Rapsanbau in Kanada fast zum Erliegen gekommen. Dabei kann die illegale Kontaminierung von konventionellen Bereichen in verschiedenen Phasen auftreten: in den Saatgutbanken, durch Pollenflug, nach der Ernte beim Transport, der Lagerung und Weiterverarbeitung.

Bei Soja haben Gen-Sorten die herkömmlichen Varietäten tendenziell fast verdrängt – in den USA und Argentinien bereits zu 90 Prozent. In Brasilien ist Gen-Soja durch Saatgut-Schmuggel aus Argentinien auf dem Vormarsch. Zambia zum Beispiel lehnte im Herbst 2002 Lebensmittelhilfen der Vereinigten Staaten mit dem Hinweis ab, sie seien besorgt, dass genmanipuliertes Saatgut die eigene Landwirtschaft »kontaminieren« könne und künftige Agrarexporte nach Europa gefährde. Bauern anderer afrikanischer Staaten lehnten gespendete US-Futtermittel aus Gen-Produktion ab.

USA. Mit den größten Saatgut-/Chemiekonzernen führend

Eine Spitzenposition halten die USA nicht nur im Anbau von transgenen Pflanzen, sondern auch bei den Lieferanten von Gen-Saatgut und den verordneten Giftspritzmitteln. Zu nennen ist an erster Stelle

Monsanto mit Beteiligungen, Übernahmen oder Kooperationen an vielen weiteren Unternehmen, *DuPont/Pioneer Hi-Bred*, dem weltweit größten Saatgutunternehmen, und *Dow Chemical* (*Dow AgroScience*). Die Nähe dieser Konzerne zur Politik sind unübersehbar. Das zeigte sich u.a. im Jahre 2003, als der US-Präsident George W. Bush auf dem G-8-Gipfel im französischen Evian die Aufhebung des Einfuhr- und Zulassungsverbots der EU für transgene Pflanzen und Produkte zu einer Angelegenheit strategischer Priorität erklärte. Dabei wiederholte er die irreführende Reklamebotschaft der *Life-Science-Industrie* und forderte die EU auf, bei der Bekämpfung des Hungers in der Dritten Welt zu helfen und sie nicht zu behindern. Bushs Forderung wurde durch die Ankündigung einer *WTO*-Beschwerde der USA gegen die EU unterstützt. Die Lobbyarbeit der USA hatte selbst den Vatikan erreicht. Dieser bereitete 2003 zum Entsetzen katholischer Geistlicher in der dritten Welt einen Bericht mit einem positiven Votum für die »Grüne Gentechnik« vor.[4] Am 19. Juni 2003 legten die USA bei der *WTO* Beschwerde ein und verlangten zusätzliche Analysen der einschlägigen Gesetze, die den Einsatz der Gentechnologie in der Landwirtschaft und bei den Verbrauchern blockieren.[5] Ein besonderes Ärgernis und Handelshindernis ist die Kennzeichnungspflicht von Genfood.

USA. Federführend bei patentierten Pflanzen

Federführend waren die USA auch, als es galt, das Wissen der Molekularbiologen in marktfähige Ware umzusetzen und Alleinverkaufsrechte an dieser Ware und gute Startbedingungen bei der Besetzung des Marktes zu sichern. Bereits 1980 entschied der *US-Supreme Court*, dass lebende Organismen patentierbar sind und damit auch Pflanzen.

Wenn heute nur noch wenige, vor allem US-amerikanische transnationale Saatgut-/Chemiekonzerne und Nahrungsmittelkonzerne, den Weltmarkt beherrschen, liegt die Vermutung nahe, dass mit der Umwandlung der Landwirtschaft andere Ziele, als die des Wachstums einzelner Konzerne oder einer Kartellbildung verbunden sein müssen, um Mindestverkaufspreise absprechen und durchsetzen zu können. Die sechs Global-Player[6] besitzen über 90 Prozent der zugelassenen transgenen Pflanzen und halten mehr als die Hälfte aller Patente auf transgene Pflanzen. Darüber hinaus versuchen sie durch Allianzen mit der Verarbeitungsindustrie und den Getreidehändlern Einfluss auf den ganzen Versorgungsweg zu nehmen. Die agrarindustriellen Interessen verfolgen eine Utopie, durch die Kontrolle vom Samen über eine neue Form bäuerlicher Sklavenschaft bis hin zum Supermarkt, die Welternährung beherrschen zu können. Fünf Maßnahmen für eine weltweite Vorherrschaft einiger Multis über Landwirtschaft und die Ernährung sind erforderlich: *Konfiszieren, Gentechnisch manipulieren, Patentieren, Monopolisieren, Globalisieren.*

Mit der auf diese Weise entstandenen Monopolisierung unserer Nahrungsressourcen ist ein geopolitisches Instrumentarium zur Steuerung des Wachstums der Weltbevölkerung entstanden. Hält der gegenwärtige Trend an, könnten die USA in zehn Jahren die Nahrungsmittelversorgung eines großen Teils unseres Planeten kontrollieren und damit über ein Machtinstrument verfügen, das sogar gegenüber der militärischen Macht Vorrang haben würde.[7] Dabei sind weder die gesundheitlichen Auswirkungen auf Mensch und Tier noch die Langzeitfolgen für die Ökosysteme annähernd geklärt.

»Bauernfänger« und ihre Marketingstrategien

Bei der Durchsetzung ihrer globalen marktpolitischen Interessen bedienen sich US-amerikanische Saatgut-Chemiekonzerne verschiedener Methoden und Tricks.

- Gelockt werden Bauern zum einen durch Verzicht auf Lizenzgebühren bei der Einführung von gv-Saatgut.
- Saatgut wird als humanitäre Entwicklungshilfe verschenkt. Sobald große Anbaugebiete verseucht sind, beginnt das traurige Erwachen der Bauern: Sie werden mit Lizenzgebühren zur Kasse gebeten.
- Eine subversive Methode bietet die nicht gekennzeichnete GVO-kontaminierte Nahrungsmittelhilfe des Welternährungsprogramms der UN. Die Spenden werden nicht nur zu Nahrungsmitteln verarbeitet, sondern von nicht informierten Bauern auch als Saatgut verwendet. Patentierte Gen-Pflanzen können sich auf diese Weise überall auf der Welt ausbreiten.
- Studenten und Agrarwissenschaftler der Dritten Welt werden in den USA mit dem Ziel weitergebildet, bei Rückkehr in ihr Land den Anbau von transgenen Pflanzen zu favorisieren. Instruktionen für Landwirte vor Ort ist eine ergänzende Variante der Beeinflussung.
- Wer solche Tricks durchschaut und sich widersetzt, kann dennoch unverschuldet in eine Falle geraten. Das musste der kanadische Far-

mer Percy Schmeiser leidvoll erfahren. In einem Prozess vor dem Höchsten Gericht verlor dieser gegen *Monsanto*, obwohl das Gericht *Monsanto* hätte verklagen müssen. Denn seine Felder waren von Nachbarfeldern mit gentechnisch manipuliertem Raps von *Monsanto* kontaminiert worden. Dieser aufsehenerregende Präzedenzfall bietet den Agrokonzernen die pauschale Genehmigung für solche Übergriffe.

- Effizient ist das Vorgehen in Paraguay bei der Einführung von Gen-Soja in Monokulturen (s. Beitrag S. 37: »Beispiel Paraguay«). Das Saatgut kommt sowohl durch US-Truppen ins Land als auch durch den *WWF* aufgrund des »Schulden-gegen-Umwelt-Tausch«-Programms. Vermarktet wird Soja hauptsächlich von brasilianischen Gruppen, die mit paramilitärischen Gangs und den Techniken der Todesschwadronen agieren.

Beispiel Argentinien. Noch vor dreieinhalb Jahrzehnten war der Sojaanbau in Argentinien nahezu unbekannt; 1971 betrug die Anbaufläche nicht einmal 9500 Hektar.[8] 1996 hatte der Sojaanbau bereits 44 Prozent der gesamten landwirtschaftlichen Nutzfläche des Landes erobert. Im selben Jahr beginnt auch die Erfolgsgeschichte von *Monsanto* mit der Einführung von Roundup Ready-Soja (RR-Soja). Das Verkaufsargument war zunächst verlockend: weniger Aufwand, geringere Kosten, höhere Erträge. Im Gegensatz zu anderen Ländern verzichtete der Konzern in Argentinien auf die Patentierung des Saatguts. So haben die Bauern ihr Saatgut aus eigener Ernte untereinander weitergeben können. Das Herbizid (Glyphosat) verkaufte *Monsanto* zu einem Drittel des sonstigen Preises. Die Folge war eine reiche Ausbreitung der Anbauflächen mit Gen-Soja. Heute, da inzwischen fast die gesamte Sojaproduktion aus gentechnisch manipulierten Varietäten besteht, beginnt das traurige Erwachen der Farmer:

Der US-Konzern verlangt nun Lizenzgebühren für das Saatgut und ist auch schon in einigen Fällen vor Gericht gegangen. Die argentinische Regierung hat als Zugeständnis an *Monsanto* nun ein neues Gesetz angekündigt, mit dem die Patentgebühren für gv-Saatgut festgesetzt werden sollen. Demnach werden die Gebühren für einen Zeitraum von sieben Jahren nach Einführung einer Sorte auf dem argentinischen Markt fällig. Verstöße werden von der Regierung verfolgt. Gleichzeitig wird der Nachbau des gv-Saatgutes auf einen Zeitraum von drei Jahren und auf einer Fläche von 65 Hektar beschränkt. Bisher gab es hierfür keine Grenze. *Monsanto* hatte die Regierung gedrängt, ein Gesetz zu erlassen, das das Eintreiben der Patentgebühren ermöglicht. Da bisher nur für ein Fünftel des Anbaus Patentgebühren eingetrieben werden konnten, hatte der Konzern einen anderen Weg für das Inkasso gesucht:

In Zukunft solle ein zweiprozentiger Exportaufschlag erhoben werden. 95 Prozent der argentinischen Sojaproduktion sind für den Export bestimmt. Bei fast der gesamten Produktion (98 %) handelt es sich um gentechnisch verändertes RR-Soja von *Monsanto*. Den Exporteuren setzte *Monsanto* eine Frist bis Mitte Februar 2005, bis zu deren Ende sie eine entsprechende Vereinbarung unterschreiben sollten. Das hat aber keiner der Exporteure getan. Gleichzeitig drohte *Monsanto* unter Bezugnahme der *Weltpatentorganisation WIPO* europäischen Firmen, die Gen-Soja aus Argentinien nach Europa exportieren, mit Klagen vor europäischen Gerichten.[9]

Erschwerend ist, dass das Versprechen, man könne Herbizide sparen, nicht nur nicht gehalten werden konnte, sondern der Einsatz dieser Gifte wegen zunehmender Resistenzen der Unkräuter erhöht werden musste. In der Pampa sind inzwischen acht Unkräuter gegen Glyphosat resistent. Damit beginnt der Teufelskreis: Die Herbizidmenge muss so lange ständig erhöht werden, bis *Monsanto* oder ein Wettbewerber ein noch wirksameres giftiges Mittel auf den Markt bringt.

Der Boden der 15,2 Millionen Hektar großen Anbaufläche (Stand: 2005/2006) – mehr als die Hälfte der gesamten Anbaufläche Argentiniens – wird zunehmend ausgelaugt. Der Verlust von Stickstoff und Phosphor würde den Einsatz von Düngemitteln im Wert von 910 Millionen US-Dollar erforderlich machen. Eine Alternative bietet die Vernichtung ganzer Waldgebiete mit Bulldozern, um neue Anbaugebiete zu gewinnen. Großinvestoren kaufen Land, investieren in die Mechanisierung. Die Entwaldung schreitet heute weitaus schneller voran als während des »Baumwollfiebers« oder des »Zuckerrohrfiebers«. Denn jüngste Zahlen deuten darauf hin, dass die Anbaufläche für Gen-Soja 2006 um 5,6 Prozent zunehmen wird. Als Folge des großflächigen Anbaus geht die Zahl der landwirtschaftlichen Betriebe zusehends zurück – in der Zeit zwischen 1988–2002 um 25 Prozent. Gegen die Konkurrenz der Großunternehmen kommen die Familienbetriebe nicht mehr an. Rund 500 kleine Provinzstädte sind zu Geisterstädten verkommen. 300 000 Bauern sind allein in jüngster Zeit aus dem ländlichen Raum abgewandert. Die Bevölkerung in den Anbaugebieten und vor allem die Landarbeiter erleiden massive gesundheitliche Schäden (mehr dazu im Kapitel »Erst die Kuh, dann Du«, s. S. 193. Anfangs wurde das Herbizid vom Flugzeug aus versprüht und verbreitete sich mitunter Hunderte von Metern außerhalb der Anbauflächen.[10]

Beispiel Paraguay

Vorspann: von Hermann Schmitz

Die südamerikanischen »Hinterhofbewohner« – inzwischen beinahe flächendeckend mit »linken« Regierungen gesegnet –, haben sich allmählich von der alles beherrschenden Macht im Norden emanzipiert, mal mehr, mal weniger.
Doch da steht noch ein alter, vergammelter Zirkuswagen auf diesem Hinterhof herum, mit Clowns, Verwandlungskünstlern, Messerwerfern und Zauberern als Zirkus-Regierung. Das Publikum ist teilweise schon abgewandert, der immer gleichen Vorstellungen überdrüssig.
»Paraguay« steht an dem Wagen geschrieben, in abgeblätterter Farbe und kaum lesbar …
Mit diesem Land können die USA bis heute noch so ziemlich alles anstellen, was ihnen in den Sinn kommt: Sie landen mit Militärmaschinen, wann und wo es ihnen passt, bauen heimlich ihre Stützpunkte aus, geduldet und gedeckt von einer korrupten Regierung, die ihre Souveränität gegen »Belohnungen« verscherbelt.
Das Volk ist sauer, hier gibt es noch ein Empfinden für nationale Würde.
Der amerikanische Botschafter gibt sich als wohlwollender Besserwisser, greift ungefragt und schamlos in die Landespolitik ein – nach Maßgabe der US-Interessen.
Gemeinsame Manöver mit paraguayischen Militärs dienen der Auskundschaftung des Landes, sie werden mit »humanitären Einsätzen« verbrämt, ein bisschen Gesundheitsdienst, Verteilen von Fresspaketen. »US-Aid« und »Peace Corps« spielen zur Begleitung die Hilfs- und Friedensmelodie.
Im Chaco bauen die USA heimlich eine Militärbasis auf, und jeder weiß warum:
Es geht um Ressourcensicherung (Erdöl, immense unterirdische Wasservorräte u. a.) und die Kontrolle des Nachbarn Bolivien mit seinem neuen Präsidenten Morales, der etwas gegen die Neoliberalisierung hat und tut. Man weiß ja nie …
Im Norden des Landes, vor allem im ärmsten Departamento San Pedro, werden Guerilleros oder Terroristen herbeigeredet, man braucht einen Vorwand, um hart durchzugreifen. Unter anderem gegen Landlose, die

der ungehemmten Ausbreitung genmanipulierter Soja im Wege stehen. Hier werden schließlich vor Ort die Interessen der großen amerikanischen Saatgut-Multis verteidigt.
Und natürlich die »Freiheit«: In Ciudad del Este, an der Grenze zu Brasilien, sehen die USA lauter Terroristen am Werk. Ihre vermeintliche Bekämpfung verdeckt das ureigenste Interesse, sich Paraguay – wie schon zu Zeiten der Stroessner-Diktatur – als Operationsbasis zu sichern, egal wie. Damals dienten die »Kommunisten« als Popanz, heute sind es die »Terroristen«.

Die Expansion von Soja in Paraguay

Von Grupo de Reflexión Rural, Argentinien, Javiera Rulli.
Mit freundlicher Genehmigung von Hermann Schmitz,
Paraguay Initiative e.V.,
www.proparaguay.de

Hinsichtlich des grausamen und gewaltsamen Gesichts der Soja-Industrie im Bereich des Mercosur ist Paraguay ein extremer Fall. Jeden Hektar Soja bezahlen die ländlichen Gemeinschaften in Paraguay mit ihrem Blut. Für das Agro-Business stellt die ländliche Kleinbauernwirtschaft ein Hindernis dar, welches zum Zwecke der eigenen Expansion aus dem Weg zu räumen ist.
Paraguay ist ein Land, das bis heute eine lebendige Kleinbauern- und indigene Kultur besitzt, wobei die Mehrheit der Bevölkerung in ländlichen Gebieten lebt und versucht, aus eigener Kraft zu überleben. Dennoch war, wie die Geschichte zeigt, die Landverteilung bereits in der Vergangenheit extrem ungleich. In Paraguay gehören 70 % des Landes weniger als 2 % der Bevölkerung. Durch den Fortschritt des landwirtschaftlichen Export-Modells für Soja und die Expansion von Produzenten gentechnisch veränderter Soja-Monokulturen entstand innerhalb der letzten Jahre eine frontale Bedrohung für die Campesino- und indigenen Gemeinschaften. Die Regierung unter Duarte Frutos, verstrickt in nie endende Korruptionsfälle und unterstützt von agroindustriellen Multis wie *Monsanto*, *Cargill*, *Dreyfuss* oder *Syngenta*, lässt bäuerliche Organisationen angreifen – und wird immer weniger deswegen belangt.

Gentechnisch veränderte Soja kommt sowohl durch US-Truppen ins Land als auch durch den *WWF* aufgrund des »Schulden-gegen-Umwelt«-Tausch-Programms [1] sowie durch *USAID* aufgrund des »Schulden-gegen-Gesundheit«-Tausch-Programms.

Blickt man auf Paraguays Zukunft, zeichnet sich ein Szenario ab, in dem die multinationalen Unternehmen die Ländereien, das genveränderte Saatgut und die Restbestände an Wald kontrollieren. Amerikanische Soldaten werden in Zukunft diejenigen sein, welche die militärischen Einheiten ausbilden und in ihrer Freizeit über Bildungs- und Gesundheitsangebote Kontrolle über die ländlichen Gemeinschaften ausüben.

Während die Multis in Gestalt riesiger Güter mit Tausenden Hektar Land expandieren – wobei diejenigen mit lang andauernden Allianzen mit dem damaligen Diktator Stroessner annähernd 12 Millionen Hektar Land besitzen –, haben die Parzellen der Bauern kaum mehr als 1–3 Hektar. In Paraguay wird eine Familie mit weniger als 5 Hektar Land als »sintierra«, landlos, betrachtet, da man mit einer solch geringen Fläche keine Eigenversorgung erreichen kann. Laut Belarmino Balbuena, Führer der MCP, *Movimiento Campesino Paraguayo* (*Paraguayische Bauern-Bewegung*), dominiert Soja den gesamten Osten und mittlerweile auch das Zentrum des Landes, so dass Gebiete ohne Soja-Anbau, außer im Chaco, nicht mehr existieren. Balbuena schätzt, dass Soja-Produzenten in fast die Hälfte der mit dem Land in Zusammenhang stehenden Konflikte verwickelt sind, welche zudem die gewaltsamsten sind. Das Spektrum der Soja-Produzenten ist vielfältig; unter ihnen sind Brasilianer, Deutsche, Italiener sowie große Transnationale wie *Cargill*, *Dreyfuss* und *ADM*.

Die Konsequenzen des sich in ganz Paraguay verbreitenden Monokultur-Modells mit genmanipulierter Soja sind zahllos: Tote infolge von Vergiftungen, massive Intoxikation, Landvertreibungen, Entfremdung nationalen Territoriums und Souveränitätsverlust. Im Ostteil des Landes wurde die paraguayische Bevölkerung mittlerweile zur Minderheit und immer mehr von Siedlungen ausländischer Soja-Produzenten verdrängt. Genmanipulierte Soja wird hauptsächlich von brasilianischen Gruppen vermarktet, die mit paramilitärischen Gangs und den Techniken der Todesschwadronen agieren (eine in Brasilien übliche Praxis).

Die Soja breitet sich aus – die Bauern wandern ins Gefängnis

Seit dem Jahr 2000 haben sich die Soja-Monokulturen von 1,1 auf 2,50 Mio. Hektar Land ausgeweitet. Die Ausbreitung der Monokulturen hat eine Vertreibung der Landarbeiter und indigenen Völker hervorgerufen; diese Vertreibungen nahmen inmitten einer Kriminalisierungswelle gegen solche Bewegungen noch stark zu; zwischen 1994 und 1998 gab es 100 solcher Fälle, während es zwischen 2000 und 2003 70 waren. Allein im Jahr 2004 stieg die Zahl der registrierten Vertreibungen sprunghaft auf 66 an. In den vergangenen 15 Jahren wurden über 6000 Landarbeiter verhaftet. In den letzten Monaten wurden 46 Personen wegen ihrer Beteiligung an Landkonflikten zu 2, 3 und 4 Jahren Haft verurteilt, und mehr als 600 Landarbeiter durchliefen verschiedene Gefängnisse des Landes. 2800 Menschen im ganzen Land wurden unter Anklage gestellt. Die Beschuldigungen sind selektiv; sie richten sich in der Regel gegen die Anführer, schon eine Stellungnahme im Radio kann Anlass für eine solche Beschuldigung sein.

Seit Präsident Duarte Frutos 2004 ein Abkommen mit den Soja-Produzenten und dem Militär unterzeichnet hat, wurde die Gewalt bei den Vertreibungen, die sich ohne jegliche Vorwarnung ereignen, zur gängigen Praxis. Die Polizei kooperiert mit dem Militär und dem Paramilitär der Großgrundbesitzer unter der Aufsicht des Bezirksrichters. Sie überraschen die Bauern in der Nacht, brechen in ihre Häuser ein und verhaften alle Familienmitglieder. Es gibt Fälle von Schießereien mit Feuerwaffen, Misshandlungen und Verhaftungen von Frauen, sogar von Kindern und Verwundeten. Infolge von Misshandlung verlieren viele Frauen ihre ungeborenen Kinder. Die Soldaten rauben Hab und Gut der Menschen, zerstören ihre Häuser, ihre Ernte und töten ihre Tiere. Die Vertreibungen, angewandt als abschreckende Taktik gegen die Gemeinschaften, wirken sich nicht nur auf die neu Hinzugezogenen aus, sondern auch auf bereits lang etablierte Gemeinschaften, einschließlich solcher mit legalen Ansprüchen auf ihr Land.

INDERT verhält sich wie ein Grundstücksmakler

In Paraguay herrschte ein Landreform-Programm vor, das seit den 60er Jahren von *INDERT* (*Instituto Nacional de Desarrollo Rural y de la Tierra, Nationales Institut für Landfragen und für die ländliche Entwicklung*) reguliert wurde. Das größte Hindernis bei der Durchführung einer Landreform in Paraguay ist die Aufteilung des gesamten Landes in private Parzellen, da es kaum noch öffentliches Land gibt. Die Funktion der Beauftragten von *INDERT* ist die Koordinierung der Enteignung großer unproduktiver Güter und unrechtmäßiger Landtransfers sowie die Lokalisierung der verbleibenden öffentlichen Ländereien. Diese Beauftragten agieren jedoch vielmehr wie Grundstücksmakler,

die mit dem für die Soja-Produzenten attraktiven Land spekulieren und durch die Kommissionen, die sie von den Produzenten erhalten, ihre Gehälter erhöhen.
Die Korruptionskette reicht bis zu den Bezirksrichtern, denn jede Vertreibung und Verhaftung eines Bauern wird von den lokalen Richtern unterstützt. Die *INDERT*-Beauftragten übergeben die Ländereien an brasilianische Bürger, welche zwar nicht die Bedingungen von legitimen Nutznießern des *INDERT*-Landreformprogramms erfüllen, dafür jedoch in bar bezahlen und so die Kommissionen der Beauftragten erhöhen.

Die *INDERT*-Beauftragten nutzen die prekäre Situation der Bauern aus, indem sie ihnen für das Verlassen ihrer Parzellen Geld anbieten und für sie einen Verkauf von »derecheras« arrangieren, Nutzungsrechte für Dritte. Die Familien werden mit einer Geldzahlung entschädigt und wandern in ärmere Gegenden in den Randgebieten der Städte ab, in dem Glauben, dass sie dort bessere Möglichkeiten erwarten. Nachdem diese Familien dann nach Jahren in der Regel alles verloren haben, kehren sie zurück und verlängern die lange Liste der umherziehenden landlosen Familien. In anderen Fällen emigrieren diese Vertriebenen auf der Suche nach Arbeit in andere Länder. Zudem ist laut den Statuten des INDERT der Verkauf der Landnutzungsrechte illegal, da diese die Unveräußerlichkeit der Ländereien über einen Zeitraum von 10 Jahren festsetzen.

Durch den Verkauf der Nutzungsrechte lösen die Gemeinschaften sich auf. Die Mehrheit der Käufer nutzt das Land für den Soja-Anbau, wobei sie Agro-Chemikalien verwenden und bewaffnete Wachen beschäftigen, wodurch sich die Gewalt gegenüber ihren Nachbarn verschlimmert. Aufgrund der Chemikalien erkranken Menschen, verlieren ihre Ernte und werden darüber hinaus permanent durch gepanzerte Truppen sowie die Polizei bedroht. Widerstand der Bauernorganisationen gegen den Verkauf der Landnutzungsrechte ist einer der Hauptgründe für Gewalt in den Gemeinschaften. Zum direkten Konflikt mit den Soja-Produzenten kommt es, wenn Aktivisten der Landarbeiter-Organisationen sich dem Verlust ihrer Parzellen entgegensetzen, die Unrechtmäßigkeit anprangern und die Parzellen mit anderen landlosen Familien erneut okkupieren. Deshalb widersetzen sich die Landarbeiter-Bewegungen jeglichem Eindringen des Sojas in ihre Gemeinschaften.

Internationale Solidarität mit Paraguay

Die Pläne der Regierung, die Expansion der genmanipulierten Soja-Monokulturen anzukurbeln, bedeuten einen Frontal-Angriff nicht nur auf die Campesino- und indigenen Gemeinschaften, sondern auch auf die gesamte Zukunft Paraguays. Die Kriminalisierung der Bauern-Organisationen vertieft die landwirtschaftliche Krise. Die Weigerung von *INDERT*, mit Bauern oder Siedlern, die große unproduktive Güter besetzen, zu verhandeln, impliziert die absolute Negation einer Lösung des Problems der Landlosen. Die Gleichgültigkeit der Regierung gegenüber der Kontaminierung der Menschen durch Agrogifte, die unzählige Todesfälle, Fehlgeburten oder Missbildungen bei der Geburt zur Folge hat, ist ein Beweis für die mörderische Mittäterschaft von Duartes Regierung. Angesichts dieser gravierenden Menschenrechtsverletzungen ist eine Reaktion der internationalen Gemeinschaft dringend notwendig, indem sie Menschenrechtsbeobachter entsendet und die Aktionen der paraguayischen Regierung hinterfragt und Druck auf sie ausübt. *Vía Campesina* und *Movimiento Agrario Popular del Paraguay* (*MAP*), zusammen mit den argentinischen Gruppen *Grupo de Reflexión Rural* (*GRR*) und *Grupo de Apoyo Jurídico por el Acceso al Tierra* (*GAJAT*) und mit Unterstützung der *NGO Base Investigaciones Sociales* (*BASE-IS*), arbeiten an einer internationalen Kampagne zur Anprangerung der Menschenrechtsverletzungen, die sich in Paraguay infolge der Expansion des Monokultur-Anbaus von Soja ereignen. Eine Anklage im Fall der Ermordung und Vertreibung der Tekojoja-Gemeinschaft wurde zusammen mit dem *Food First Informations- und Aktions-Netzwerk* (*FIAN*) und dem *Centre on Housing Rights and Evictions* (*COHRE*) bei internationalen Menschenrechtsinstitutionen initiiert, bei denen eine Untersuchung der Aktionen der paraguayischen Regierung in Bezug auf Menschenrechte und den Rechten der ländlichen Gemeinschaften beantragt wurde, mit der Bitte um einen Besuch der Orte und die Befragung der Opfer, der Familien und Freunde und anderer Zeugen.

Die letzten Fälle im Jahr 2005

9. Oktober

Esteban Hermosilla verschwand am 9. Oktober und wurde am 17. Oktober 2005 im Bezirk Curuguaty im Departement Canindeyú tot aufgefunden. Esteban war von Waldir Presen Da Silva und Wilmar Presen Da Silva von der Joaquín Fernández Martin-Ranch entführt, gequält, ermordet und halb vergraben worden. Sie hatten ihm ein Ohr abgeschnitten und es später seinem Patrón übergeben. Außerdem war das Verschwinden weiterer Landarbeiter angezeigt worden, welches jedoch nie aufgeklärt wurde.

20. Oktober
Vertreibung und Niederbrennen von 20 Hütten und Raub von zwei Motorrädern in der Siedlung »3. Juni« im Bezirk Tavai (Departement Caazapá), wo 250 Familien vor mehr als drei Jahren angesiedelt worden waren. Die Vertreibung wurde vom Bezirksrichter des Bezirks Caazapá, Vidal Francia, angeführt, in Begleitung von ca. 50 Polizisten und bewaffneten Schlägern.

18. Oktober
Der 15-jährige Adriano Medina verschwand am 29. September 2005 und wurde am 18. Oktober auf dem Grundstück von Ivo José und Douglas Muller tot aufgefunden (Bezirk Iruña, Departement Alto Paraná).

19. September
Zwei Polizisten, die vom Eigentümer eines großen Gutes bezahlt worden waren, versuchten, Benito Gavilán zu ermorden, Anführer der Gemeinschaft »María Antonia« im Bezirk Mbuyapey (Departement Paraguarí). Anschließend drangen sie, auf der Suche nach dem Verwundeten, mit Gewalt in die Gemeinschaft ein. Benito konnte nach drei Tagen entkommen, und im Krankenhaus stellte man die Zertrümmerung seines Auges durch eine Kugel fest.

24. Juni
Die ländliche Gemeinschaft von Tekojoja im Departement Caaguazú wurde durch Polizeikräfte brutal vertrieben: 270 Personen wurden vertrieben, 54 Häuser samt Ernten niedergebrannt, 2 Personen ermordet und viele mehr verletzt, 130 Personen – Frauen und Kinder inbegriffen – wurden festgenommen. Die Vertreibung ereignete sich in Zusammenarbeit mit dem Besitzer einer großen Soja-Farm, Opperman, und seinen paramilitärischen Truppen, die den 20-jährigen Ánel Cristaldo und den 49-jährigen Leopoldo Torres ermordeten sowie 5 weitere Personen verletzten. Bis heute halten sich die 54 Familien in einem unsicheren Lager ohne jegliche Unterstützung auf.

Weiterführende Informationen:
javierarulli@yahoo.com
www.grr.ar
Pro Paraguay Initiative e.V.
www.proparaguay.de

Beispiel Irak

Die Invasion des Irak war ein Banditenakt, ein Akt von unverhohlenem Staatsterrorismus, der die absolute Verachtung des Prinzips von internationalem Recht demonstrierte. (...) Wir haben dem irakischen Volk Folter, Splitterbomben, angereichertes Uran, zahllose, willkürliche Mordtaten, Elend, Erniedrigung und Tod gebracht und nennen es »dem mittleren Osten Freiheit und Demokratie bringen«.

Nobelpreis-Rede von Harold Pinter, Übersetzung von Michael Walter, DIE NOBELPREISSTIFTUNG 2005, aus: Website der Nobelpreis-Komitees, http://nobelprize.org

Das »Land zwischen den Strömen« Euphrat und Tigris (Paradiesflüsse), das ehemalige Mesopotamien, gilt als Wiege des Ackerbaus – ein Land, von dem die biblische Überlieferung berichtet, dass Gott dort den »Garten Eden« pflanzte.[11] Im Altertum wurde das Wasser der Flüsse zur Bewässerung des Landes, der Landwirtschaft durch künstlich gegrabene Kanäle abgeleitet. Einige der wichtigsten Nahrungspflanzen wurden hier gezüchtet und in diesem Gebiet kultiviert. Auf diese Weise entstanden Tausende verschiedener Sorten, angepasst an verschiedene Boden- und Klimaverhältnisse oder mit natürlichen Resistenzen gegen verschiedene Krankheiten und Schädlinge. Schätzungen zufolge geht ein Großteil der 200 000 bekannten Weizensorten auf die Züchtung in diesem Gebiet zurück.[12] Diese sind nicht nur ein zentraler Teil des kulturellen Erbes des Irak, sondern der gesamten Menschheit. Auch amerikanische und europäische Bauern profitieren über Jahrhunderte kostenfrei von den Züchtungen der ersten Bauern des Zweistromlandes.

Nach wie vor ist die Landwirtschaft im Irak mit dem Anbau von Weizen, Gerste, Reis, Mais, Hülsenfrüchten, Datteln, Baumwolle einer der wichtigsten Erwerbszweige. Rund 40 Prozent der Bevölkerung arbeitet in der Landwirtschaft. Der freie Austausch von Saatgut unter den Bauern und das Aufbewahren eines Teils der Ernte zur Wiederaussaat ist bis heute Grundlage der Landwirtschaft nicht nur im Irak, sondern auch weltweit. Für 1,4 Milliarden Bauern weltweit, nicht nur in den Ländern der Dritten Welt, sind freier Nachbau und Saatguttausch die Basis für das Überleben. Nur so ist der Bestand und die Weiterentwicklung der biologischen Vielfalt gesichert. Noch befindet sich weltweit schätzungsweise 75 Prozent des Saatgutes in den Händen der Bauern und ist damit zunächst der Kontrolle durch die großen multinationalen Konzerne des Agrarsektors entzogen.

Wenn George W. Bush verkündet, »Wir sind im Irak, um den Samen der Demokratie zu säen«, der sich in der ganzen Region ausbreiten möge, müsste es in Wirklichkeit heißen, wir sind gekommen, um den Samen von *Monsanto, Dow* und *Pioneer* zu verbreiten. Nach den Plänen der US-Regierung und Agro-Industrie soll nun der Anbau traditioneller Sorten, der freie Saatgutaustausch und die Sortenvielfalt der Vergangenheit angehören. Da trifft es sich für die USA gut, dass der Bestand der nationalen irakischen Saatgutbank in Abu Graib vor den Toren Bagdads nach mehreren Bombenangriffen wahrscheinlich verloren ging. Auch das Saatgut in den Händen von Bauern wird seinen Wert verlieren. Der »kreativen« Zerstörung durch Raketen und Bomben fiel auch ein Teil der landwirtschaftlichen Infrastruktur insgesamt zum Opfer: Futtersilos, Hühnerfarmen, Düngerspeicher, Pumpstationen und Bewässerungssysteme wurden vernichtet. Ein Gesetz, von der Besatzungsmacht erlassen und vom irakischen Parlament ratifiziert, erklärt nun die seit Jahrtausenden gepflegte Tradition von Nachbau und Saatguttausch de facto für illegal und forciert den Saatgutimport US-amerikanischer Konzerne.

Als der im Mai 2003 eingesetzte Zivilverwalter der Interimsbehörde der Koalitionskräfte, Paul Bremer III[13], Ende Juni 2004 Bagdad verließ, hinterließ er der irakischen Übergangsregierung rund 100 neue »Order« (d.h. Befehle), die unverzüglich in Gesetze umgewandelt wurden. Dadurch wurde fast die gesamte staatliche Wirtschaft des Irak zur Privatisierung freigegeben, mit Ausnahme des Rohstoffsektors. Auslandsinvestitionen erforderten von nun an keine behördliche Genehmigung und inländische Partner mehr und dürfen sämtliche Gewinne steuerfrei außer Landes bringen. Eine dieser Order legte fest, dass keine gewählte irakische Regierung die Macht hat, von den USA erlassene Gesetze zu ändern. Bestandteil der Gesetze ist die Order 81 (Patents, Industrial Design, Undisclused Information, Integrated Circuits and Plant Variety Law), die das irakische Patentrecht von 1970 ersetzt.[14] Diese Order über »Patente, Industriemuster, unveröffentlichte Informationen, integrierte Schaltkreise und Pflanzensorten« stellt gültiges und bindendes Recht dar. Details der Order Nr. 81 wurden von *Monsanto Corporation* für die US-Regierung ausgearbeitet. Damit wird die Wiederaussaat eines Teils der Ernte durch die neuen Gesetze der US-Besatzer faktisch verboten.[15] Stattdessen soll patentiertes oder geschütztes Saatgut von Konzernen wie *Monsanto, Dow Chemical, DuPont/Pioneer, Bayer* oder *Syngenta* auf den irakischen Markt kommen.

Verbrechen gegen die Menschheit

Anlässlich einer Konferenz zum 25-jährigen Jubiläum des alternativen Nobelpreises[16] im März 2005 in München wurde über die verheerende Auswirkung der Order Nr. 81 auf die irakische Landwirtschaft diskutiert. Die 13 anwesenden Träger des Preises unterzeichneten eine Resolution, in der der Erlass als »Verbrechen gegen die Menschheit« bezeichnet wird und die Regierung der USA und des Irak zur sofortigen Rücknahme des Erlasses aufgefordert werden. Weiter heißt es: »Wir rufen die internationale Gemeinschaft dazu auf, die Vielfalt der landwirtschaftlichen Kulturpflanzen, die sich über Jahrtausende von Jahren entwickelt haben, zu schützen und weiter zu verbreiten.«[17]

In Artikel 15 des neuen irakischen Patentgesetzes heißt es: »Den Landwirten ist es untersagt, Saatgut geschützter Sorten (...) nachzubauen.« Gleichzeitig werden den Bauern drakonische Strafen für die Verletzung des Nachbauverbotes, Handel oder Aufbewahrung geschützter Pflanzensorten angedroht. Und schließlich wird ausdrücklich der Einsatz von gentechnisch veränderten Pflanzen gestattet. Damit führt das von den USA erzwungene Patentgesetz ein System von Monopolrechten an Saatgut und Privateigentum an biologischen Ressourcen ein, das die irakische Verfassung bislang verboten hatte. Gleichzeitig entfällt sowohl das Landwirte-Privileg, ohne Zahlung von Lizenzgebühren das aus eigener Ernte gewonnene Saatgut für die Aussaat wieder zu verwenden, als auch die Erlaubnis, das Saatgut für die Weiterzüchtung zu verwenden. Produktion, Reproduktion, Verkauf, Ex- und Import geschützter Pflanzensorten sind ausschließlich den Saatgutkonzernen vorbehalten. Der Geltungsbereich von Erlass 81 erstreckt sich auch auf solche Pflanzensorten, die gleiche oder ähnliche Charakteristiken wie die geschützten Industriesorten besitzen. Damit können auch traditionelle irakische Landsorten unter das Diktat von Pflanzenpatenten fallen.

Diese sogenannte »Reform« der Landwirtschaft wird vor allem von der *US-Agentur für internationale Entwicklung* (*USAID*) vorangetrieben, die seit Oktober 2003 ein »Landwirtschaftliches Wiederaufbau- und Entwicklungsprogramm für den Irak« leitet, nachdem die landwirtschaftliche Infrastruktur zuvor durch Bomben und Raketen des US-/britischen Militärs zerstört worden ist. Als Beauftragten für den Wiederaufbau der irakischen Landwirtschaft setzte Bush den US-amerikanischen Agrarhandels-Lobbyisten Daniel Amstutz ein. Amstutz war ehemaliger Vizepräsident des Verwaltungsrats der Firma *Cargill Grain*, einem der größten Händler von Getreide und Soja. *Cargill* beherrscht

94 Prozent des Sojabohnenmarktes in den USA und 40 Prozent des US-amerikanischen Futtermais-Exports. Während die Ernennung Amstutz' in den Medien der USA kaum kritisch kommentiert wurde, findet Kevin Wilkins, Leiter der Hilfsorganisation *Oxfam* in London, deutliche Worte:

Dieser Typ ist einmalig gut placiert, um die Interessen der Getreidekonzerne voranzutreiben ... Dan Amstutz für den landwirtschaftlichen Wiederaufbau zuständig zu machen, ist, als ob Saddam Hussein einen Sitz in einer Menschenrechtskommission erhält.[18]

Ziel ist, im Irak die Geschäftsbedingungen für Saatgut-/Chemie-Konzerne, vor allem zugunsten US-amerikanischer Unternehmen, zu verbessern und so Märkte für Agrarprodukte und Dienstleistungen aus Übersee zu schaffen. Bezahlt wird mit irakischem Ölgeld, das aber dem einzelnen Bauern nicht zur Verfügung steht. Wenn die Konzerne den irakischen Agrarmarkt übernommen haben, soll das Gesetz den rechtlichen Rahmen für die dauerhafte Beherrschung des Marktes auch für den Fall eines Militärabzugs schaffen. Den irakischen Bauern bleibt nun der illegale Anbau des eigenen traditionellen Saatguts oder der Kauf der teuren »neuen« Sorten, um sich damit in eine Schuldenspirale zu begeben.[19]

Beispiel Afghanistan, Sri Lanka, Kambodscha. Der Irak ist nur ein Beispiel für die globale Durchsetzung von Gesetzen zu Gunsten multinationaler Konzerne auf Kosten der Bauern. So wurden im Rahmen von Handelsabkommen Sri Lanka, Kambodscha und anderen Ländern des Südens von den USA Sortenschutzgesetze aufgezwungen, die über die Standards des *WTO*-Rechts hinausgehen. Im Rahmen ihrer Wiederaufbauunterstützung haben die USA ein Rahmenabkommen über Handel und Investitionen mit Afghanistan unterzeichnet, das ebenfalls Aspekte geistiger Eigentumsrechte umfasst. Dennoch bleibt der Irak ein Sonderfall, da die Verhandlungen nicht zwischen souveränen Staaten geführt wurden, sondern das Patentgesetz von der Besatzungsmacht diktiert wurde. Bleibt abzuwarten, wann das nächste Land mit wichtigen Ressourcen von den USA überfallen wird.

Beispiel Mexiko. Ein anderer Weg, genmanipulierte Pflanzen made in USA in andere Länder zu bringen – wie auch im Irak geschehen –, ist die Nahrungsmittelhilfe des *Welternährungsprogramms der Vereinten Nationen* (*WFP*). Hauptsponsor des *WFP* sind traditionell die USA, die auf diese Weise ihre massiven Agrarüberschüsse entsorgen, vor allem genmanipulierten Mais und Soja. In Mexiko wurde mit GVO-kontaminierter Nahrungsmittelhilfe innerhalb weniger Jahre ein bedeutender Teil des traditionellen Saatguts mit Genmais verschmutzt. Denn diese »Nahrungsmittelhilfe« ist nicht als gentechnisch verändert gekennzeichnet und wird von den uninformierten Bauern als Saatgut benutzt. Gezielte Kontamination wird von der Agro-Industrie als eine effiziente Methode angesehen, die Produkte weltweit zu verbreiten und damit den Widerstand zu brechen.

Beispiel Kanada. Bereits 1995 begann das deutsche Unternehmen *AgrEvo* (*Hoechst/Schering*-Tochter, heute *Bayer AG*) in Kanada mit einem »neuartigen Schadpflanzenmanagementverfahren« unter dem Markenzeichen »Liberty Link«. Gemeint war der Anbau der gentechnisch manipulierten herbizidverträglichen Sommerrapssorte »Innovator« auf einer Fläche von rund 150000 Hektar, die 1997 auf 500000 Hektar erweitert werden sollte. Während damals der kommerzielle Anbau von transgenem Raps in Deutschland lediglich der Saatguterzeugung diente, konnte in Kanada der Gentech-Raps kommerziell angebaut werden. Der Standort Kanada wurde nicht von ungefähr gewählt. Denn im Agrarforschungszentrum im kanadischen Saskatoon forschten zahlreiche Unternehmen in Kooperation mit staatlichen Einrichtungen. Diese wiederum profitierten von der Absicht der Regierung, durch Steuervergünstigungen und Subventionen Biotechfirmen in die Region zu locken, in der 80 Prozent der Arbeitsplätze ohnehin von der Agrarwirtschaft abhingen.[20] Die Einführung von GVO in Kanada wurde zudem dadurch erleichtert, dass das *Kanadische Bundesamt für Lebensmittelkontrolle* (*Canadian Food Inspection Agency, CFIA*) keinen einzigen Test mit genmanipuliertem Saatgut oder Futtermitteln vorgenommen hat. Es wurden lediglich Daten verwendet, die die Agro-Industrie geliefert hat. Während zunächst das deutsche Unternehmen *AgrEvo* in Kanada das Feld bestellte, haben nun US-amerikanische Konzerne, vor allem *Monsanto*, im Wettbewerb aufgeholt.

Die Rechnung ging auf. Längerfristig wird es in Kanada fast keinen Rapsanbau mehr mit Sorten geben, die nicht gentechnisch verfälscht sind. Darunter leiden die letzten Farmer mit Rapsanbau traditioneller Sorten. Das zeigt der Fall des Biolandwirts und Saatgut-Züchters Percy Schmeiser. Der Landwirt wurde nach mehreren Instanzen schließlich mit einer knappen Mehrheit von 5:4 vom Obersten Kanadischen Gerichtshof schuldig gesprochen, weil Genraps der Firma *Monsanto* auf seinen Feldern wuchs. Der Wind hatte den Rapssamen, der resistent gegen das Herbizid Roundup ist, von einem Transporter auf seine Felder geweht und sich mit Schmeisers eigener Züchtung vermischt. Der Farmer säte dann wie immer einen Teil seiner Ernte aus. Detektive, in Kanada auch »Gen-Polizei« genannt, kontrollierten im Auftrag von *Monsanto* seine Felder und verklagten ihn.

Das Gericht übernahm die Argumentation von *Monsanto*, es sei irrelevant, wie die Samen auf die Felder gelangt seien. Schmeiser wurde schuldig befunden, die patentierten und lizenzierten *Monsanto*-Pflanzen widerrechtlich genutzt zu haben. Wörtlich: »Durch den nicht lizenzierten Anbau von Pflanzen, die das patentierte Gen enthalten, brachten die Schmeisers *Monsanto* um den Monopolanspruch«.[21] Ein besonderes Interesse von *Monsanto*, Schmeiser und seine Frau zu verklagen, bestand darin, dass diese als Saatgutentwickler und Erhalter der traditionellen Rapssorte »Canola« bekannt waren. 50 Jahre lang hatten die Schmeisers das Canola-Saatgut entwickelt und geforscht, um es an die Bedingungen der Prärie wie Klima und Erdreich anzupassen. Das Urteil hat als Präzedenzfall eine nachhaltige Signalwirkung mit unabsehbaren Folgen. Es erteilt den Agro-Konzernen in vergleichbaren Fällen global und total das Recht, Bauern in Sippenhaft zu nehmen und sie rechtlich zu verfolgen. *Monsanto* reagierte auf das Urteil positiv: »Mit dieser Entscheidung wurde weltweit ein Standard für den Schutz von geistigem Eigentum gesetzt und Kanadas Position als attraktiver Innovationsstandort gestärkt«, erklärte Carl Casale, Executive Vice President des Konzerns.[22]

Nicht nur Raps ist eine auskreuzungsfreudige Pflanze, die selbst vor verwandten Wildpflanzenpopulationen nicht Halt macht, und das mit einer Schnelligkeit von zwei Generationen. Eine Koexistenz zwischen transgenen und traditionellen Pflanzen gibt es nicht. Deshalb besteht immer die Gefahr einer Kontamination ganzer Regionen. Die genehmigungsfreudige deutsche Behörde, *RKI*, sieht die Gefahr des horizontalen Gentransfers ganz anders: als »unwahrscheinlich«: »(...) Alle diese Maßnahmen machen eine Überdauerung oder eine Ausbreitung gentechnisch veränderter Pflanzen über den Rahmen der Freisetzungsversuche hinaus unwahrscheinlich.«[23]

Beispiel China. Mit seinen Anbauflächen von knapp vier Millionen Hektar für gv-Pflanzen hält China weltweit den vierten Platz, allerdings weniger mit dem Anbau von Nahrungspflanzen als vielmehr mit dem Anbau von Bt-Baumwoll-Sorten. Chinas Export von Bekleidungsprodukten aus Baumwolle boomt, seit 2005 die von der *WTO* festgesetzten Exportquoten für Textilien weggefallen sind. Dabei kommt China zustatten, dass vom Anbau über die gesamte Verarbeitungskette bis hin zum fertigen Bekleidungs- oder Heimtextilienprodukt alles in der Hand landeseigener Produzenten liegt. Für den internationalen Handel Chinas hat die Baumwollpflanze den größten Stellenwert.

Monsanto führte zwar 1996 als erster Anbieter gv-Saatgut ein, dennoch überlässt das staatliche 863 High-Tech-Programm zur Förderung neuer Technologien nicht alles dem US-Konzern. Die Aufgabe wurde der *Chinese Academy of Agricultural Science* (*CAAS*), in Zusammenarbeit mit regionalen Universitäten und Saatgut-Organisationen, übertragen. Einerseits drängen chinesische Agrarberater die Bauern, mehr insektenresistente Gentech-Baumwolle anzupflanzen, andererseits gilt der Anbau von gv-Pflanzen zunehmend als Zeichen westlicher Orientierung. Die Entscheidung für den Anbau gentechnisch veränderter Baumwolle oder zum Erwerb konventionellen Saatgutes wurde den Landwirten durch die Abschaffung von Baumwoll-Quoten im Jahre 1998 freigestellt. Allerdings ist ihnen nicht gestattet, ohne Lizenz Saatgut als Handelsware zu produzieren. 2004 wurde rund ein Drittel der Baumwollfelder Chinas mit transgenem Saatgut bestellt, wobei in der Provinz Hebei im Tal des gelben Flusses praktisch ausschließlich Bt-Baumwolle angebaut wurde. Auch dort wird erfahrungsgemäß der Verbrauch von Herbiziden wegen zunehmender Resistenzbildung bei dem Unkraut zunehmen, wie auch die Notwendigkeit, die Wirksamkeit der Toxine in den insektenresistenten Pflanzen zu erhöhen.

Zur Kommerzialisierung ebenfalls freigegeben sind lediglich transgene Tomaten, süßer Pfeffer und Petunien. Ansonsten übt China hinsichtlich der großflächigen Ausbreitung von transgenen Nahrungsmittel-Pflanzen, nicht zuletzt wegen der zu erwartenden Exportschwierigkeiten, noch Vorsicht und Zurückhaltung. Dennoch befinden sich bis zu 30 Biotech-Pflanzen in der Entwicklung, darunter Weizen, Kartoffeln, Reis, Tabak, Erdnüsse, Chinakohl, Pappeln, Maniok und Süßkartoffeln. Dies deutet darauf hin, dass China großes Interesse daran hat, eines der führenden Länder in der Pflanzen-Biotechnologie zu werden. Dafür spricht auch die Aufstockung des staatlichen Forschungs-Budgets auf nunmehr 450 Millionen US-Dollar im Jahr 2005. Sollte aber der kommerzielle Anbau von transgenem Reis erlaubt werden, würde eine jahrtausendealte Kultur angegriffen.[24] Bislang hat sich die chinesische Regierung nicht auf die Zulassung von transgenem Reis einigen können. Das berichtet Lu Baorong von der *Fudan-Universität* in Shanghai, Mitglied des 74-köpfigen Komitees, von einer Sitzung, die Ende November 2005 stattgefunden hat. 2006 wird das Komitee erneut zusammentreffen, wenn genügend Informationen vorliegen.[25]

Beispiel Rumänien. Der aus Österreich stammende ehemalige Produktionsdirektor des weltweit größten US-amerikanischen Saatgutproduzenten *Pioneer Hi-Bred* in Rumänien, Karl Otrok, scheint ein gespaltenes Verhältnis zu seiner Tätigkeit gehabt zu haben. In einem Interview für den Dokumentarfilm »We feed the world« (Wir füttern die Welt/Motto von *Pioneer*) des österreichischen Filmregisseurs Erwin Wagenhofer beschreibt er pflichtgemäß einerseits die Vorzüge der Produkte der Saatgutkonzerne, andererseits schwärmt er von den kleinen, manchmal unförmig gewachsenen Melanzani (Auberginen), die rumänische Landwirte seit langem selbst kultivieren und die geschmacklich viel besser wären als die für den Weltmarkt bestimmten uniformierten Hybrid-Melanzani der Saatgutkonzerne: »Der Hybridmelanzane schaut natürlich sehr schön aus, ist aber geschmacklich nicht das, was diese Melanzane da kann, die von Körnern immer weiter verpflanzt wird. (...) Für mich ist das das Bessere.« Solche für seinen damals Noch-Arbeitgeber geschäftsschädigenden Äußerungen der US-Saatgutbranche konnte er sich leisten, wohl wissend, dass er kurz vor der Pensionierung stand. Nun hat Otrok nach seiner Pensionierung einen kleinen Landhandel aufgemacht, sieht sich aber nun seinerseits geschäftsschädigenden Attacken ausgesetzt. Kurz vor der Filmpremiere im Herbst wurde ein Fax mit dem Hinweis weltweit verschickt, dass keine Geschäfte mit Otrok mehr getätigt werden sollten.

Rumänien, das zweitgrößte Agrarland nach Frankreich, das sich seit dem 1. Januar 2007 den Richtlinien der EU unterwerfen muss, bietet für die westliche Agrar-Industrie eine ideale Startsituation, um den europäischen Markt vom Osten her mit preiswertem Obst und Gemüse, Getreide und Speiseöl zu erobern. Für die Konzerne ist es deshalb strategisches Ziel, sich frühzeitig dort in Stellung zu bringen. Über die Eroberungsstrategien US-amerikanischer Saatzuchtkonzerne findet der Produktionsdirektor von *Pioneer* in dem Interview des Films deutliche Worte: »We fucked up the west some time ago and now that we are coming to Romania, we will fuck up all the agriculture here ...« (Wir versauten den Westen vor einiger Zeit und jetzt kommen wir nach Rumänien, um hier die gesamte Landwirtschaft zu versauen.) Nun wird der ungehemmte »Wildwuchs«, soweit es sich um genmanipulierte Pflanzen handelt, ein Ende haben und nur die Sorten angebaut werden dürfen, die von der EU zugelassen sind.

Wer in Rumänien siegen wird, ist noch nicht ausgemacht. Denn auch in Rumänien regt sich Widerstand: Nichtregierungsorganisationen ließen verlauten, dass sich die beiden Städte Sangeorz-Bai und Nassaude zusammen mit 24 Gemeinden zur gentechnikfreien Region erklärt haben. So ehrenwert die Absicht ist, so schwierig wird es sein, diese Regionen »sauber« zu halten. Denn dort wurden nach offiziellen Angaben des Landwirtschaftsministeriums im Jahr 2005 auf 67 Prozent der Sojaanbauflächen gentechnisch veränderte Sorten kultiviert.[26] Ernüchterung ist auch eingekehrt, weil zur Einführung das Hybridsaatgut subventioniert wurde und durch Wegfall der Subventionen im Folgejahr die Bauern den vollen Preis für das »Einwegprodukt« zahlen mussten.

USA. Das Land der begrenzten Möglichkeiten

Monsanto gegen Bauern

Ein Bericht des Center for Food Safety, Washington DC, USA.[1]

Im Mai 2003 startete das *Zentrum für Nahrungsmittelsicherheit* (*Center for Food Safety, CFS*) ein Projekt, um zu ermitteln, in welchem Ausmaß US-amerikanische Bauern unter Rechtsstreitigkeiten litten, die durch die Nutzung patentierter gentechnischer Pflanzen ausgelöst wurden. Nach umfassender Recherche und zahlreichen Interviews mit Bauern und Rechtsanwälten stellte das *CFS* fest, dass Monsanto, der Weltmarktführer bei gentechnischem Saatgut, plumpe Ermittlungsmethoden einsetzt und skrupellos Bauern verklagt. Dies hat die Arbeitsweise vieler US-amerikanischer Bauern grundlegend verändert. Das Ergebnis bedeutet nicht weniger als einen Angriff auf die Grundfesten bäuerlicher Gewohnheiten und Traditionen, die in den USA Jahrhunderte und weltweit Jahrtausende überdauert haben.

Zu diesen bäuerlichen Gewohnheiten und Traditionen gehört eines der ältesten Rechte, Saatgut der eigenen Ernte aufzubewahren und wieder auszusäen. *Monsantos* Führungsposition im Bereich der Agrogentechnik und sein Erfolg darin, Bauern vertraglich an sein gentechnisches Saatgut zu binden, haben ihren Ursprung in der konzentrierten Bestrebung von *Monsanto*, die Kontrolle über Patente auf gentechnologische Verfahren, über pflanzliches Erbgut und über die Anwendung seines gentechnischen Saatguts durch Bauern zu übernehmen. Der Konzern *Monsanto* beginnt den Prozess der Kontrollübernahme über Bauern, indem er sie dazu drängt, beim Kauf patentierten Saatguts den *Monsanto*-Saatgut-Vertrag zu unterschreiben. Dieser Vertrag gibt *Monsanto* das Recht, Kontrollen auf dem Privateigentum der Bauern durchzuführen, verpflichtet Bauern zu einer enorm hohen finanziellen Haftung, bindet für mehrere Jahre an ein Aufsichtsrecht seitens *Monsantos* und beinhaltet eine Reihe weiterer Bedingungen, durch die rechtswirksam festgelegt wird, welche Rechte Bauern in Bezug auf die Aussaat, die Ernte und den Verkauf gentechnischen Saatgutes zustehen und welche nicht. *Monsantos* Vorgehen bei der Verfolgung von Bauern kann in drei Phasen eingeteilt werden:

1. Ermittlungen gegen Bauern
2. Außergerichtliche Vergleiche
3. Klagen gegen diejenigen Bauern, von denen *Monsanto* Vertragsbruch oder die Verletzung von Patenten annimmt.

10 Millionen US-Dollar und 75 Angestellte für Rechtsabteilung

Monsanto gibt selbst zu, bei Bauern, die sie der Vertragsübertretung verdächtigen, aggressive Nachforschungen zu betreiben, und Zeugenaussagen lassen vermuten, dass die Zahlen in die Tausende gehen. Den Aussagen von Bauern zufolge, die von dem *CFS* befragt wurden, führen diese Nachforschungen häufig in die zweite Phase. Dann versucht *Monsanto*, die Bauern unter Druck zu setzen, sich vertraulich außergerichtlich auf eine geheimgehaltene Zahlungssumme und sonstige Vergleichsbedingungen zu einigen. Bei manchen Bauern führen *Monsantos* Ermittlungen gegen sie auch bis vors Gericht. Die Bauern sind klar im Nachteil: *Monsanto* hat einen jährlichen Haushalt von 10 Millionen US-Dollar und 75 Angestellte, die sich *ausschließlich* den Ausforschungen und der juristischen Verfolgung von Bauern widmen. Die teuerste, dokumentierte Entscheidung, die bisher zugunsten von *Monsanto* in Folge einer Klage gegen einen Bauern ausgesprochen wurde, umfasst einen Zahlungsanspruch von 3 052 800 US-Dollar. Die Gesamtsumme aller dokumentierten Gerichtsurteile, die *Monsanto* aufgrund von Klagen zugesprochen wurden, erreicht eine Höhe von 15 253 602,82 US-Dollar.

Bauern haben im Durchschnitt der dokumentierten Gerichtsurteile 412 259,54 US-Dollar gezahlt. Wie erschreckend diese Zahlen auch sein mögen, so sind sie doch nur die Spitze des Eisbergs. Viele Bauern müssen zusätzlich Gerichts- und Anwaltsgebühren bezahlen und werden manchmal sogar dazu verpflichtet, diejenigen Kosten zu bezahlen, die bei *Monsanto* durch die Ermittlungen gegen sie entstehen. Die endgültige Höhe der Zahlungen ist bei der Mehrzahl der 90 Klagen, die das *CFS* recherchierte, aufgrund einer Vertraulichkeitsklausel vieler Einigungen nicht in Erfahrung zu bringen. Kein Bauer kann vor *Monsantos* langem Arm sicher sein. Bauern wurden verklagt, nachdem ihr Feld mit Pollen von gentechnischen Pflanzen eines anderen Landwirts verunreinigt wurde. Bauern wurden verklagt, wenn gentechnisches Saatgut einer vorjährigen Kultur auf Feldern keimte, auf denen im Folgejahr keine gentechnischen Sorten angebaut wurden, und selbst, wenn die Bauern zwar nie *Monsantos* Saatgut-Vertrag unterschrieben hatten, aber trotzdem das patentierte Pflanzensaatgut aussäten. So, wie das Patentrecht bisher angewandt wird, müssen Bauern technisch gesehen in all diesen Fällen haften. Es scheint dabei nicht von Bedeutung zu sein, ob die Anwendung unwissentlich geschah oder ob jemals ein Vertrag unterschrieben wurde.

Seit der Einführung gentechnischer Pflanzen ist die Landwirtschaft für Tausende von US-amerikanischen Bauern grundsätzlich anders geworden. Sie wurden gezwungen, in gefährliches und bisher unbekanntes Gebiet vorzudringen, und mussten feststellen, dass sie dabei Schaden erlitten. Mit wachsender Anzahl von Bauern, die wegen vermuteter Verletzung von Saatgutpatenten und der Verletzung des *Monsanto*-Saatgut-Vertrags Opfer von Belästigungen, von Ermittlungen und gerichtlicher Verfolgung durch *Monsanto* werden, muss der Druck steigen, eine Regierungspolitik grundlegend zu verändern, die eine solche juristische Verfolgung zulässt.

Eine Reihe politischer Alternativen formulieren, lokale oder US-bundesstaatsweite Anbauverbote oder Moratorien für gentechnische Pflanzen zu erlassen. Die Patentgesetzgebung so zu verändern, dass gentechnische Pflanzen nicht länger als patentierbar anerkannt und der Nachbau von Saatgut nicht als Patentverletzung betrachtet werden kann, sowie eine Rechtslage zu schaffen, die die Bauern davor schützt, für Patentverletzungen durch biologische Verunreinigung haften zu müssen. Die Verwirklichung dieser Ideen, die innerhalb des Berichtes noch ausführlicher dargestellt werden, ist entscheidend. Es steht nicht weniger als die Zukunft der US-amerikanischen Bauernschaft und der bäuerlich-ländlichen Gemeinschaften auf dem Spiel.

Monsanto: hauptverantwortlich für Vorherrschaft von gentechnischen Organismen in der Umwelt

Durch die Einführung von gentechnischen Pflanzen werden Bauern mit einer Unmenge von neuen Herausforderungen und Problemen konfrontiert. Diese schließen den Verlust von Exportmärkten, komplizierte neue Saatgutkaufverträge und seitens der Konzerne energisches

Prozessieren sowie die gerichtliche Verfolgung von Bauern wegen Patentverletzungen ein. Es ist wahrhaftig eine neue Ära, in der gegen nordamerikanische Bauern geklagt wird und sie für etwas belästigt werden, was sie immer schon getan haben. Eine Ära, in der ein Krieg darüber geführt wird, wie Bauern ihr Saatgut nutzen und wie sie Landwirtschaft betreiben. Diesen Angriff auf die Bauern führt der milliardenschwere *Monsanto*-Konzern. *Monsanto* arbeitet von seiner Zentrale in Creve Coeur aus, einem Vorort von St. Louis, und beschäftigt eine große Anzahl Wissenschaftler, die daran arbeiten, neue gentechnische Pflanzen zu entwickeln. Allein in diesem Jahr investierte *Monsanto* mehr als 85 Prozent seines Forschungs- und Entwicklungsbudgets in Saatgut, in die Analyse von Erbgut und in Gentechnik, eine Gesamtinvestition von mehr als 430 Millionen US-Dollar.[2]

Monsantos Vorherrschaft im Bereich der Gentechnik hat jedoch bisher kaum etwas mit irgendwelchen wirtschaftlichen oder umweltbezogenen Vorteilen zu tun, die den Anwendern dieser Technik zugute kommen sollen. Der wichtigste Faktor für den Erfolg von *Monsanto* ist seine Fähigkeit, die Anwendung seiner patentierten Technologie zu kontrollieren. Um seine Rolle als führender Industriekonzern im Bereich der Gentechnik zu sichern, hat *Monsanto* in erster Linie drei Strategien angewandt: Er hat zum einen die Mehrzahl der großen Saatgutfirmen entweder aufgekauft oder ist mit ihnen fusioniert und hat dadurch eine bedeutsame Kontrollstellung in Bezug auf pflanzliches Erbgut erlangt. Zum anderen hat *Monsanto* eine Vielzahl an Patenten sowohl auf gentechnische Verfahren als auch auf gentechnische Saatgutsorten erworben und beherrscht auf diese Weise den Markt gentechnischer Pflanzen. Und schließlich hat er damit begonnen, dass jeder Bauer, der *Monsanto*-Saatgut kauft, zunächst einen Vertrag unterschreiben muss, der den Nachbau der eigenen Ernte verbietet. *Monsanto* zwingt auf diese Weise Bauern dazu, jedes Jahr neues Saatgut von *Monsanto* zu kaufen. Dieses Vorgehen hat diesem einen Konzern eine in der Geschichte bisher beispiellose Kontrolle über den Kauf und Verkauf und die Anwendung von Pflanzensaatgut in den USA verschafft.

Wenn eine konventionelle Pflanze mit patentiertem Erbgut verunreinigt ist, wird diese Pflanze Eigentum von Monsanto

Gestärkt wird *Monsantos* Machtstellung durch einen wichtigen Fakt, der bisher ausschließlich von *Monsanto* zu seinem Vorteil genutzt wurde: Pflanzen neigen von Natur aus dazu, sich durch Pollen- und

Samenverbreitung zu vermehren, wobei es zu Einkreuzungen in anderen Pflanzen kommen kann. Da *Monsanto* Patente auf sein gentechnisches Erb- und Saatgut besitzt, werden immer dann, wenn nicht gentechnisch veränderte Pflanzen mit patentiertem Erbgut verunreinigt werden, die betroffenen Pflanzen das Eigentum von *Monsanto*, und zwar selbst dann, wenn die betroffenen Bauern *Monsantos* patentierte Technologie weder gekauft noch wissentlich benutzt haben. Don Westfall, einer der Hauptberater der biotechnologischen Nahrungsmittelindustrie, sagte im Jahr 2001:

»Die Hoffnung der Industrie ist, dass mit der Zeit der Markt derart überflutet ist, dass man nichts mehr dagegen unternehmen kann und einfach aufgibt.«[3]

All diese Faktoren zusammengenommen haben *Monsanto* dazu befähigt, in einer vorher nicht vorstellbaren Art und Weise Einfluss zu nehmen auf die Bauern Nordamerikas und auf das Schicksal der US-amerikanischen Landwirtschaft.

Weniger Forschung im konventionellen Bereich – gv-Sorten sind nicht mehr öffentliches Eigentum

Die Forschungstätigkeit von *Monsanto* führte zur Entwicklung der beiden, heute weltweit am meisten genutzten Eigenschaften gentechnischer Pflanzen: Herbizidtoleranz und Insektenresistenz. *Monsantos* herbizidresistente Pflanzen sind gentechnisch verändert, um Anwendungen von Roundup, dem verbreitetsten Herbizid von *Monsanto*, standzuhalten. Seit der Einführung dieser herbizidresistenten Pflanzen in den USA vor neun Jahren ist der Herbizideinsatz um 138 Millionen Pounds, umgerechnet 62,5 Millionen Kilogramm, gestiegen. Ein anderer Teil der gv-Pflanzen sind drei insektenresistente Sorten. Ein großflächiger Anbau dieser Bt-Pflanzen könnte zu einer erhöhten Resistenzbildung bei den Zielorganismen führen und bedroht damit die Wirksamkeit als natürliches Schädlingsbekämpfungsmittel.

Gegenwärtig werden nur vier gentechnische Pflanzen in den USA und Kanada vermarktet: Soja, Baumwolle, Mais und Raps. Die marktbeherrschende Stellung dieser Pflanzen in den USA zeichnet sich schon jetzt deutlich ab:

Im Jahr 2004 wurden
85 % der gesamten Soja-Anbaufläche,

45 % der gesamten Maisanbaufläche und
76 % der gesamten Baumwoll-Anbaufläche und
84 % der Rapsflächen im Jahr 2003 in den
USA mit gentechnischem Saatgut bestellt.[4]

Obwohl auch andere Gentechnikkonzerne gentechnische Pflanzensorten mit Merkmalen entwickelt haben, die denen von *Monsanto* ähneln, sind die Sorten von *Monsanto* die erfolgreichsten auf dem Markt. Dieser Erfolg beruht zum großen Teil auf den aggressiven Aufkäufen von saatgutproduzierenden Firmen seitens des *Monsanto*-Konzerns. Zwischen 1996 und 1998 entwickelte *Monsanto* die Strategie, die meisten der großen US-amerikanischen und internationalen Saatgutfirmen aufzukaufen oder Beziehungen mit ihnen zu etablieren. Unter diesen Saatgutfirmen waren auch *Calgene Inc.*, *Asgrow Agronomics*, *Asgrow and Stine Seed*, *Agracetus*, *Holden's Foundation Seeds Inc.*, *Delta and Pine Land*, *Monsoy* (ein brasilianisches Soja-Unternehmen), die internationalen Saatgutabteilungen des *Cargill*-Unternehmens (mit Tätigkeit in Asien, Afrika, Europa und Zentral- und Südamerika), *Plant Breeding International* und *DeKalb Genetics* (das zweitgrößte Saatgutunternehmen der Welt). Das einzige größere US-amerikanische Saatgutunternehmen, das nicht von *Monsanto* aufgekauft werden konnte, war *Pioneer Hi-Bred*. *Monsanto* hatte jedoch bereits Beziehungen zu *Pioneer Hi-Bred* geknüpft, die begannen, als *Monsanto* an *Pioneer Hi-Bred* die Rechte zur Nutzung der Gene für Roundup Ready Soja und Bt Mais verkaufte.

Saatguttechnologie für 90 % aller weltweit angebauten gv-Pflanzen

Gegen Ende seiner zwei Jahre andauernden Einkaufstour hatte sich *Monsanto* zum zweitgrößten Saatgutkonzern (nach *Pioneer Hi-Bred*) und zum weltweit größten Anbieter von gentechnischem Saatgut entwickelt. In den letzten Jahren liefert *Monsanto* die Saatguttechnologie für mindestens 90 % aller weltweiten gentechnischen Pflanzen.[5] Der Konzern übt auch die direkte oder indirekte Kontrolle über fast die Hälfte des Handels mit amerikanischem Mais-Keimplasma und den größten Anteil des Soja-Marktes aus.[5]

Eine Methode von Monsanto, um den Verkauf seiner gentechnischen Sojasorten zu steigern, besteht darin, interessierten Saatgutverkäufern bestimmte Konditionen zu stellen. So mussten sich die Firmen, die

Monsanto besitzt oder indirekt kontrolliert, dazu bereit erklären, dass 90 % des von ihnen verkauften herbizidresistenten Sojas die patentierte Technologie von *Monsanto* enthält. Diese Forderung wurde nach einer staatlichen Prüfung der Aufsichtsbehörden auf 70 Prozent gesenkt. Indem Monsanto Saatgutfirmen aufkauft und kontrolliert, ist es ihm gelungen, den Wettbewerb klein zu halten und zu gewährleisten, dass seine gentechnischen Pflanzensorten am leichtesten für die US-amerikanischen Bauern zu erhalten sind.

Kaum noch qualitativ hochwertige konventionelle Sorten im Handel

Mit seiner beherrschenden Rolle auf dem US-amerikanischen Saatgutmarkt hat *Monsanto* die Bauern in die Zange genommen. Für viele Bauern überall im Land ist es schwierig, wenn nicht sogar unmöglich geworden, qualitativ hochwertige konventionelle Mais-, Soja- und Baumwollsorten zu bekommen. Und was die Sache noch schlimmer macht, die Ausrichtung der öffentlichen Agrarforschung hat sich allmählich von der Entwicklung neuer, konventioneller Saatgutsorten hin zur Gentechnik verlagert. Forschungstätigkeiten im Bereich konventioneller Nutzpflanzen sind gering, und die neu entwickelten Pflanzensorten sind kein öffentliches Eigentum mehr, sondern sind patentiert.

Statistiken über die Möglichkeit, konventionelles Saatgut im Handel zu erhalten, sind nur schwer zu finden. Aus Einzelfallschilderungen ergibt sich das Bild, dass *Monsantos* gentechnische Saatgutsorten andere erfolgreich vom Markt gedrängt haben. Troy Roush, ein Soja-Bauer aus Indiana, äußert sich folgendermaßen: »Du kannst sie noch nicht einmal im Handel kaufen. Sie sind einfach nicht erhältlich.«[7] Ein Bauer aus Arkansas sagt beipflichtend: »Es wird immer schwieriger, konventionelles (Soja-) Saatgut aufzutreiben.«[8] Ein Baumwoll-Farmer aus Texas berichtet Ähnliches: »Heutzutage bekommt man fast ausschließlich gentechnisches Baumwoll-Saatgut. Dasselbe gilt für die Maissorten. Es gibt nicht viel Saatgut im Handel, das nicht in irgendeiner Weise gentechnisch verändert ist.«[9]

Die US-amerikanischen Patente von *Monsanto* beziehen sich nicht nur auf die einzelnen Gensequenzen, die benutzt wurden, um einen gentechnisch veränderten Organismus herzustellen, sondern auch auf das Saatgut und die Pflanzen selber. Weil Patente nur dann Austausch und Nutzung des Saatgutes zulassen, wenn der Patentinhaber hierzu im Voraus eine Lizenz erteilt hat, ist es Bauern bei patentiertem Saatgut von Gesetzes wegen nicht gestattet, diese für eine Wiederaussaat im nächsten Jahr aufzubewahren. Dadurch wird in Wirklichkeit ein Recht zunichte gemacht, das für die Landwirtschaft seit mehr als 10000 Jahren von zentraler Bedeutung ist.[10]

Monsanto besitzt zum gegenwärtigen Zeitpunkt 647 Patente auf gentechnische Pflanzen, mehr als jeder andere Gentechnikkonzern, und hat einen Anteil von 29,82 Prozent aller industriellen Forschung und Entwicklung.[11] Als Folge der Entscheidungen des *Obersten Gerichtshofes (Supreme Court)* und des amerikanischen *US-Patentamts* zur Patentierung von Leben, hat *Monsanto* die Möglichkeit, für alle seine neuen gentechnischen Verfahren und gentechnischen Saatgutsorten Patente zu beantragen. Auf diese Weise baute *Monsanto* während der 80er- und frühen 90er-Jahre energisch seine Stellung im Bereich der Gentechnik aus und war sorgsam darauf bedacht, im Verlaufe dieses Prozesses jede neu entdeckte Technik und jedes neue Produkt patentieren zu lassen. Der erste Patentantrag wurde für eine 1983 entwickelte Petunie gestellt. Ein Jahr später beantragte *Monsanto* beim US-amerikanischen Patentamt das Patent auf einen wichtigen genetischen Mechanismus, der im Cauliflower-Mosaic-Virus entdeckt worden war und der dazu diente, Gene zu aktivieren. Dieser Mechanismus, der S35-Promotor, ist eines der wichtigsten Instrumente eines jeden Gentechnikers. Als es *Monsanto* schließlich gelang, das Patent auf diesen Promoter für sich zu gewinnen, hatte er damit zugleich die Möglichkeit erlangt, seine Nutzung durch andere Gentechnikkonzerne durch die Forderung hoher Benutzungsgebühren zu kontrollieren.[12] Während der letzten zwei Jahrzehnte sind Konzerne durch die schnellen Entwicklungen in der Gentechnik zunehmend veranlasst, ihre Patente zu sichern, und sie kämpfen darum, die Grenzen für alles, was patentiert werden kann, auszuweiten.

US-Pflanzen-Patent-Gesetz (PPA)

Mit Inkrafttreten des US-Pflanzen-Patent-Gesetzes (PPA) im Jahr 1930 wurde von beiden Kammern des US-Kongresses die Idee, geschlechtlich vermehrte Pflanzen unter Patentschutz stellen zu lassen, abgelehnt. 1968 wurde ein Vorschlag zur Änderung des PPA zurückgewiesen, wonach das PPA auch Patente auf geschlechtlich vermehrte Pflanzen eingeschlossen hätte. Nach dieser Ablehnung entschied der US-Kongress allerdings, dass eine bestimmte Form des Schutzes für diese Pflanzen gerechtfertigt sei. 1970 verabschiedete der US-

Kongress das US-Sortenschutzgesetz (PVPA) als alternative Form von Pflanzensortenschutz für geschlechtlich vermehrbare Pflanzen. Dieses Gesetz gewährt für die meisten Pflanzen allein dem Eigentümer die Vermehrungs- und Vermarktungsrechte und einen Schutz über die Dauer von 20 Jahren für das Saatgut der betreffenden Sorte. 1 Von besonderer Bedeutung ist, dass der US-Kongress zwei Ausnahmen für die nach dem PVPA gewährten Rechte zuließ: So ist es Forschern erlaubt, die durch das PVPA geschützten Sorten zu nutzen, so dass auf diese Weise innerhalb der Forschung ein freier Austausch von Erbgut weiterhin sichergestellt ist. Die zweite Ausnahme gewährt Bauern das Nachbaurecht. Das erste Patent auf Leben wurde 1980 im Fall »Diamond gegen Chakrabarty« gewährt, der einen Wendepunkt darstellte. In diesem Fall entschied der Oberste Gerichtshof der USA mit fünf zu vier Stimmen, dass lebende Organismen (in diesem Fall handelte es sich um ein Bakterium) patentiert werden konnten. Diese Entscheidung bahnte dem US-Patentamt den Weg, sich 1985 im Fall »Ex parte Hibberd« für die Patentierbarkeit von geschlechtlich vermehrbaren Pflanzen zu entscheiden. 2 Nach dieser Entscheidung begann das US-Patentamt, Patentanträge in Bezug auf diese Pflanzen zuzulassen, obwohl der US-Kongress dem US-Patentamt nie die Befugnis erteilt hatte, Gebrauchspatente auf geschlechtlich vermehrbare Pflanzen zu gewähren. Im Gegensatz zu den gesetzlichen Ausnahmen des PVPA, gibt ein Pflanzen-Patent dem Patentinhaber das Recht, eine Nutzung der patentierten Sorte durch Dritte auch für Forschungs- oder landwirtschaftliche Zwecke auszuschließen. Im Jahr 2001 wurde die Patentierbarkeit von Pflanzen durch eine Entscheidung des Obersten US-Gerichtshofes, die Entscheidung »J. E. M Ag Supply gegen Pioneer Hi-Bred International«, bestätigt. Da der US-Kongress in den Bestimmungen des US-Patentgesetzes, das die Gewährung von Patenten regelt, Pflanzen nicht ausdrücklich ausgeschlossen hat, gibt es nach Ansicht des Gerichtshofes keinerlei Grund dafür anzunehmen, dass eine Patentierbarkeit von Pflanzen im Widerspruch zur gesetzlichen Absicht des US-Kongresses stehen könnte.

Vier Milliarden US-Dollar könnten verloren gehen

Die starke Verbreitung der gentechnischen Pflanzen von *Monsanto* innerhalb der US-amerikanischen Landwirtschaft hat sich auf Zehntausende von Bauern ausgewirkt, und die Verunreinigung von nicht gentechnisch veränderten Pflanzen mit gentechnischem Erbgut betrifft fast jede der Hauptkulturpflanzen der USA. Man braucht nur die umfassende Verunreinigung der herkömmlichen Saatgutbestände oder das StarLink Maisfiasko anzuschauen, um sich klarzumachen, wie weit verbreitet die Verunreinigung schon ist. Aufgrund der gentechnischen Verunreinigung konventioneller Exportware hat die gesamte US-Landwirtschaft unter dem Schwund ausländischer Absatzmärkte zu leiden.

Schätzungen des *American Farm Bureau* (ein Zusammenschluss von Farmern aus den ganzen USA) zufolge sind den Bauern 300 Millionen US-Dollar pro Jahr verloren gegangen, weil die europäischen Märkte sich weigerten, gentechnischen Mais von den USA abzunehmen.[13] Handelsbeamte des US-Ministeriums sind der Ansicht, dass den USA durch die von der *EU* erlassenen Verordnungen zur Kennzeichnungspflicht und Rückverfolgbarkeit jährlich landwirtschaftliche Exporte in die *Europäische Union* im Wert von bis zu vier Milliarden US-Dollar verloren gehen könnten.[14] In einigen Teilen der USA und Kanadas haben sowohl konventionelle als auch ökologisch wirtschaftende Bauern ihre Hauptabsatzmärkte verloren, weil sie gezwungen waren, verunreinigte Partien als gentechnisch veränderte zu verkaufen. Das ernsthafte Problem der gentechnischen Verunreinigung von Pflanzenmaterial hat bis jetzt ausschließlich *Monsanto* zu seinem Vorteil genutzt.

Kontrolle durch Verträge. Schuldig wegen Verunreinigungen

Es gibt verschiedene Ansätze, den Einfluss, den *Monsanto* gegenwärtig auf die US-Landwirtschaft ausübt, zu erklären: zum einen *Monsantos* Besitz von Saatgutfirmen und zum anderen seine beherrschende Rolle durch Patenterwerbungen für gentechnische Verfahren und Saatgut. Das dritte Stück im Puzzle ist der Saatgut-Vertrag, den Bauern unterschreiben müssen, wenn sie Saatgut mit der patentgeschützten Technologie von *Monsanto* kaufen. Durch den Abschluss dieser Verträge erhält *Monsanto* das Recht, das Saatgut sogar zu kontrollieren, nachdem es vom Bauern gekauft, ausgesät und geerntet wurde. Dieses bisher noch nie gekannte Ausmaß an Kontrollmacht hat einen zutiefst negativen Einfluss auf die finanzielle Situation vieler US-amerikanischer Bauern. Bauern, die häufig in Unkenntnis der strengen Vertragsbedingungen Saatgut von *Monsanto* nachbauen, müssen hohe Geldstrafen bezahlen. Hierdurch wurden einige bereits in den Bankrott getrieben, manche mussten ihren Betrieb aufgeben. Andere Bauern wiederum, die niemals wissentlich gentechnisches Saatgut aussäten, werden gerichtlich belangt, wenn festgestellt wird, dass ihr Saatgut mit patentiertem Genmaterial von *Monsanto* verunreinigt ist.

Für Bauern wird es immer schwieriger, Saatgut für den Anbau aufzutreiben, das nicht gentechnisch verunreinigt ist. Selbst zertifiziertes Saatgut weist meistens einen gentechnisch veränderten Anteil auf. Eine Studie der *Universität Manitoba* in Kanada, die zertifiziertes

Raps-Saatgut untersuchte, ergab, dass 32 von 33 Proben verunreinigt waren.[15] Eine ähnliche Untersuchung von der *Vereinigung beteiligter Wissenschaftler* (*Union of Concerned Scientists*) bei traditionellem Mais-, Soja- und Raps-Saatgut kam zu dem Ergebnis, dass mindestens 50 Prozent des Mais und der Soja sowie 83 Prozent des Raps gentechnisch verunreinigt waren.[16] Verunreinigungen von Saatgut aus unterschiedlichen Quellen treten so häufig auf, dass einige große Saatguthändler nicht mehr dazu bereit sind, ihre nicht gentechnisch veränderten Sorten als »gentechnikfrei« zu deklarieren.

Ursachen der Verunreinigungen

In einem Brief, von Jerry Armstrong, dem Vizepräsidenten von *Pioneer Hi-Bred*, unterschrieben, wird Folgendes ausgeführt: »*Pioneer Hi-Bred International Inc.* bestätigt, dass die folgenden Sojaprodukte unter Verwendung traditioneller Pflanzenzüchtungsmethoden ohne Anwendung molekular gentechnischer Verfahren entwickelt wurden ... Dennoch kann es zu Verschleppungen während der Verarbeitung oder zu genetischer Einkreuzung während der Bestäubung gekommen sein. Deshalb kann eine 100-prozentige Reinheit in Bezug auf die genetische Zusammensetzung oder in Bezug auf einen Ausschluss von Fremdmaterial zum gegenwärtigen Zeitpunkt für kein landwirtschaftliches Produkt, auch nicht für Soja-Saatgut, gewährleistet werden.« Bei Bauern, die Saatgut ohne genetische Verunreinigungen erhalten und aussäen, können deren Pflanzen dennoch während der Ernteperiode belastet werden, wenn Körner von vorbeifahrenden Lastwagen fallen, heruntergeblasen oder von Tieren oder Vögeln in die Bestände gebracht werden. Außerdem leihen sich Bauern häufig teure Maschinen wie Mähdrescher aus oder tauschen sie untereinander. Diese Maschinen sind häufig mit Saatgut der vorherigen Ernte verschmutzt. Bauern, die von ihrer eigenen Ernte Saatgut zurückbehalten, kommen zu gentechnischen Verunreinigungen, wenn ihr nicht konventionelles Saatgut in der örtlichen Saatgut- oder Baumwoll-Entkörnungsmaschine mit dem gentechnisch veränderten Saatgut anderer Bauern vermischt wird. Bei all diesen Verunreinigungsquellen verwundert es kaum, dass so viele Bauern Bestände vorfinden, die mit patentiertem gentechnischem Erbgut belastet sind.

Unbeschränkte Einsicht und Prüfung von Geschäftsbüchern und Beständen

Monsantos Saatgut-Vertrag verlangt von den Bauern, die altbewährte Praxis des Einbehaltens eines Teils der eigenen Ernte für die Wiederaussaat aufzugeben. Außerdem sind Farmer dazu verpflichtet, den strengen Vorgaben und Verfahrensweisen von *Monsantos* »technischen Leitlinien« Folge zu leisten, eine um 31 Seiten den Vertrag ergänzende Schrift. Vertrag und »Leitlinien« zusammengenommen lassen unter bestimmten Bedingungen zu, dass Bauern Eingriffe in die Privatsphäre und das Eigentum zulassen müssen, die zu einer unbekannten Anzahl von Klagen wegen Patentverletzungen geführt haben. Einige Bestimmungen verlagern die Haftung, die mit der von *Monsanto* patentierten Technologie verbunden ist, wie auch Vermarktungs- und Verunreinigungsprobleme direkt auf die Bauern.

Durch die Unterschrift unter dem Saatgut-Vertrag erklären sich Bauern mit der Möglichkeit empfindlicher Eingriffe in ihr Privateigentum und in ihre privaten Aufzeichnungen einverstanden. Der Vertrag erlaubt *Monsanto* den Zugang zu Aufzeichnungen über landwirtschaftliche Aktivitäten, die von einer Vielzahl Dritter, wie z. B. der US-Regierung, geführt werden. Insbesondere steht es *Monsanto* durch den Vertrag zu, Informationen über Anbauberichte der Beratungsstellen des Landwirtschaftsministeriums (*FSA*) bezüglich jeder von den Bauern bestellten landwirtschaftlichen Nutzfläche einzusehen. Der Zugang zu den *FSA*-Unterlagen hilft *Monsanto* festzustellen, wie viele Säcke Saatgut ein Bauer gekauft und wie viele Hektar einer bestimmten Kultur er angebaut hat. Diese Angaben können auch dazu dienen, angrenzende Felder benachbarter Bauern ohne deren Einverständnis zu identifizieren. Diese benachbarten Bauern wiederum können ihrerseits mögliche Opfer der Nachforschungen seitens *Monsantos* werden. Zusätzlich schließt der *Monsanto*-Saatgut-Vertrag eine sehr weitreichende Bestimmung ein, die *Monsanto* das Recht gibt, im Zuge seiner Ermittlungen gegen einen Bauern praktisch jede Akte einzusehen. Im übersetzten Vertrag heißt es: Es muss *Monsanto* die Möglichkeit gegeben werden, *jede* Aufzeichnung und *jeden* Beleg zu überprüfen und zu vervielfältigen, die in Bezug auf die Einhaltung dieses Vertrages durch den Anbauer *von Bedeutung sein könnten*.[17] Die Weite dieser Bestimmung ermöglicht es dem Konzern, sich Schriftstücke zu verschaffen, die nicht notwendigerweise direkt mit den Saatgut- und chemischen Pflanzenschutzmittelkäufen zusammenhängen, und gibt *Monsanto* auf diese Weise die Möglichkeit, die finanzielle Lage des Bauern unter die Lupe zu nehmen.

Die »technischen Leitlinien« enthalten u.a. Bestimmungen speziell für den Baumwollanbauer: »Wenn *Monsanto* die *starke Vermutung* hat, dass ein Anbauer Baumwollsaatgut mit den genetischen Merkmalen von *Monsanto* von der eigenen Ernte einbehalten und wieder ausgesät hat, wird *Monsanto* Rechnungen oder *andere Nachweise* verlangen, die bestätigen, dass auf den fraglichen Feldern neu gekauftes Saatgut ausgesät wurde. Werden diese Nachweise nicht binnen 30 Tagen vorgelegt, so steht es *Monsanto* frei, alle Felder des Anbauers zu inspizieren und dort Proben zu nehmen, um festzustellen, ob einbehaltenes Baumwollsaatgut wieder ausgesät wurde.«[18] Der Saatgut-Vertrag schreibt auch vor, dass die Bauern den Vorschriften zum Management von Insektenresistenzen nachkommen und sogenannte Rückzugsflächen einrichten, die von der *US-Umweltbundesbehörde* beim Anbau gentechnisch veränderter Bt-Pflanzen vorgeschrieben werden. Diese Bestimmung stellt für *Monsanto* oder für einen seiner anerkannten Vertreter eine weitere Grundlage dar, das Land eines Bauern auf legale Weise betreten zu können.[19]

Monsantos defekte Technologie treibt Bauern vor Gericht

Eine Reihe Bauern geht nun selbst juristisch gegen das Unternehmen vor, um Entschädigungen für die beträchtlichen finanziellen Verluste zu erhalten. Häufig geht es dabei um Bt-Baumwolle, die gegen den Schädling Baumwollkapselwurm und Tannentriebwickler resistent sein soll und dennoch geschädigt wurde, so dass Bauern gezwungen sind, zusätzlich Zeit und Geld zu investieren. Ebenso weisen diese Pflanzen eine niedrige Keimfähigkeit, geringere Ernteerträge und kleinere Samenkapseln als konventionelle Sorten auf, was den Ernteprozess erschwert. Hunderte von Bauern, die fehlerhaftes Bt-Baumwollsaatgut ausgesät hatten, wurden 1996 in zwei Klagen gegen *Monsanto* vertreten:

In dem einen noch laufenden Klageverfahren in Texas sind über 100 Bauern als Kläger vertreten. Das andere Verfahren in Louisiana, das 1998 durch einen Vergleich beigelegt wurde, war eine Sammelklage aller Bauern, die 1996 Bt-Baumwolle angebaut hatten. 1999 litten Bauern wieder unter schlechten Bt-Baumwollbeständen, und es wurden drei Klagen gegen *Monsanto* eingereicht. Alle Klagen wurden außergerichtlich beigelegt. Auch im Fall von gentechnischem Soja zogen Bauern wegen Missernten vor Gericht. 1998 wurde eine Klage von Jacob Hartz gegen *Seed Co.*, einer Tochtergesellschaft von *Monsanto*, eingereicht, um finanziellen Ersatz für den Schaden zu erhalten, der durch den Anbau von fehlerhaftem Roundup Ready Soja entstanden ist. Der Kläger sagte aus, dass seine Erträge deshalb von 21,81 auf 4,53 Dezitonnen je Hektar zurückgegangen waren, weil das Roundup Ready Saatgut mit dem Sojabohnen-Mosaik-Virus befallen war. Das Gericht sprach ihm für diesen verheerenden Ernteverlust einen Entschädigungsanspruch in Höhe von 162 742,30 US-Dollar zu. Aufgrund der allgemeinen Skepsis gegenüber gentechnischen Pflanzen haben zahlreiche Länder entschieden, viele der in den USA zugelassenen Saatgutsorten nicht zum Anbau, Verzehr und Import zuzulassen.

Keine Haftung bei Pollenflug auf Nachbarfelder

In den »technischen Leitfäden« von *Monsanto* wird anerkannt, dass es in der Natur von gentechnischen Pflanzen liegt, durch Pollenflug oder Transporte von Ernten und Saatgut, gemeinsamer Maschinennutzung und durch Eintrag von Tieren auf die Betriebsflächen anderer Bauern zu gelangen. Da Mais ein Fremdbestäuber ist, ist ein geringes Maß an Pollenbewegung (von denen einige gentechnisches Erbgut enthalten können) zwischen benachbarten Feldern eine weithin bekannte und normale Erscheinung bei der Produktion von Maissaatgut oder Massenwaren.[20] Die »technischen Leitfäden« gehen ausdrücklich davon aus, dass Anwender von gentechnischem Saatgut unter keinerlei Verpflichtung stehen, die Verbreitung von patentiertem Erbgut auf benachbarte Betriebe zu verhindern. Die »technischen Leitfäden« führen aus, dass Bauern, die keine gentechnischen Pflanzen anbauen und ihre Ernten für spezielle Absatzmärkte ausloben, » … die Verantwortung übernehmen und auch davon profitieren, … dass ihre Kulturen bestimmten Reinheitsnormen entsprechen.«[21]

Dauerhafte Bindung der Bauern an Monsanto

Sobald ein Bauer den *Monsanto*-Saatgut-Vertrag unterschrieben hat, ist er an die Aufsicht von *Monsanto* gebunden. Jedes Jahr wird ihm eine Neufassung des Vertrages zugeschickt, und jeder Bauer, der nach dem Erhalt dieser neuen Vertragsbestimmungen weiterhin die Technologie von *Monsanto* einsetzt, erkennt damit automatisch die neuen Bestimmungen als für ihn verpflichtend an.[22] Dem Bauern, der den Einsatz des gentechnischen *Monsanto*-Saatguts nicht fortführt, droht eine Klage wegen Patentverletzungen, falls ausgefallene Körner aus der vorjährigen gentechnischen Ernte auf seinen konventionell bepflanzten Feldern durchwachsen. Lässt ein Bauer diesen Durchwuchs wachsen und erntet ihn zusammen mit dem Rest seines Bestandes, könnte er als Nutzer der *Monsanto*-Technologie betrachtet werden, obwohl er im entsprechenden Jahr kein *Monsanto*-Saatgut bezogen hat. Dieser unbeabsichtigte Gebrauch könnte in Verbindung mit dem Erhalt der Neufassung des *Monsanto*-Saatgut-Vertrags als stillschweigende Annahme einer jeden, im neuen Vertrag ausgeführten Vertragsbestimmung ausgelegt und auf diese Weise der Bauer einer juristischen Verfolgung wegen Patentverletzung ausgesetzt werden.

Vertragsbrüche enden häufig im Bankrott

Der Saatgut-Vertrag setzt den Bauern, der Saatgut kauft, einer hohen finanziellen Schadensersatzpflicht aus. Sollte ein Bauer als juristisch verantwortlich für die Verletzung von Bestimmungen des Vertrages angesehen werden, wäre eine Bankrotterklärung seinerseits kein ungewöhnliches Ereignis.[23] Nach dem Vertrag können Bauern, wenn sie einen Teil ihrer Ernte nachbauen, als Saatgut verkaufen oder solches kaufen, aufgrund der Patentverletzung gegenüber *Monsanto* haftbar gemacht werden. Diese Haftungsverpflichtung kann sogar dazu führen, dass der Bauer die auf Seiten von *Monsanto* oder einem seiner Lizenznehmer entstandenen Anwalts- und Verfahrenskosten erstatten muss.[24] Die Kosten für die verklagten Bauern werden zusätzlich erhöht, da der Saatgut-Vertrag festlegt, dass der einzige und ausschließliche Gerichtsstand für alle Verfahren (mit Ausnahme von Baumwolle) der Firmensitz von Monsanto ist. Entsprechend gehen diese Verfahren an das US-Distriktgericht für den Ostdistrikt von Missouri und an das Bezirksgericht von St. Louis.[25] Bauern, die nicht aus Missouri stammen und gegen die eine Klage von *Monsanto* gerichtet ist, haben also in einem Prozess nicht nur das Anwaltsteam eines großen Konzerns gegen sich, sondern müssen sich außerdem einen Anwalt außerhalb ihres eigenen Bundesstaates suchen.

Gebührenfreie Telefonnummer für Denunzianten

Monsanto widmet erhebliche Ressourcen der juristischen Verfolgung von Bauern, die beschuldigt werden, die Saatgutpatente des Konzerns zu verletzen. So wurde ausschließlich zum Zweck der Ermittlung und

Klage gegen Bauern wegen Patentverletzungen eine Abteilung mit 75 Angestellten aufgebaut und ein jährliches Budget von 10 Millionen US-Dollar festgesetzt.[26] Auch richtete der Konzern eine gebührenfreie Telefonnummer ein, die es Bauern und Geschäftsleuten ermöglicht, mit dem Konzern vertrauliche Telefongespräche zu führen und über Vermutungen der »patentverletzenden Aktivitäten« von Nachbarn und Kunden zu berichten. Der Konzern behauptet, dass er jährlich Hunderte von Telefonanrufen und Briefen über potenzielle Fälle von Patentverletzungen erhält.[27] Wenn *Monsanto* beispielsweise jemanden verdächtigt, Saatgut von der eigenen Ernte einbehalten und wieder ausgesät zu haben, beauftragt er ein privates Ermittlungsunternehmen, wie zum Beispiel *Robinson Investigations* oder *Pinkerton,* damit, die Sache näher zu untersuchen.[28] Im Allgemeinen kann *Monsantos* Vorgehen bei der Verfolgung von Bauern in drei Phasen eingeteilt werden: 1. Ermittlungen gegen Bauern, 2. außergerichtliche Vergleiche und 3. Prozesse gegen Bauern. Es wird von *Monsanto* gegen sehr viel mehr Bauern ermittelt als geklagt, allerdings ist es fast unmöglich, das gesamte Ausmaß, in dem Bauern durch *Monsanto* verfolgt werden, darzustellen. Dennoch geben öffentliche Erklärungen und frühere Berichte ein lebendiges Bild von den ausgedehnten Ermittlungen gegen Bauern.

1998 meldete *Monsanto* in einer Presseerklärung, dass bundesweit in 475 Fällen wegen Patentverletzungen ermittelt worden sei und diese Ermittlungen auf mehr als 1800 Hinweisen beruhten.[29] 1999 berichtete die Washington Post, dass in den USA und Kanada die Anzahl von Ermittlungen auf 525 gestiegen sei.[30] *Monsanto* bestätigte dieses hohe Niveau an Ermittlungstätigkeit in einem im Jahr 2003 veröffentlichten Artikel: »*Monsanto* geht Tausenden von anonymen Hinweisen über Anbauer nach, die angeblich gegen Vorschriften verstoßen, und wird solchen Hinweisen auch in Zukunft nachgehen.«[31] In einer Veröffentlichung von 2004 behauptete *Monsanto,* dass »im Jahr 2003 fast 600 neue Fälle von Saatgut-Patentverletzungen dazugekommen seien.«[32] Erst vor kurzem wurde in einem Artikel des *Omaha World-Herald* vom November 2004 erwähnt, dass *Monsanto* dieses Jahr gegen 500 Bauern ermitteln wird, »so wie er dies jedes Jahr tut«.[33] Vor diesem Hintergrund kann berechtigterweise davon ausgegangen werden, dass die Anzahl derjenigen Bauern, gegen die Ermittlungen geführt werden, in die Tausende geht. Das *CFS* hat mit mehreren Bauern, die *Monsantos* aggressive Vorgehensweisen bestätigten, Gespräche geführt. Ein Bauer erklärte gegenüber dem *CFS,* dass er in seiner Gemeinde einer von acht Bauern gewesen sei, gegen die ermittelt wurde, und zwei andere Bauern sagten, dass in ihrer Gemeinde jeweils gegen 25 Bauern ermittelt wurde.[34]

Monsantos Privatdetektive tauchen unerwartet auf den bäuerlichen Betriebsgeländen auf und ziehen Proben, häufig ohne Genehmigung; eine Vorgehensweise, die zu wiederholten Anklagen wegen »Unbefugten Betretens« geführt hat. »Sie sagen, dass sie nicht rechtswidrig handeln, das ist dummes Zeug«, erzählte jemand dem *CFS* und erklärte, dass sich Ermittler in seiner Stadt als Landvermesser ausgegeben hatten, um Fotos auf Feldern und Wegen landwirtschaftlicher Betriebe zu machen.[35] Ein anderer Bauer bestätigte, dass es »nicht ungewöhnlich war, Ermittler, die fotografieren, auf den Feldern seiner Nachbarn zu sehen.«[36] 1997 bemühte sich *Monsanto* darum, die Bedenken der Bauern über die Besuche zu zerstreuen: Eine Bestimmung zu Feldinspektionen wurde aus dem Roundup-Ready-Soja-Anbau-Vertrag von 1996 gestrichen, die *Monsanto* den Zugang zu Feldern der Kunden zugestanden hatte.[37] Wie dieser Bericht zeigt, beeinflusste das Streichen dieser Klausel das Vorgehen von *Monsanto* nicht. Die Berichte zeigen, dass Ermittler wenige Stunden bis einige Wochen damit verbringen, Proben und andere Daten über die betroffenen bäuerlichen Felder zu sammeln. Auch fühlen sich Bauern oft wie Kriminelle, noch ehe eine Anklage erhoben wird, weil Ermittler häufig örtliche Polizeibeamte darum bitten, sie auf das Betriebsgelände der Bauern zu begleiten.[38]

Bauern fühlen sich oft wie Kriminelle

Die eingreifendsten Ermittlungen, die dem *CFS* bekannt sind, betreffen einen Bauern aus Mississippi, der einen Landhandel betreibt. Zum ersten Mal bemerkte Mitchell Scruggs, dass *Monsanto* ihn im Visier hatte, als Ermittler sich außerhalb seines Ladens herumtrieben. Scruggs berichtet, dass seine Familie die Wohnung im selben Gebäude nicht verlassen konnte, ohne das Gefühl zu haben, von Überwachungskameras beobachtet zu werden. *Monsanto* kaufte für die Überwachung ein leeres Grundstück auf der anderen Seite der Straße auf, und die Ermittler beobachteten aus einer Entfernung von nur etwa 150 Metern Scruggs Kundschaft. Auch belästigten sie Kunden, indem sie einigen von ihnen folgten und warnten, keine Geschäfte mit Scruggs zu machen. Einer der Bauern, dem die Ermittler nach Hause gefolgt waren, sagte: »Ich dachte immer, dass sie versuchten, über mich an ihn heranzukommen.«[39]

Häufig überflogen Flugzeuge und Hubschrauber das Geschäft, und Scruggs erfuhr von Mitarbeitern des örtlichen Flughafens, dass sie auch von *Monsanto* angemietet waren, um seinen Laden und das umliegende landwirtschaftliche Gebiet zu inspizieren. Während all dies vor sich ging, wurde Scruggs selbst nie direkt angesprochen.[40] Schon die Erfahrungen von Scruggs sind ein Beispiel für ausufernde Maßnahmen, die Ermittler einsetzen, um Beweise für die Beschuldigungen von *Monsanto* zu finden, doch manchmal griffen die Ermittler zu noch härteren Maßnahmen.

Einmal wurde Gary Rinehart, während er in seinem Laden arbeitete, von zwei Männern in so aggressiver Weise angesprochen, dass er sich fühlte, als seien sie »kurz davor, ihm Handschellen anzulegen«. Sie fragten, ob er Gary Rinehart sei, wiesen sich selbst mit Visitenkarten aus und erklärten, dass sie gekommen seien, um sich mit ihm wegen seiner Sojabohnen zu einigen. Rinehart beschrieb den einen der beiden Männer als »großmäulig«, »heftig« und als einen »Klugscheißer« und fühlte sich bloßgestellt von der Weise, mit der die Männer ihn in seinem eigenen Laden behandelten.[41] Den Aussagen des Anwalts von Rinehart zufolge wurden die Ermittler dazu aufgefordert, den Laden zu verlassen, »da ihr angriffslustiges Verhalten Kunden dazu veranlasste, das Geschäft zu verlassen.«[42] Ironischerweise ist Gary Rinehart nicht einmal ein Bauer – die Ermittler hatten dem falschen Mann nachgestellt.

Ein Sojabauer aus Nebraska bekam das bedrohliche Verhalten der Ermittler von *Monsanto* zu spüren, als diese auf seinem Betrieb auftauchten. Nachdem er den Ermittlern mitgeteilt hatte, dass er ins Haus gehen würde, um zu telefonieren, stellte sich ein Ermittler vor seine Haustüre und hinderte den Bauern rein physisch daran, sein eigenes Haus zu betreten.[43] Manchmal werden Bauern bei den Ermittlungen von *Monsanto* auch getäuscht. Im Juli 1998 erschien ein Mann auf dem Betrieb von Eugene Stratemeyer in Illinois und wollte Sojasaatgut kaufen. Da es für eine Aussaat eigentlich zu spät im Jahr war, erklärte der Mann, dass er Soja als Erosionsschutz anbauen wolle. Stratemeyer tat ihm den Gefallen und berechnete ihm nur so viel, dass die Kosten für die Reinigung und Abpackung gedeckt waren. Wie sich herausstellte, hatte *Monsanto* den Mann beauftragt, das Saatgut von Stratemeyer zu kaufen. Kurz darauf reichte der Konzern Klage gegen Stratemeyer ein.[44] Die Ermittler von *Monsanto* setzen sogar noch extremere Täuschungsmanöver ein.

Es wird berichtet, dass ein Ermittler an Treffen der *Anonymen Alkoholiker* (AA) teilnahm, um das Vertrauen der örtlichen Gemeinschaft zu gewinnen. Er freundete sich mit Mitgliedern der Therapiegruppe an, wurde jedoch bald als einer der Ermittler erkannt, die Fotos von Bauern auf ihren Feldern machten und vor der Tür der Bauern mit der Nachricht standen, dass gegen sie wegen des Nachbaus von patentiertem Saatgut ermittelt würde.[45] Wegen der aggressiven Weise, mit der *Monsanto* ermittelt, ist es nicht verwunderlich, dass der Konzern schon wegen Hausfriedensbruchs angeklagt wurde. Ein Bauer ist davon »überzeugt«, dass Ermittler in sein Büro einbrachen, als er feststellte, dass mit den Papieren auf seinem Schreibtisch herumhantiert, Jalousien geschlossen und Saatgut-Belege in seinem Fotokopierer gelassen worden waren. Er beobachtete, dass Ermittler sich auf einem nahegelegenen Friedhof hinter Grabsteinen versteckten und Arbeiter auf seinen Feldern mit der Videokamera aufnahmen.[46]

Ermittlungen dieser Art sind nicht nur zudringlich, sie bringen häufig auch fehlerhafte oder erfundene Beweise hervor. Als Familie Roush die Ergebnisse ihrer Feldproben von 1999 von *Monsanto* erhielt, wurden ihnen auch Karten mit den Feldern vorgelegt, auf denen *Monsanto* angeblich Proben mit Roundup Ready Soja gefunden hat. Diese Behauptung hatte jedoch einen Schwachpunkt: 1999 war auf einem der Felder, von denen das Unternehmen behauptete, dort Roundup Ready Soja gefunden zu haben, Mais im Vertragsanbau für die *Weaver Popcorn Company* angebaut. »Popcorn und Sojabohnen sehen sich in keiner Weise ähnlich«, erklärte Troy Roush. »Sie können auf keinen Fall auf diesem Feld gewesen sein.«[47] Die Erfahrung der Familie Roush ist nicht einmalig. *Monsanto* sagte gegenüber Ray Dawson, einem Bauern aus Arkansas, dass sie für die drei bis vier Wochen dauernde Überprüfung seines Betriebes durch Ermittler von *Pinkerton* über 250 000 US-Dollar ausgegeben hatten. Es hat den Anschein, als ob *Monsanto* diese Ermittler und auch die Anwälte, die den Fall zuerst übernommen hatten, feuerte, weil sie keine Beweise für eine Patentverletzung finden konnten. Die zweite Gruppe von *Monsantos* Ermittlern verbrachte zwei Tage mit der gleichen Ermittlung, nur dass sie dieses Mal behaupteten, ausreichendes Beweismaterial für einen Patentverstoß gefunden zu haben.[48]

Erzwungene außergerichtliche Vergleiche durch Drohbriefe

Nach den Ermittlungen schickt *Monsanto* gewöhnlich Drohbriefe per Einschreiben an die Bauern, die verdächtigt werden, von der eigenen Ernte einbehaltenes patentiertes Saatgut nachgebaut oder verkauft zu haben. Der Brief enthält meist die Aufforderung, eine genau bezifferte Geldsumme zu bezahlen, um weitere Gerichtsverfahren zu vermeiden. Obwohl die Anschuldigungen auf schwachen Beweisen fußen, entscheiden sich viele der beschuldigten Bauern aus finanziellen Gründen für eine außergerichtliche Einigung, anstatt einen teuren und langwierigen Prozess durchzustehen. Angesichts des aggressiven Charakters der Briefe mit den Anschuldigungen von *Monsanto* gegenüber Bauern ist es wahrscheinlich, dass viele Bauern zu außergerichtlichen Vergleichen gedrängt oder eingeschüchtert werden. Schuldig oder nicht, Bauern entscheiden sich für die außergerichtlichen Vergleiche, um hohe Anwaltskosten zu vermeiden.

Zusätzlich zu den Drohbriefen an Bauern verteilt *Monsanto* auch jedes Jahr an Tausende von Saatguthändlern Briefe mit den Namen von Bauern, denen es untersagt ist, *Monsanto*-Produkte zu kaufen. Die Briefe üben einen Druck auf Bauern aus, die sich das Kaufrecht auf *Monsanto*-Produkte bewahren wollen, so dass sie sich, unabhängig davon, ob *Monsatos* Ermittlungen gerechtfertigt waren oder nicht, für einen außergerichtlichen Vergleich entscheiden. »Es ist einfacher aufzugeben, als gegen sie zu kämpfen,« sagte ein Bauer, dem die Nutzung der *Monsanto*-Produkte immer noch verwehrt ist, weil er sich gegen die Forderungen des Unternehmens vor Gericht zur Wehr setzte.[49]

Ein Bauer sagte, *Monsanto* habe ihm mitgeteilt, 250000 US-Dollar für Ermittlungen gegen ihn ausgegeben zu haben, bevor sie seinen Fall wegen fehlender Beweise einstellen mussten. Im Jahr 1999 berichtete die Washington Post, dass fast die Hälfte der 525 von *Monsanto* durchgeführten Ermittlungen durch außergerichtliche Vergleiche beigelegt worden seien.[50] Dies ist die einzige öffentliche Quelle über außergerichtliche Vergleiche (vor Beginn von gerichtlichen Verfahren), die aus Ermittlungen gegen Bauern entstehen. *Monsanto* selbst behauptet, seit dem Jahr 2000 entstandene Schäden in einem Gesamtwert von mehreren Millionen US-Dollar durch außergerichtliche Vergleiche geregelt zu haben.[51] Aufgrund des vertraulichen Charakters dieser außergerichtlichen Vergleiche sind die genauen Summen, zu deren Zahlung sich Bauern gegenüber *Monsanto* verpflichten, nicht öffentlich. Dennoch ist bekannt, dass Carlyle Price, ein Bauer aus Nord-Carolina, sich zu einer Zahlung von 1,5 Millionen US-Dollar bereiterklärt hat.[52]

Einige Bauern stimmen einem Vergleich zu, indem sie sich verpflichten, *Monsantos* Produkte zu kaufen, weil dieser Vergleich zugleich eine geringere Zahlungsverpflichtung enthält. Diese Beispiele zeigen *Monsantos* eigentliches Ziel: Bauern an sein gentechnisches Saatgut und an seine Verträge zu binden. Einige Bauern jedoch verweigern sich, einem außergerichtlichen Vergleich zuzustimmen und nehmen lieber sowohl Anwaltskosten als auch höhere Vergleichszahlungen in Kauf, um jegliche Verpflichtung gegenüber *Monsanto* zu vermeiden.[53] Bauern, die nicht bereit sind, die Forderungen von *Monsanto* hinzunehmen, treten in die aggressivste Phase der Verfolgung durch *Monsanto* ein – in das Gerichtsverfahren.

Zahlungen von 15 253 602 US-Dollar an Monsanto

Als Teil eines mehrjährigen Forschungsprojektes sammelt und analysiert das *CFS* die zahlreichen Prozesse, die *Monsanto* bisher gegen US-amerikanische Bauern geführt hat. Von *Monsanto* wurden 90 Klagen wegen angeblicher Verletzung des *Monsanto*-Saatgut-Vertrags und der *Monsanto*-Patente auf gentechnische Verfahren eingereicht. Diese Rechtsfälle betreffen 147 Bauern und 39 kleine Firmen/Landhändler.[54] *Monsanto* hat Bauern und kleine Firmen/Landhändler aus 25 verschiedenen US-Bundesstaaten verklagt. In vielen Fällen bleiben die endgültigen Ergebnisse der Gerichtsverfahren von *Monsanto* geheim, weil sie mit vertraulichen Vergleichen abgeschlossen werden. Der Inhalt der Vergleiche kann nicht ohne das Risiko weiterer juristischer Schritte mitgeteilt werden. Wenn Bauern die Vertraulichkeitsklausel verletzen, riskieren sie die Annullierung des geschlossenen Vergleiches und müssen unter Umständen eine Geldstrafe bezahlen, die bedeutend höher ist als der Vergleich selbst. Gegen Bauern, die schon zur Zahlung eines Schadenersatzes verurteilt wurden, werden üblicherweise auch dauerhafte Unterlassungsverfügungen ausgesprochen. Bauern mit Unterlassungsverfügungen ist der Kauf und/oder Verkauf von *Monsanto*-Produkten nicht gestattet.

Die veröffentlichte Gerichtsentscheidung mit dem höchsten Zahlungsanspruch zugunsten *Monsantos* gegen einen Bauern umfasst einen Betrag von 3 052 800 US-Dollar. Alle dokumentierten Gerichtsentscheidungen aus Verfahren gegen Bauern zusammen erreichen zugunsten *Monsantos* einen Anspruch auf Zahlung von 15 253 602 US-Dollar. In den Fällen, in denen die Gerichtsentscheidungen dokumentiert sind, bezahlten Bauern durchschnittlich 412 259 US-Dollar. Bei gerichtlichen Vergleichen liegt die Höhe der Zahlungsvereinbarung im Durchschnitt bei 75 000 US-Dollar, wobei die niederste Vereinbarung einen Betrag von 5595, die Höchste einen Betrag von 3 052 800 US-Dollar umfasst.[55]

Monsanto, ein milliardenschwerer Konzern, zwingt Bauern in Gerichtsprozesse. Die Bauern arbeiten mit einer recht dünnen Gewinnspanne und haben von daher viel weniger juristischen Beistand als der *Monsanto*-Konzern. Viele der Bauern können sich keinen Anwalt leisten und müssen sich gegen *Monsanto* alleine zur Wehr setzen, wenn sie verklagt werden. Bei neun Beklagten werden in den Akten keine Prozessanwälte aufgeführt, drei vertreten sich laut Aktenangaben selbst und fünf waren während des jeweiligen Rechtsverfahrens nur zum Teil durch einen Anwalt vertreten.

Koexistenz zwischen Anbau mit und ohne Gentechnik nicht möglich

»Bauern werden verklagt, weil man GVOs auf ihrem Betriebsgelände findet, die sie nicht gekauft haben, nicht wollen, nicht benutzen werden und nicht verkaufen können«, sagt der Bauer Tom Wiley aus Norddakota. Der *Monsanto*-Saatgut-Vertrag bietet dem Konzern beträchtliche Sicherheiten, da er die Bauern für die eigene unkontrollierbare Technologie haftbar macht. In weniger als einem Jahrzehnt haben *Monsantos* patentierte Gene mehr als die Hälfte des konventionellen Mais- und Soja-Saatgut-Bestandes und fast den gesamten Bestand an konventionellem Raps-Saatgut in den USA verunreinigt.[56] Die Bedenken, dass Einkreuzungen – auch als »genetischer Trift bezeichnet« – unvermeidlich sind, wurde durch einen Bericht der British Royal Society bestätigt, wonach Einkreuzungen zwischen Pflanzen überall und häufig vorkommen und durch physische Barrieren, wie beispielsweise durch Pufferzonen, nicht verhindert werden können.[57]

Teils wird behauptet, dass eine Koexistenz zwischen konventionellen und gentechnischen Pflanzensorten möglich ist. Die Geschichte zeigt jedoch, in welchem Ausmaß und mit welcher Häufigkeit sich vorbeugende Maßnahmen als unzureichend erwiesen haben. *Monsanto* gibt diese Ereignisse zu und erklärt Folgendes: »In jenen Fällen, in denen unsere gesetzlich geschützten Sorten unbeabsichtigt auf den Feldern eines Bauern auftreten, werden wir natürlich mit dem Bauern gemeinsam versuchen, die Angelegenheit zur Zufriedenheit sowohl des Bauern als auch von *Monsanto* zu lösen.«[58] Dieses Versprechen wird von *Monsanto* eingesetzt, um die Ängste der Bauern in Bezug auf die Technologie des Konzerns zu zerstreuen. Allerdings lassen die Fälle, in denen *Monsantos* patentierte Gene in Pflanzen unbeabsichtigt vorkommen, bisher Lösungen zu Gunsten der Bauern noch auf sich warten.

Solange Gerichte in Patentverletzungsfällen die Frage des Verschuldens als entscheidenden Faktor nicht anerkennen, führen Bauern und ihre Anwälte in den Fällen über das unbeabsichtigte Auftreten von *Monsantos* patentierten pflanzlichen Genen einen fast aussichtslosen Kampf. Ungeachtet der vielfältigen Umstände der einzelnen Prozesse, haben alle eines gemeinsam: *Monsanto* geht in jedem Fall mit schonungsloser Härte vor. Keiner kann sowohl das extreme Ungleichgewicht an Macht und juristischem Beistand als auch den ungerechten Charakter einiger Forderungen von *Monsanto* besser darstellen als die betroffenen Bauern selbst.[59] Obwohl das CFS die Einzelheiten der bisherigen außergerichtlichen und der noch offenen Vergleiche nicht kennt, reicht ein Blick auf die bereits verklagten Bauern, um eine Vorstellung zu bekommen, auf wen diese aggressiven Gerichtsverfahren zielen. Zu einem Zeitpunkt, in dem *Monsanto* heftig mit seinem besonderen Interesse am US-amerikanischen Bauerntum Werbung betreibt, sind viele der betroffenen Bauern selbst dabei, ganz anderes von *Monsanto* zu berichten – und zwar vor dem Richter. Der berühmteste aller *Monsanto*-Patentverletzungs-Fälle betrifft den kanadischen Raps-Bauern Percy Schmeiser.[60] (s. Beitrag: Beispiel Kanada, S. 48) Die Gerichte der ersten Instanz waren nicht an der Frage interessiert, *wie* das Saatgut auf dem Land gelandet war, sondern nur daran, dass Schmeiser wusste, dass er im Besitz von *Monsantos* geistigem Eigentum war, und dass er dafür nicht bezahlt hatte.[61] Wie Schmeisers Anwalt Terry Zakreski sagt: »*Monsanto* hat ein Problem. Er versucht, sich ein Stück von Mutter Natur, das sich naturbedingt ausbreitet, unter den Nagel zu reißen.«[62]

Biologische Verunreinigung durch Pollenflug

Die biologische Verunreinigung von gentechnisch nicht veränderten Pflanzen durch Pollen genetischer Pflanzen haben sich in Nordamerika zu einem großen Problem entwickelt. Der jüngste Hinweis auf das Verunreinigungspotenzial von gentechnischen Organismen ergibt sich aus einer Studie der US-Umweltbundesbehörde, in der festgestellt wurde, dass Pollen von der gentechnischen Grassorte Weißes Straußgras sich in einer Distanz von mindestens 13 Meilen (ca. 21 km) von dem Feld, auf dem es angebaut worden war, gefunden wurden.[63] Zu ähnlichen Ergebnissen kam eine britische Studie aus dem Jahr 2003: Noch in einer Entfernung von mehr als 16 Meilen (ca. 25,7 km) kreuzte gentechnischer Raps in nicht gentechnisch veränderten Raps ein. Verunreinigungen können in praktisch jeder Pflanze vorkommen, die gravierendsten Probleme treten jedoch bisher bei Mais und Raps auf, den beiden gentechnischen Nutzpflanzen mit Fremdbestäubung, die in Nordamerika angebaut werden. In den acht oder neun Jahren, in denen gentechnische, herbizidresistente Rapssorten in Kanada angebaut werden, haben sich diese in einem solchen Ausmaß ausgekreuzt, dass Rapspflanzen mit einer Resistenz gegen drei oder vier Herbizide nichts Ungewöhnliches mehr sind. Ungewollte, herbizidresistente Rapspflanzen tauchen in Feldern auf, die mit anderen Pflanzen bestellt wurden, und werden dort zu einem ernsthaften Unkrautproblem. Einer Studie aus Großbritannien zufolge ist gentechnischer Raps in der Lage, konventionelle und biologische Rapssorten über einen Zeitraum von mehr als 16 Jahren zu verunreinigen.[64] Von ökologisch wirtschaftenden Bauern in Kanada, die von Verunreinigungen betroffen sind, wurde eine Sammelklage auf Schadenersatz gegen Monsanto und Bayer eingereicht. Dabei besteht der eingeklagte Schaden im Verlust des Aufpreises, den die Ernten der Bauern eigentlich erzielen würden. Dieser Verlust entsteht dadurch, dass die Bauern nicht mehr für die 100-prozentige Reinheit ihrer Ernte garantieren können.[65] Das herausragendste Beispiel genetischer Verunreinigung betrifft StarLink, eine Maissorte, die nie für den menschlichen Verzehr zugelassen wurde, und die 1998 erstmals in den USA in den Handel gebracht wurde. Bis zum Jahr 2000 hatte sich StarLink in einem solchen Maße ausgekreuzt, dass die Ernten der Maisfelder von halb Iowa zumindest eine Spur von Verunreinigung aufwiesen, obwohl nur ein Prozent aller Iowa-Maisfelder mit StarLink ausgesät worden waren.[66] Im Herbst 2000 war das US-Landwirtschaftsministerium gezwungen, wegen Verunreinigungen mit StarLink 300 Maisprodukte aus US-amerikanischen Supermärkten zurückzuziehen. Obwohl versucht wurde, alle Spuren von StarLink auszurotten, taucht er weiterhin auf US-amerikanischen Maisfeldern auf, und ausländische Märkte für Mais gehen Jahr für Jahr verloren. Vor kurzem wurde einer Gruppe Bauern in einem Vergleich wegen des Verlustes von ausländischen Märkten durch StarLink-Verunreinigungen eine Summe von 110 Millionen US-Dollar zugesprochen[67]

Sogar Monsanto gibt zu, dass Pollenflug unvermeidlich ist. In dem Saatgut-Vertrag von 2005 schreibt Monsanto: »Da Mais naturgemäß auskreuzt, ist ein geringes Maß an Pollenfluss ... zwischen benachbarten Feldern weithin bekannt und eine normale Erscheinung bei der Mais- oder Saatgutproduktion.«[68] Es ist deutlich, dass in Nordamerika eine Verunreinigung von nicht gentechnisch veränderten Sorten durch Pollen gentechnischer Pflanzen im Grunde genommen nicht zu vermeiden ist.

Ungewollter Durchwuchs von gv-Pflanzen auf konventionellen Flächen

Bauern, die *Monsantos* Saatgut kaufen und anbauen und dann nur große Enttäuschungen mit dem Produkt erleben, sind zusätzlich wegen möglichem Durchwuchs der gentechnischen Pflanzen der Gefahr einer Klage ausgesetzt. Durchwuchs entwickelt sich aus Samen, die nicht absichtlich ausgesät wurden. Typischerweise sind dies Samen, die beim vorherigen Anbau nicht keimten oder von einer Pflanze vor oder bei der Ernte ausgefallen sind. Wachsen auf einem Feld mit konventionellen Sorten Pflanzen durch, die *Monsantos* patentiertes Erbgut enthalten, sind die Bauern potenziell einer Haftung wegen Patentverletzung ausgesetzt. Im Fall von Glen Eaton, einem Bauern aus Arkansas, ist Durchwuchs möglicherweise der Grund dafür, dass er vor Gericht steht.

Den Gerichtsdokumenten zufolge stellte ein Richter fest, »es ist unbestritten, dass Eaton nicht weiß, wie das Saatgut, das er 1999 einsetzte, als Roundup Ready tolerant positiv getestet werden konnte«, obwohl *Monsanto* behauptet, dass Eaton 1999 und 2000 wissentlich *Monsanto*-Technologie eingesetzt habe. Es gibt zwei mögliche Erklärungen dafür, wie *Monsantos* patentierte Gene während der Jahre, in denen Eaton behauptet, kein Roundup Ready-Saatgut eingesetzt zu haben, auf seinen Feldern auftreten konnten: Durchwuchs und/oder vermischte Proben.[69] Eaton behauptet, dass das Roundup-Ready-Soja, das er 1997 und 1998 anbaute, unter »Aufplatzen« litt, eine Krankheit, bei dem sich die Bohnenhülsen vor der Ernte öffnen, was zu »verheerenden Ernteverlusten« führt.[70] Einer von Eatons Nachbarn sagte als Zeuge aus, dass die Sojafelder von Eaton tatsächlich unter fürchterlichem »Aufplatzen« gelitten hatten und dass er »das Aufplatzen der Bohnen sogar hören« konnte. Eaton behauptet, dass das »Aufplatzen« seiner Sojabohnen in den Jahren 1997 und 1998 zu geringeren Erträgen führte und dass er durch dieses »Aufplatzen« auch weiterhin Schaden erleide, weil seine Felder mit Roundup Ready-Durchwuchs verseucht seien und sich dies Jahr für Jahr wiederhole.[71]

Ein anderer Bauer aus Eatons Gegend sagte als Zeuge aus, dass auch er auf seinen Feldern mit massenhaftem Durchwuchs zu kämpfen habe und führte dazu aus, dass sein Feld im Frühling vor der Aussaat »wie ein kompletter Bohnenbestand aussehe«. Zusätzlich »sagten auch Gutachter beider Parteien aus, dass sie persönlich Felder mit beträchtlichem Durchwuchs entweder in Augenschein genommen haben oder ihnen entsprechendes Beweismaterial vorgelegt wurde.«[72] Die zweite Erklärung dafür, dass Eatons Pflanzen positiv auf *Monsanto*-Technologie getestet wurde, könnte sein, dass sein Pflanzenbauberater die Proben, die nach der Ernte 1998 aus seinen Silos gezogen worden waren, möglicherweise vermischt hat. Entsprechend hätte Eaton versehentlich Roundup-Ready-Soja von der eigenen Ernte für die Wiederaussaat 1999 einbehalten und fälschlicherweise das konventionelle Soja in den Handel gegeben. Eaton, der davon ausging, konventionelles Soja anzubauen, setzte 1999 auf seinen Kulturen kein Roundup ein. Obwohl es so aussieht, als habe Eaton die Patentrechte von *Monsanto* nicht vorsätzlich verletzt, endete sein Verfahren im Jahr 2001 mit einem vertraulichen Vergleich.

Der Bauer Rodney Nelson aus Norddakota hält es für notwendig, seinen landwirtschaftlichen Betrieb vor Behauptungen bezüglich vermeintlicher Patentverletzungen zu schützen und trifft deshalb Vorkehrungen. Dies schließt folgende Maßnahmen ein: das Besprühen eines Streifens seines konventionellen Sojafeldes mit Roundup (4500 US-Dollar, die Kosten für verlorenes Soja nicht miteingerechnet), die Untersuchung des Erbmaterials seiner eigenen Soja (4000 US-Dollar) und ein Auftrag an ein Ingenieurbüro mit der Dokumentation bestimmter Standorte innerhalb seiner Felder unter Benutzung eines Global Positioning Systems (GPS) für 3700 US-Dollar. Diese vorbeugenden Maßnahmen fußen auf seinen früheren Erfahrungen mit *Monsanto*. Im Jahr 2000 verklagte die Firma Familie Nelson wegen einer Patentverletzung. Das Beweismaterial, auf der die Klage basierte, war nicht ausreichend. Obwohl die staatliche Saatgutschlichtungsstelle von Norddakota keinen Beweis für die Behauptungen von *Monsanto* fand, wurde Familie Nelson dazu gezwungen, einen vertraulichen Vergleich zu unterschreiben – nachdem sie bereits fast 200 000 US-Dollar für Anwaltsgebühren ausgegeben hatten. In den Jahren 2000 und 2001 traten auf dem 17 Meilen (ca. 27,3 km) langen, mit Roundup besprühten Streifen mehrere herbizidresistente Pflanzen auf. Ein Beweis dafür, dass die Nelsons zu Recht Sorge vor einem Roundup Ready-Durchwuchs auf ihren konventionellen Sojafeldern hatten.

Die Kosten eines Bauern für Schutzmaßnahmen

Das Ausbringen von Roundup 4500 US-Dollar, die Untersuchung des Erbmaterials 4000 US-Dollar, GPS-System 3700 US-Dollar, Gesamtinvestition: 12 200 US-Dollar.

Wie sich ein wohlhabender Bauer der Niederlande in Kanada ruinierte

Ein drastischeres Beispiel für den plötzlichen Fall eines wohlhabenden Bauern zum mittellosen, durch die juristische Verfolgung von *Monsanto,* ist die Geschichte von Hendrik Hartkamp. Hendrik Hartkamp ist ein Bauer, der 1998 nach dem Verkauf seines Milchviehbetriebes in Holland in die USA übersiedelte. Dort kaufte er einen landwirtschaftlichen Betrieb in Oklahoma und stellte einen Betriebsleiter für diesen ein. Es war ihm nicht bekannt, dass zu dem Betrieb auch ein Getreidesilo mit einer unbestimmten Menge an Roundup-Ready-Soja-Saatgut gehörte.

Am 03.04.2000 wurde Hartkamp von *Monsanto* wegen lizenzloser Anwendung seiner patentierten Technologie verklagt, obwohl diese Anwendung vollkommen ohne sein Wissen geschehen war.[73] Es wird behauptet, dass Hartkamp, nachdem seine Millionen bei der Verteidigung gegen *Monsanto* aufgebraucht worden waren, praktisch mittellos seinen Betrieb zu einem viel günstigeren Preis verkaufte, als er ihn selbst gekauft hatte und anschließend nach Belize ging.

Gefälschte Unterschriften auf Saatgut-Verträgen

In mindestens sechs der 90 Gerichtsverfahren, in denen *Monsanto* als Kläger auftrat, einschließlich des Verfahrens von Stratemeyer, taucht eine gefälschte Unterschrift auf einem Saatgut-Vertrag auf – eine Praxis, die unter Saatguthändlern als gängig bekannt ist.[74] Obwohl von zahlreichen Bauern, die von *Monsanto* verklagt wurden, nie ein *Monsanto*-Vertrag unterschrieben wurde (die meisten hatten noch nicht einmal einen Vertrag gesehen), wird *Monsanto* von den Gerichten nicht daran gehindert, diese Bauern wegen Patentverletzung zu verklagen. Nur das Einklagen der Saatgut-Vertrags-Bedingungen wird in diesen Fällen von den Gerichten ausgeschlossen.[75] Von Stratemeyer wurde eine Sammelklage gegen *Monsanto* wegen der Beschaffung und Nutzung gefälschter Unterschriften auf Saatgut-Verträgen eingereicht.

Geht man von der Anzahl der gefälschten Unterschriften aus, die von Saatguthändlern stammen, von denen bekannt ist, dass sie mit der Fälschung von Saatgut-Verträgen zu tun hatten, so ist es möglich, dass es sich bei nicht zu unterschätzendem Prozentsatz aller Verträge, die bei *Monsanto* gespeichert sind, um Fälschungen handelt.[76]

Einer jener Bauern, die nie einen Vertrag zu Gesicht bekommen hatten, einigte sich mit *Monsanto* in einem Vergleich über eine Zahlung von mehr als 100000 US-Dollar. Er erzählte, dass das Unternehmen ihm gegenüber äußerte: »Wir haben dich in der Hand – wir haben jeden in der Hand, der unsere Roundup-Ready-Produkte kauft.« Dieser Bauer behauptet, dass ihm nie gesagt wurde, dass er seine eigene Ernte nicht für eine Wiederaussaat benutzen könne, vielmehr sei ihm nur mitgeteilt worden, dass ihm nicht erlaubt sei, das eigene Saatgut an andere zu verkaufen.[77] Die Gerichtsverfahren haben Auswirkungen sowohl auf die Bauernfamilien selbst als auch auf ihren guten Ruf. Ray Dawson, der selbst ebenfalls nie einen Vertrag unterschrieben hat, bemerkte Folgendes: »Sie (*Monsanto*) setzten mich so lange und so stark wie möglich unter Druck, bis sie ausreichend viel Öffentlichkeit erlangt hatten. Falls Sie auf der Suche nach einer Geschichte über Schikanierungen sind, dann ist mir nichts Schlimmeres bekannt als das, was ich durchgemacht habe.« *Monsanto* beschuldigte Dawsons Ehefrau, bei ihrer eidlichen Aussage gelogen zu haben und drohte ihr mit einer Gefängnisstrafe wegen Meineids. »Wir mussten der Sache ein Ende machen«, sagte Dawsons Frau. Sie konnte es nicht mehr ertragen, dass sich das Verfahren immer weiter hinzog und meinte, dass es keinen anderen Weg vor den ständigen Belästigungen ihrer Familie durch *Monsanto* gebe, als einen Stift zu nehmen und den Scheck auszustellen.[78]

Rufschädigung gegen Bauern

Ein weiterer Bauer, der nie einen Vertrag unterschrieben hat, wurde zum »schwarzen Schaf« seiner Stadt. Denn nachdem *Monsanto* die örtlichen Medien dazu benutzt hatte, den Ruf dieses Bauern in Misskredit zu bringen, wurden ihm Flächen, die er schon früher einmal gepachtet hatte, nicht erneut verpachtet. »Wir wollen mit dir nichts zu tun haben«, wurde zu ihm gesagt. »Ich kann mir nicht vorstellen, was sie davon haben«, sagte der Bauer. »In den letzten paar Jahren musste ich Teile meines landwirtschaftlichen Inventars verkaufen, um das Gerichtsverfahren bezahlen zu können.« Er musste damit beginnen umzuschulden, um seine Verteidigung bezahlen zu können, und die

Wahrscheinlichkeit, bald Konkurs anmelden zu müssen, wird immer größer.[79]

Die strengen Vorschriften des *Monsanto*-Saatgut-Vertrages werden häufig von den Bauern, die sie unterschreiben, nicht gelesen – und noch viel weniger von ihnen verstanden. Bis heute steht die wirkliche Anfechtung der komplizierten und unverhältnismäßigen Bedingungen des *Monsanto*-Saatgut-Vertrags vor einem Gericht noch aus. Bedauerlicherweise werden mehr und mehr Bauern in heftige juristische Auseinandersetzungen verwickelt. Die Bauern haben meist wenig Ressourcen, um sich den Beschränkungen in den belastenden Verträgen entgegenzustellen. Homan McFarling ist ein Bauer, der zäh gegen die Bestimmungen des Saatgut-Vertrags angekämpft hat. McFarling wurde von seinem Saatguthändler dazu veranlasst, beim Saatgutkauf den *Monsanto*-Vertrag zu unterschreiben, aber nach eigenen Angaben hat er den Vertrag nie gelesen. Obwohl er zugibt, die 1000 Säcke Roundup-Ready-Saatgut, die von ihm 1998 gekauft wurden, aufbewahrt zu haben, verweigerte er einen außergerichtlichen Vergleich: »Viele Bauern einigen sich einfach. Ich kann mir das nicht leisten – ich habe einfach kein Geld.«[80] *Monsanto* klagte einen Schadenersatz ein, der die eigentliche Höhe des benannten Schadens um das 120-fache übertraf: 780 000 US-Dollar. Allerdings brachte McFarling seinen Fall vor ein *US-Bundesberufungsgericht* (*Federal Circuit Court of Appeals*), und am 09.04.2004 schuf dieses Gericht einen Präzedenzfall. Der Richter entschied, dass der Multiplikator vom 120-Fachen des Saatgut-Vertrages »nicht einklagbar« sei.[81] Entsprechend ist McFarling nicht mehr dazu verpflichtet, an *Monsanto* die errechnete Summe von 780 000 US-Dollar zu zahlen und wird wahrscheinlich einen wesentlich niedrigeren Betrag bezahlen müssen.[82]

Hal Swann ist ein weiterer Bauer, der einen Saatgut-Vertrag unterschreiben musste, um Saatgut zu kaufen und ihn, wie McFarling, nie gelesen hat. Gleichzeitig konnte er sich gar nicht vorstellen, dass ihn ein Konzern für etwas verklagen könnte, das immer schon ein wesentlicher Brauch der Landwirtschaft war. Zur Zeit klagt *Monsanto* von Swann Schadenersatz in Höhe von 900 000 US-Dollar ein. Den Grund dafür, warum sein Fall noch nicht entschieden ist, konnte Swann dem *CFS* nicht nennen. Es war ihm allerdings möglich zu sagen, was die Folge des Gerichtsurteils für ihn sein wird: sein Bankrott.[83] Als Folge der juristischen Auseinandersetzungen befinden sich immer mehr Bauern in ähnlichen Situationen: Bauern, denen zum einen die Eigentumsverhältnisse in Bezug auf *Monsantos* Saatgut und zum anderen die Einzelheiten der Patentgesetzgebung nicht bewusst sind, werden gezwungen, ihr Land zu verlassen, das über Generationen ihre Existenzgrundlage war.

US-Gerichte im Dienst von Monsanto

Im gierigen Streben nach einer Monopolstellung über die Nahrungsproduktion in den USA und auf der ganzen Welt verändert *Monsanto* das Wesen der Landwirtschaft grundlegend: von der Beziehung der Bauern zu ihren Pflanzen und ihrem Land bis hin zur genetischen Zusammenstellung genau der Lebensmittel, die von Bauern angebaut werden. Was in diesem Bericht beschrieben wird, ist nur ein Ausschnitt der Erzählungen von Bauern über die Veränderungen durch *Monsanto* in der nordamerikanischen Landwirtschaft. Die US-amerikanischen Gesetzgeber, Aufsichtsbehörden und Gerichte haben es *Monsanto* bisher gestattet, Patentrecht als Waffe gegen nordamerikanische Bauern einzusetzen, ja sogar den Konzern häufig in gewisser Weise dazu ermutigt.

1. US-Gerichte, einschließlich des *Obersten Gerichtshofes* (*Supreme Court*), lassen zu, dass das *US-Patentamt* einen Patentschutz für gentechnische Pflanzen (und auf andere geschlechtlich vermehrbare Pflanzen wie beispielsweise für Saatgut) erteilt; 2. Aufsichtsbehörden auf Bundes- und Einzelstaatsebene versäumen es, die Umweltfolgen gentechnischer Pflanzen angemessen zu regulieren, was im Ergebnis zu einer rücksichtslosen Ausbreitung von *Monsantos* patentiertem Saatgut und *Monsantos* patentierten Genen führt; 3. Gemeinde- und Staatsbeamte schreiten nicht ein, um *Monsantos* aggressive und oftmals unrechtmäßige Ermittlungen im Fall einer vermuteten Verletzung seiner Saatgutpatente Einhalt zu gebieten; 4. US-Gerichte unterlassen es, die ausbeuterischen Verträge, die zwischen *Monsanto* und den Bauern als Nutzern des patentierten Saatguts geschlossen werden, für ungültig zu erklären.

Der Widerstand wächst

In dem Maße, wie die Zahl der US-amerikanischen Bauern wächst, die Opfer von Belästigungen, Ermittlungen und gerichtlicher Verfolgung wegen vermuteter Verletzung von *Monsantos* Saatgutpatenten und seiner Technologie-Verträge werden, wird es auch eine wachsende Bewegung zur Veränderung der Regierungspolitik geben, die solche

Schikanen zulässt. Denn mit der Zeit wird möglicherweise so gut wie jeder Bauer, der bestimmte Nutzpflanzen anbaut, auf seinen Feldern gentechnische Verunreinigungen mit patentgeschützten Sorten finden. Dies wird zu einer rechtlich chaotischen Situation führen, in der praktisch jeder Bauer in den USA Schutzrechte gentechnischer Pflanzen verletzt. Um Bauern in Zukunft besser zu schützen, wird sowohl eine Änderung des Patentrechts als auch des US-Sortenschutzgesetzes (PVPA) gefordert, so dass für geschlechtlich vermehrbare Pflanzen die Patentierbarkeit entfällt. Bei der US-Patentgesetzgebung und beim US-Sortenschutzgesetz handelt es sich um US-Bundesrecht. Um den Schutzanspruch für gentechnische Sorten zu entfernen, muss also der *US-Kongress* abstimmen. Der Vorteil dieser politischen Handlungsfelder für die Bauern ist, dass sie jegliche Rechtsgrundlage für eine gerichtliche Verfolgbarkeit durch *Monsanto* oder andere Gentechnik-Konzerne wegen Patentverletzung oder der Verletzung des US-Sortenschutzgesetzes beseitigt. Die Nachteile dieser Alternative sind praktischer Natur. Angesichts der Lobby-Macht der Gentechnik-Industrie ist es äußerst unwahrscheinlich, dass der *US-Kongress* in näherer Zukunft in entsprechender Weise handeln wird.

Die Wortwahl eines kürzlich gesprochenen US-Bundesgerichtsurteils zur Patentierbarkeit einer chemischen Verbindung könnte zumindest in der Rechtssprechung eine Wende bedeuten. In einer die Entscheidung (*SmithKline Beecham Corp.* gegen *Apotex Corp.*, 365 F.3d 1306 Fed. Cir. 2004) tragenden Stellungnahme weist ein US-Bundesrichter darauf hin, dass die biologische Ausbreitung einer patentierten Pflanze auf die Felder eines Bauern, der diese Pflanzen nicht anbaut, nicht zu einer Patentverletzung führen könne: »Stellen Sie sich zum Beispiel vor, was passieren könnte, wenn der Wind fruchtbaren, gentechnischen, blauen, patentgeschützen Mais von dem Feld eines einzelnen Bauern auf benachbarte Maisfelder wehte. Die Ernte dieser Felder würde in kurzer Zeit zumindest einiges an patentiertem blauen Mais enthalten, vermischt mit dem herkömmlichen, im öffentlichen Eigentum stehenden gelben Mais, und dadurch das Patent verletzen. Der Wind würde weiterwehen, und die patentierten Pflanzen würden sich über den gesamten Kontinent ausbreiten und dadurch die meisten (wenn nicht alle) nordamerikanischen Maisbauern zu unbeabsichtigten, aber dennoch unvermeidlich, Patentverletzern machen. Die Konsequenz hieraus, dass der Patentinhaber dazu berechtigt wäre, von jedem Bauern, dessen Maisfelder auch nur einige wenige patentierte blaue Kolben aufweisen, Patentgebühren zu verlangen, kann unmöglich richtig sein.«[84]

Diese Entscheidung deutet darauf hin, dass die *US-Bundesgerichte* möglicherweise auch eine praktikable Alternative entwickeln könnten, um das Prinzip einzuführen, wonach biologische Verunreinigung nicht als rechtmäßiger Klagegrund für Klagen aufgrund Patentverletzungen gentechnischen Saatguts anzusehen sind. *Monsanto* sieht allerdings ausdrücklich vor, dass eine Haftung für die Verunreinigungen von *Monsanto* auf Bauern verlagert wird. Politiker auf Bundes- und Einzelstaatsebene haben damit begonnen, sich dieser ungerechten Situation anzunehmen, und es liegen Gesetzesentwürfe vor, die eine Haftung der entsprechenden Saatgutproduzenten, wie beispielsweise *Monsanto*, für die Ausbreitung patentierter Gentechnik durch Pollenflug und Saatgutverunreinigung oder auf sonstige Weise vorsehen.

Für diese Gesetzesentwürfe sind die Aussichten, verabschiedet zu werden, sowohl auf der Bundesebene als vor allem auch auf der Einzelstaatsebene, gut.[85] Eine solche Gesetzgebung würde sicherstellen, dass Bauern für Verunreinigungen, die das *Monsanto*-Saatgut naturbedingt mit sich bringt, nicht belangt werden. Ebenso würde Bauern eine Regressmöglichkeit verschafft, die unter Verunreinigungen leiden, so dass sie, statt einfach nur von *Monsanto* wegen Patentverletzungen verklagt zu werden, nun ihrerseits wegen Schäden durch gentechnische Verunreinigungen gerichtlich gegen den Konzern vorgehen könnten.

Neue Gesetze in einzelnen Bundesstaaten

Wie in diesem Bericht dargestellt wird, sind bereits zahlreiche Bauern Opfer von Belästigungen und übereifrigen Ermittlungen durch *Monsanto* geworden. Die einzelnen US-Bundesstaaten können solchen Verhaltensweisen von *Monsanto* Schranken auferlegen und gewährleisten, dass Bauern, die einer Patentverletzung angeschuldigt werden, ein gerechter Regressanspruch zusteht. In zwei US-Bundesstaaten, in Norddakota und Indiana, wurden solche Gesetze bereits erlassen, die Bauern vor *Monsantos* aggressiver Verfolgung schützen. Besonders bedeutsam ist das Gesetz von Norddakota, durch das Patentinhaber daran gehindert werden, das Land eines Bauern zu betreten und Pflanzenproben zu ziehen, ohne dabei einige Bedingungen einzuhalten. Außerdem steht es dem Bauern diesen Gesetzen zufolge zu, den Patentinhaber bei der Probenentnahme zu begleiten, und er kann zusätzlich hierzu auch die Anwesenheit des staatlichen Saatgutbeauftragten verlangen.

Im Jahr 2003 wurde in Indiana ein Gesetz verabschiedet, das Bauern ähnlichen Schutz wie durch das Gesetz Norddakotas bietet.[86] Nach diesem Gesetz kann aus einem Saatgutvertrag nicht das Recht abgeleitet werden, wonach ein Saatgutlieferant den landwirtschaftlichen Betrieb eines Bauern betreten kann, um Proben von Pflanzen zu nehmen, die dem Saatgut oder anderen Pflanzen entstammen, die auf dem Betrieb angebaut werden. Es sei denn, dass eine Reihe wichtiger Voraussetzungen erfüllt sind.[87] Außerdem muss ein Gerichtsbeschluss, den ein Saatgutunternehmen erhält, um für eine Probenentnahme Zugang zu einem landwirtschaftlichen Betrieb zu erhalten, für den Bauern die Möglichkeit vorsehen, unabhängige, vergleichbare Proben zu entnehmen oder Teile der genommenen Proben zu erhalten. Die Bauern können diese dazu verwenden, ihre eigenen Untersuchungen durchführen zu lassen. Dies würde dem Beweismaterial, das in den von *Monsanto* eingeklagten Fällen gegen Bauern vorgelegt wird, die offensichtliche Einseitigkeit nehmen.

Vorteile: Wie sich in Norddakota und Indiana gezeigt hat, kann ein solcher Gesetzesentwurf für die Gesetzgeber der einzelnen US-Bundesstaaten attraktiv sein. Diese Art von Gesetzen bietet den Bauern einigen Schutz sowohl vor Belästigungen und/oder unrechtmäßigen Ermittlungsmethoden durch *Monsanto* als auch vor möglichen Verfälschungen von Testergebnissen durch das Unternehmen.

Nachteile: Diese Art von Gesetzen schränken *Monsantos* Patent- und geistige Eigentumsrechte in keiner Weise ein, die die eigentliche Grundlage für die gerichtliche Verfolgbarkeit US-amerikanischer Bauern darstellen. Außerdem besteht die Gefahr, dass Gesetzgeber diese Gesetzesentwürfe als einfachen Ausweg daraus sehen, sich mit dem größeren Themenkomplex der biologischen Verunreinigung durch gentechnische Pflanzen, der Haftungsfrage in Bezug auf diese Verunreinigung und dem Nachbaurecht von Bauern beschäftigen zu müssen.

Der Ausweg: US-weites Anbauverbot oder -moratorium für gv-Pflanzen

Wie bereits dargestellt, steht eine angemessene Regulierung des Anbaus von gentechnischen Pflanzen im Sinne einer Vermeidung der wirtschaftlichen und umweltbezogenen Folgen durch die überall um sich greifende Ausbreitung von GVOs auf US-Bundesstaats-, US-Einzelstaats- und auf lokaler Entscheidungsebene noch aus. Ein US-weites

Anbauverbot oder -moratorium für gentechnische Pflanzen würde der Anwendung der patentgeschützten Gentechnik ein Ende bereiten und damit die Verfolgung von Bauern durch *Monsanto* unmöglich machen. Weniger umfassend als eine nationale Aktion wären Verbote oder Moratorien auf einzelstaatlicher und/oder lokaler Ebene. In mehreren Verwaltungsbezirken Kaliforniens wurden bereits durch Abstimmungen und Beschlüsse der Bezirksverwaltungen Anbauverbote für gentechnische Pflanzen innerhalb der Verwaltungsbezirke durchgesetzt. Zum Zeitpunkt der Veröffentlichung dieses Berichts wurden solche Initiativen in den Verwaltungsbezirken von Mendocino und Marin durchgeführt, und im Verwaltungsbezirk von Trinity erging ein Beschluss des Bezirksverwaltungsvorstands. Mehrere andere Verwaltungsbezirke sind im Moment im Prozess, entsprechende Vorschläge einzubringen, und diese Bestrebungen scheinen an Schwungkraft zu gewinnen.

Vorteile:
Verbote auf Gemeinde- und Bezirksebene sind erfahrungsgemäß politisch leichter durchzusetzen als Verbote auf US-Einzelstaats- oder US-Bundesebene. All diese Maßnahmen bieten den Bauern des Gebietes, das von dem Verbot oder Moratorium umfasst wird, einen wichtigen Schutz vor biologischer Verunreinigung durch gentechnische Pflanzen und vor dem damit verbundenen Risiko, von *Monsanto* oder anderen wegen der Verletzung von Patenten gentechnischen Saatguts gerichtlich belangt zu werden.

Nachteile:
Es ist höchst unwahrscheinlich, dass der US-Kongress jemals ein nationales Verbot oder Moratorium erlassen wird. Verbote auf der Ebene einzelner US-Bundesstaaten sind eher möglich, aber dennoch sehr unwahrscheinlich. Verbote auf Verwaltungsbezirksebene sind leicht zu realisieren, aber der begrenzte geographische Wirkungskreis dieser Verbote bedeutet, dass für die meisten der Bauern des Landes der Schutz sehr begrenzt ist – es sei denn, dass diese Verbote mehr Verbreitung finden.

Eine Schlussfolgerung und Warnung für Europa

von der Arbeitsgemeinschaft bäuerliche Landwirtschaft (AbL) Deutschland

Der Bericht »*Monsanto* gegen Bauern« hat in den USA nach seinem Erscheinen im Januar 2005 für Aufsehen und Diskussionen gesorgt. Das *Zentrum für Nahrungsmittelsicherheit* (*CFS*) untersuchte dafür, in welchem Ausmaß US-amerikanische Bauern unter Rechtsstreitigkeiten litten, die durch die Nutzung patentierter gentechnischer Pflanzen ausgelöst wurden. Bevor in Deutschland und der EU die Einführung der Gentechnik in der Landwirtschaft vollzogen wird, bietet der Bericht für Bäuerinnen und Bauern die Möglichkeit, von den Erfahrungen ihrer nordamerikanischen Kollegen zu lernen. Neben ökologischen und ethischen Fragen stellt der Einsatz der Gentechnik in der Landwirtschaft eine Gefahr für die zunehmende Abhängigkeit der Bauern von einer Handvoll Konzerne dar. Wie begründet die Sorge ist, dass sich das Kräfteverhältnis zwischen Bauern und Gentechnik-Konzernen durch den Einsatz der Agro-Gentechnik verschiebt, belegt der Bericht in bedrückender Klarheit. In den USA wird seit über neun Jahren großflächig gentechnisch verändertes Soja-, Raps-, Mais- und Baumwollsaatgut ausgebracht.

Die juristischen und finanziellen Folgen für die Bauern sind erschreckend: *Monsantos* Ermittlungsmethoden und das skrupellose Verklagen von Bauern stellen einen Angriff auf die Grundfeste bäuerlicher Gewohnheiten dar, auch auf eines der ältesten Rechte von Bauern: Saatgut der eigenen Ernte aufzubewahren und wieder auszusäen. Der Weltmarktführer bei gentechnischem Saatgut beginnt den Prozess der Kontrollübernahme über Bauern, indem er sie dazu drängt, beim Kauf patentierten Saatguts den *Monsanto*-Saatgut-Vertrag zu unterschreiben. Dieser Vertrag gibt *Monsanto* das Recht, Kontrollen auf dem Privatland der Bauern durchzuführen, verpflichtet Bauern zur enormen finanziellen Haftung und schreibt vor, welche Rechte einem Bauern in Bezug auf die Aussaat, die Ernte und den Verkauf gentechnischen Saatgutes zustehen und vor allem, welche nicht. Bevor nun mit der Gentechnik der Patentschutz für Pflanzen und damit auch Pflanzensorten durchgesetzt wird, gilt es für Bauern, sich über die juristischen Folgen zu informieren. Ein wichtiger Schritt dazu bietet der Bericht »*Monsanto* gegen Bauern«.

Mit dem Latein am Ende: Transgene Pflanzen auf dem Vormarsch in Lateinamerika

von Antônio Inácio Andrioli

Im Zuge der kapitalistischen Entwicklung ist auch das Saatgut zur Ware geworden. War Saatgut für den Bauern über sehr lange – auch vorkapitalistische – Zeiträume nur ein zurückgehaltener Teil der letzten Ernte, so ist es mehr und mehr ein Fremdprodukt geworden, das er kaufen muss. Die Möglichkeiten der Gentechnik vertiefen die Warenform des Saatguts auf neue Weise, indem sie seinen Gebrauchswert so verändern, dass es nur in neuen und noch weiterreichenden Abhängigkeitsbeziehungen angewendet werden kann. Mit gentechnisch verändertem Saatgut kaufen die Bauern auch nolens volens Fremdbestimmung und fremde Kontrolle über ihren Hof ein. Es wird von außen bestimmt, was sie anbauen, welche Betriebsmittel im Produktionsprozess eingesetzt werden und was letztendlich damit verdient werden kann. Die Nutzung von gentechnisch veränderten Pflanzen, die durch die Patentierung des Saatgutes den Interessen von Agrarkonzernen dienen, führen zu einer bisher ungekannten, noch umfangreicheren Monopolisierung des Agrarmarkts, zu einer kapitalistischen Durchdringung der Familienlandwirtschaft und zu einem zunehmenden Ausschluss von Kleinbauern.

Die Ausbreitung des Anbaus gentechnisch veränderter Pflanzen ist seit 10 Jahren im Gange. Die Anbaufläche erreichte 2005 ca. 90 Millionen Hektar, die von 8,5 Millionen Bauern bestellt wurden (James 2005). Auch die Zahl der Länder, in denen transgene Pflanzen angebaut wurden, ist seit 1996 deutlich gestiegen: von 6 auf 21. Es sind jedoch nach wie vor 5 Länder, die weltweit die größte Fläche mit Genpflanzen aufweisen: 1) die USA mit 49,8 Mio. Hektar (55 %), 2) Argentinien mit 17,1 Mio. Hektar; 3) Brasilien mit 9,4 Mio. Hektar; 4) Kanada mit 5,8 Mio. Hektar; 5) China mit 3,3 Millionen Hektar (Idem). In Lateinamerika sind, außer Argentinien und Brasilien, Paraguay (1,8 Mio. Hektar),

Uruguay (322 Tsd. Hektar) und Mexiko (100 Tsd. Hektar) die Vorreiter bei der Agro-Gentechnik. Brasilien weist das derzeitig größte Potential auf, nachdem der Anbau von Gensoja 2005 offiziell zugelassen wurde. Die Gensoja führt auch weiter mit 54 Mio. Hektar (60 % der gesamten Fläche mit transgenen Pflanzen) die Liste der wenigen bisher gentechnisch modifizierten Pflanzen auf dem Weltmarkt. Danach kommen Mais mit 21,2 Mio. Hektar (24 %), Baumwolle mit 9,8 Mio. Hektar (11 %) und Raps mit 4,6 Mio. Hektar (5 %). Was die Eigenschaften angeht, steht die Herbizidresistenz im Mittelpunkt der bisher gentechnisch veränderten Pflanzen, die sowohl bei der Soja als auch bei Mais, Baumwolle und Raps eingeführt wurde, in einer gesamten Fläche von 63,7 Mio. Hektar (71 %); 16,2 Mio. Hektar wurden mit insektenresistenten Pflanzen (18 %) bestellt, und bei 10,1 Mio. Hektar (11 %) handelt es sich um Pflanzen, die sowohl eine Insektenresistenz als auch eine Herbizidresistenz beinhalten (Idem).

Weit entfernt also von den hoffnungsvollen Versprechen der Befürworter der sogenannten Grünen Gentechnik als Chance zur Verbesserung von Nahrungsmitteln für die Verbraucher, blieb die Forschung in dem Bereich bisher auf zwei Merkmale beschränkt. Das führte nicht dazu, dass Nahrungsmittel besser, schmackhafter und gesünder produziert wurden. Im Gegenteil: Die Versuche, Lebensmittel durch den Einsatz der Gentechnik qualitativ zu verbessern, nahmen seit Mitte der 90er-Jahre ab.

Bei der Ausbreitung der Gentechnik in der Landwirtschaft ist noch ein weiterer Trend zu beobachten. Die Forschung konzentrierte sich auf vier Arten von Pflanzen für einen großen Absatzmarkt. Ihr Einsatz nimmt in den Ländern zu, die auf den Export dieser Agrarprodukte spezialisiert sind. Die bisherige Erfahrung mit der Agro-Gentechnik bestätigt also die Befürchtungen der Kritiker dieser Technik: Es geht in erster Linie um Profite einer geringen Zahl von Agrarkonzernen, die nach ihren Interessen darüber bestimmen, welche Pflanzen mit welchen Eigenschaften entwickelt werden.

Die Veränderung der Qualität von Nahrungsmitteln (mit sogenannten Output-Eigenschaften) ist technisch viel schwieriger als ursprünglich gedacht. Ihre Entwicklung würde sich auf bestimmte Nischenmärkte richten, und es sind viel mehr Nebeneffekte wahrscheinlich, als bei den bisherigen herbizid- und insektenresistenten Pflanzen seit Mitte der 80er-Jahre.

Ein solches Risiko, riesige Investitionen in Forschungsprojekte zu stecken, die nicht ökonomisch abgesichert sind und die Wahrscheinlichkeit, die Ablehnung von Konsumenten im Fall einer Fehlentwicklung zu steigern, sind die wichtigsten Gründe, weswegen die Ankündigung einer zweiten und dritten Generation transgener Pflanzen viel mehr ein rhetorischer Versuch ist, das Image der Gentechnik zu verbessern, als eine Prognose, die in den nächsten Jahren tatsächlich umgesetzt wird. Da die vollständige Entwicklung einer gentechnisch veränderten Pflanze bis zu 12 Jahre dauert und Investitionen bis 60 Millionen US-Dollar erfordert, war es bisher für die führenden Agrochemiekonzerne im Bereich der Gentechnik viel einfacher und rentabler, auf die Entwicklung von solchen transgenen Pflanzen zu setzen, die zusätzliche Gewinne durch den Verkauf weiterer Inputs ermöglichen, und durch ihre Anpassung an herrschende Produktions-, Ernte-, Transport- und Verarbeitungsstrukturen eine große Akzeptanz erreichen.

Die Chancen der Konzerne, in Lateinamerika ideale Bedingungen zu haben, eine Akzeptanz unter Bauern zu schaffen, ohne einen großen und organisierten Widerstand seitens der Verbraucher und Regierungen zu befürchten, erklären den bisherigen Vormarsch gentechnisch veränderter Pflanzen auf dem Kontinent. Dahinter ist eine deutliche Strategie zu erkennen, die sicherlich auf eine Expansion auf dem Weltmarkt gerichtet ist. Im folgenden Text werden wir mit der Erfahrung der letzten Jahre auf diese Strategie eingehen, mit dem Schwerpunkt auf Entwicklungen in den Vorreiter-Ländern Argentinien und Brasilien. In denen stellen Soja und Mais die wichtigsten transgenen Pflanzen dar.

Die Interessen der Agrarkonzerne

Die Ausbreitung der Agro-Gentechnik in Lateinamerika ist im Zusammenhang mit der kapitalistischen Modernisierung der Landwirtschaft zu verstehen. Sie begann besonders ab den 1950er-Jahren und schuf die Grundlage zur zunehmenden Abhängigkeit der Bauern von angebotenen Inputs durch die Chemiekonzerne. Die sogenannte Grüne Revolution versuchte weltweit, die Notwendigkeit einer Steigerung der landwirtschaftlichen Produktion zu propagieren, um den Hunger zu bekämpfen. Dazu sollte die genetische Verbesserung des Saatguts beitragen, um standortgerechte Sorten zu entwickeln, die produktiver, resistenter gegen Krankheiten und Schädlinge sein sollten. Außerdem sollte der Einsatz »moderner« Technologien, wie chemische Düngung und Einsatz von »Pflanzenschutzmitteln«, dazu beitragen. Das würde, kombiniert mit dem Maschineneinsatz, die Produktivität der Betriebe und der Arbeit erhöhen. Die »Modernisierung« der Landwirtschaft stellte eine klare Chance zur Expansion des Verkaufs von Traktoren, Mähdreschern, Düngemitteln und »Pflanzenschutz« dar.

Das sogenannte technische Paket wurde in den USA vorbereitet und ursprünglich von der *Rockefeller-Stiftung* experimentell in Mexiko, auf den Philippinen, in Brasilien und in den USA durchgeführt. Das Projekt bekam zunehmend die Unterstützung großer Konzerne, und die Verantwortung, dies zu verbreiten, wurde mit den jeweiligen Regierungen geteilt. Die Planung, neue Technologien in der Landwirtschaft einzuführen, begann jedoch bereits in den dreißiger Jahren, als sich abzeichnete, die Welt könnte in einen großen Krieg geraten, was die damals in den USA, Kanada und Europa konzentrierte Lebensmittelproduktion zu destabilisieren drohte. Eine neue Strategie zur Welternährung sollte entwickelt werden, worin Lateinamerika, Afrika und Asien integriert werden sollten, besonders in den potentiell fruchtbarsten Gegenden. (Brum 1988)

Gift aus dem Zweiten Weltkrieg als »Pflanzenschutzmittel«

Auch die Expansionsmöglichkeiten in der Zeit nach dem Zweiten Weltkrieg wurden von den multinationalen Konzernen genutzt, um im Bereich der Landwirtschaft zu investieren. Die Idee kam gut an, die im Krieg übrig gebliebenen Gifte in der Landwirtschaft als »Pflanzenschutzmittel« einzusetzen. Selbst die Einführung von Stickstoffdünger in der Landwirtschaft hängt mit dem Krieg zusammen: Die Anwendung von Nitraten stammt aus dem Zweiten Weltkrieg. Damals entwickelte man Nitrat aus der Luft zur Herstellung von Sprengstoff. Erst danach wurde diese Technologie entwickelt, um den Boden künstlich mit Stickstoff zu versorgen. (Lutzenberger 2001)

Die Strategie der sogenannten Grünen Revolution basierte auf drei Elementen, die eng miteinander zusammenhängen: 1) Mechanisierung: durch die Herstellung von Traktoren, Mähdreschern und Ausrüstungen; 2) Einsatz der Chemie: durch Erzeugung von chemischen Düngemitteln, Pestiziden und Medikamenten zur Tierzüchtung; 3) Fortschritt in der Biologie: durch die Entwicklung von hybridem Saatgut und neuen Tierrassen mit einem erhöhten produktiven Potenzial.

Da die Maschinen keinen Dünger erzeugten und wegen ihres Gewichts den Boden zunehmend komprimierten, führte ihr Einsatz allmählich zur Veränderung der Bodenstruktur: Er verhinderte die Wasser- und Luftzirkulation und zerstörte die biologische Bodenvielfalt. Das führte zur Erosion und Auslaugung des Bodens und zeitigte spürbare Auswirkungen auf die Fruchtbarkeit. In dieser Situation kamen die chemischen Düngemittel als Alternative zur Bodenmelioration und Erhöhung der Produktivität immer stärker zum Einsatz, kombiniert mit den neuen Saatgutsorten, die höhere Erträge versprachen. Aber neue Pflanzensorten, die nicht an die klimatischen Bedingungen der Region angepasst und für den Einsatz großer Mengen Düngemittel geeignet waren, hatten es noch schwieriger angesichts der verschlechterten Bodensituation und den auf Monokulturen basierenden Produktionsmethoden.

Das Milieu lockt Schädlinge

Zunehmend kam es in den Pflanzungen zu Krankheiten, Schädlinge breiteten sich aus. Dagegen wurden schließlich die schon vorgesehenen Pestizide eingesetzt, um die Anfälligkeit der neuen Sorten für Ernteverluste zu beseitigen. Lutzenberger erklärte die Zunahme von Schädlingen mit der Theorie der Trophobiose von Francis Chaboussou (1987): »Auf der gesunden Pflanze verhungert der Schädling. Um auf den Wirtspflanzen gedeihen zu können, muss für die Schädlinge im Saft der Pflanze ein überhöhtes Angebot an wasserlöslichen Nährstoffen vorhanden sein. (...) Der Schädling ist aber nicht böse und unberechenbar. Wir müssen ihn sehen als Indikator, als Zeiger, der uns sagt, dass unsere Pflanze nicht in Ordnung ist. Hier ist ein anderer sehr wichtiger Faktor im Spiel. Im biologischen Landbau macht man immer wieder die Beobachtung, dass etwa ein organisch bewirtschaftetes Kartoffelfeld vom Kartoffelkäfer verschont bleibt, obwohl das konventionell chemisch behandelte Feld nebenan total befallen ist und nur noch mit Anwendung von Insektiziden zu retten ist«. (Lutzenberger 2001: 02)

Um das technische Paket den Bauern schmackhaft zu machen, mussten dafür Strukturen eingerichtet werden. Zunächst wurden Regierungsvertreter von den Forschungszentren in den USA eingeladen, um die neue Art Landwirtschaft der Industrieländer kennenzulernen. Danach wählte man die besten Agrarwissenschaftler aus. In den Forschungsinstituten sollten diese den Umgang mit den neuen Technologien erlernen. Als die Wissenschaftler zurückkamen, richteten sie zahlreiche Veranstaltungen und Kurse in den Universitäten und Landwirtschaftsschulen ein, an denen die Agrarberater sich vorbereiteten, um die Technologien an die Bauern weiterzugeben. »Mit relativ niedrigen Produzentenpreisen einerseits und einer fast geschenkten Verarbeitungskapazität andererseits stieg das Interesse der Konzerne an einer Steigerung der Sojaproduktion natürlich enorm. Sie entwickelten zusätzlich oder in Zusammenhang mit der Regierung Schulungskurse für Sojabauern«. (Schumann 1986: 113)

Im Jahr 1965 wurde z. B. in Brasilien das Sistema Nacional de Crédito Rural (Nationales landwirtschaftliches Kreditsystem) institutionalisiert, was der Agrarindustrie besonders zwischen 1970 und 1980 neuen Schwung verlieh. Die Bauern hatten durch das Kreditsystem nicht nur die Gelegenheit, ihre Produktion zu finanzieren, sondern sie bekamen Subventionen direkt von der Regierung, die die von der Agrarindustrie empfohlenen Investitionen ermöglichten. Die Leichtigkeit des Zugangs zu Krediten, wie Tambara es erklärt, verursachte nicht nur umfangreiche Bestellungen bzw. Inputs, sondern auch die Vergeudung dieser Betriebsmittel, sowohl durch überflüssigen Einkauf und verschwenderischen Gebrauch als auch durch Verlust durch Erosion und Auslaugung des Bodens. (Vgl. Tambara 1985: 84)

Wie Kageyama und Silva zeigen, hat die Industrie für Traktoren, Düngemittel und Pflanzenschutzmittel zwischen 1970 und 1980 – dem Höhepunkt der »Modernisierung« der Landwirtschaft – so zugenommen, dass sie die beste Leistung der brasilianischen Industrie erreichte und von 9,3 % auf 12,7 % des gesamten agroindustriellen Komplexes anstieg. (Vgl. Kageyama/Silva 1988: 34)

Milliarden-Importe, minimale Produktivität

Auch für Brasilien und seinen Haushalt sind die Ausgaben für Inputs, die überwiegend vom Ausland eingekauft wurden, erheblich. Allein im Jahr 1979 hat Brasilien 1,4 Milliarden US-Dollar für den Import von Düngemitteln und Pflanzenschutzmitteln aufgewendet, was 50 % der Auslandschulden des Landes in diesem Jahr entsprach. Dabei wurde aber noch nicht der Anteil der Gewinne berücksichtigt, den die Filialen der multinationalen Konzerne, die in Brasilien diese Produkte herstellten, ins Ausland überwiesen. Wenn man zu den 1,4 Milliarden die Kosten für Treibstoff zählt, der auch eingekauft wurde, kommt man auf 1,6 Milliarden US-Dollar, die in einem Jahr zu den Importen für die Landwirtschaft gerechnet werden müssen. Die Ergebnisse dieser Periode sind überraschend: Während zwischen 1964 und 1979 der Verbrauch von chemischen Düngemitteln auf 1243,2 %, von Pflanzenschutzmitteln auf 421,2 % und von Traktoren auf 389,1 % anstieg, hat die Produktivität der 15 bedeutendsten kultivierten Pflanzen lediglich um 4,9 % zugenommen. (Ebenda 1991: 17)

Die multinationalen Agrarkonzerne[1] sahen in der »Modernisierung« der Landwirtschaft und der Ausbreitung der Sojamonokultur aber nicht nur die Chance, Bauern mit Inputs zu versorgen, sondern beherrschten gleichzeitig die Ausfuhr und die Weiterverarbeitung des Produkts zu Speiseöl und Viehfutter. Strategisches Ziel der Agrarkonzerne war es im Grunde, den gesamten Sojamarkt zu kontrollieren, was tatsächlich mit der Euphorie der siebziger Jahre gelang: »Mit dem Boom von 1972/73 kam dann der große Aufschwung, der die transnationalen Konzerne zu den eigentlichen Herren der brasilianischen Sojaregionen machte«. (Schumann 1986: 112)

Aus diesem Interesse heraus sind die Agrarkonzerne auch nach wie vor bei der brasilianischen Regierung präsent und üben einen starken Einfluss aus, denn ihre Aktivität wird größtenteils als Entwicklungshilfe für die heimische Industrie betrachtet. Edward Broadment, ein Professor aus Illinois, der beim brasilianischen Agrarforschungsinstitut EMBRAPA forschte, beschreibt euphorisch die Technologieübertragung der Agrarkonzerne in einem Bericht und lobt dabei ihren Beitrag zur Entwicklung Brasiliens: »Die neuesten Techniken des Produkt-Managements und der Vermarktung werden so aus anderen Nationen zu der neuen Entwicklungsfront transferiert. (...) Diese Firmen wollen der Entwicklung helfen und eine effiziente Infrastruktur aufbauen, um den Abfluss von landwirtschaftlichen Produkten in Markt-Kanäle zu erleichtern, was für die sich entwickelnde Industrie die größten Gewinne verspricht«. (Broadment 1975: 50)

Mit der zunehmenden Krise der Sojamonokultur begann die Suche der Agrarkonzerne nach Möglichkeiten, um den Sojamarkt weiter zu kontrollieren und den Absatz ihrer Produkte zu sichern. Herausforderungen, die eine Nachfrage der Bauern bewirken können, wie die Ertragssteigerung, die Verringerung der Betriebskosten und die Arbeitserleichterung, aber auch Verbesserungen an den Produkten selbst, um sie attraktiver für die Verbraucher anbieten zu können, werden von den Agrarkonzernen als neue Chance gesehen.

Biotechnologie im Mittelpunkt

Im Mittelpunkt der Innovationen steht die sogenannte Biotechnologie, mit der große Hoffnungen geweckt werden, besonders für die Landwirtschaft in den Ländern, die auf die Steigerung der Nahrungsmittelproduktion und die Verringerung der Importe von Agrarchemikalien angewiesen sind.

Der Wettlauf zwischen den Konzernen und den Industrieländern fand in diesem Bereich seit den achtziger Jahren statt. Die Stimmung, die dadurch in der Gesellschaft erzeugt werden soll, ist jedoch nicht neu: Sie erinnert fatal an den Fortschrittsglauben der sogenannten Grünen Revolution, denn die Grundargumente werden einfach wiederholt, als ob man nichts aus der Geschichte der »Modernisierung« der Landwirtschaft gelernt hätte. »Die vielleicht wichtigste Lektion, die die ›Grüne Revolution‹ erteilt hat, ist die, dass Technologie an sich keine Antwort auf bestimmte Probleme ist, sondern nur ein Werkzeug – freilich ein ganz besonderes, das tendenziell schon eine bestimmte gesellschaftliche Entwicklung mit impliziert«. (Hobbelink 1989: 10)

Die Antwort der Agrarkonzerne auf die Krise der Sojaproduktion lautet: Gentechnik. Der Einsatz der herbizidresistenten Gensoja wird als Chance zum Sojaanbau auf riesigen Flächen mit geringem Arbeitseinsatz propagiert unter dem Motto »Spritzen statt Hacken«. Damit verbunden sind hohe Erwartungen, den weltweiten Herbizidmarkt zu vergrößern, um die Gewinne der transnationalen Konzerne zu steigern.

Marktanteile statt Arbeitsplätze

Wie Mooney (1987) und Hobbelink (1989) schon Ende der achtziger Jahre unterstrichen, handelt es sich bei der Gentechnologie in der Landwirtschaft um eine weltweite Strategie, die gesamte Nahrungsmittelproduktion zu kontrollieren, wodurch große Marktchancen besonders für einige wenige transnationale Konzerne geöffnet werden. Tappeser et al. bezeichnen dies als einen Krieg der westlichen Welt gegen die Natur, gegen die weniger privilegierten Länder, gegen die Zukunft und gegen sich selbst, der neuerdings auch mit biotechnischen Waffen geführt wird. (Tappeser 1999) Die Hoffnung der Chemiekonzerne auf eine neue Prosperitätsperiode durch die Entdeckung der Biotechnologie wird durch die finanzielle Unterstützung von Regierungen in Industrieländern gestärkt, denn für sie geht es um die Wahrung der Konkurrenzfähigkeit ihrer Chemieindustrie, obwohl es sich um eine der am wenigsten beschäftigungsintensiven Branchen handelt, von den Risiken für Natur und menschliche Gesundheit ganz zu schweigen. »Es geht, das geben Industrie- und Wissenschaftsvertreter offen zu, eben nicht um Arbeitsplätze, sondern um die Sicherung von Marktanteilen am Weltmarkt«. (Riewenherm 2000: 83) Hans-Günter Gassen, Direktor des Instituts für Biochemie an der Technischen Universität Darmstadt, bestätigte diese Aussage und betonte, dass die Biotech-Industrie im Sinne des Strukturwandels gefördert werden müsse, obwohl sie kaum zusätzliche Arbeitsplätze schaffe. (Gassen 1999)

Ausbeutung der Entwicklungsländer in Zeiten der Globalisierung

Inzwischen zieht sich der Prozess des Aufbaus einer weltweiten Wirtschaft über mehrere Jahrhunderte hin. Entstehung und Entwicklung des Welthandels, Industrialisierung in Ländern des Nordens, Kolonialismus und Halbkolonialismus, Kapitalexport, Ausbrechen einer ganzen Ländergruppe aus der kapitalistischen Welt, ihr Zusammenbruch und ihre vollständige Reintegration in den Weltmarkt sowie die aktuelle Form der Globalisierung sind entscheidende Stichworte. Schon in den kolonialen Zeiten gab es Versuche, interkontinentale Standorte in ein Reich zu integrieren, womit die Idee der »Weltbeherrschung« immer näherkam. Andererseits ist die Integration der verschiedenen Kulturen und Völker in »eine Welt« schon seit längerer Zeit ein Wunsch und bleibt weiter ein Ziel für kommende Generationen. »Obwohl in den letzten Jahren, oftmals mit Pauken und Trompeten, die Globalisierung der Märkte als eine neue Ära für die Menschheit gefeiert wurde, ist ihr Ziel doch überraschend konventionell. Sie dient erklärtermaßen dazu, der Welt einen Sprung an wirtschaftlichem Wachstum zu bescheren. Indes bedienen sich Unternehmen auch im Zeitalter der Weltmärkte der hergebrachten Wachstumsstrategien wie

Rationalisierung oder Expansion. (...) Der utopische Horizont der Globalisierung liegt darin, für die Mobilität von Kapital und Gütern eine durchgängige, grenzenlose Welt zu schaffen«. (Sachs 2002: 172, 173) In Wirklichkeit sind die Grenzen solcher Expansion jedoch längst bekannt: »Es regiert schließlich allenthalben ein industriegesellschaftlicher Mimetismus, der Produktions- und Konsumweisen nachahmt, die angesichts der Naturkrise bereits als historisch überholt gelten können. (...) Die Entgrenzung der Investitionstätigkeit steht daher in zunehmender Spannung mit der Begrenzung der bio-physischen Kapazität der Erde«. (Ebenda: 172)

Der Begriff Globalisierung könnte eine ambivalente Bedeutung erhalten, wäre er nicht so stark vom neoliberalen Zerrbild internationaler Wirtschaftsbeziehungen und Politiken geprägt. Nach Ulrich Beck werden mit Globalisierung Prozesse identifiziert, »in deren Folge die Nationalstaaten und ihre Souveränität durch transnationale Akteure, ihre Marktchancen, Orientierungen, Identitäten und Netzwerke unterlaufen und querverbunden werden«. (Beck 1997: 28–29) Deshalb ist es so, dass man von Globalisierungsbefürwortern und von Globalisierungskritikern spricht, durch deren Streit im Übrigen verschiedene Organisationen in beiden Lagern immer bekannter werden. In diesem Sinne handelt es sich nicht um den Streit über die Globalisierung als solche, sondern entweder um die ungehemmte Ausweitung und Konsolidierung kapitalistischer Übermacht oder die Bekämpfung seiner Übermacht zugunsten des Aufbaus einer anderen, solidarischen und zukunftsfähigen Welt.

Die Welt – ein enormer Marktplatz

Diese Form von Globalisierung – geführt unter den Schlagworten Freiheit und Marktwirtschaft – unterwirft grundsätzlich alles der Warenform und dem Verwertungsinteresse. Konkret führt es zur weltweiten Dominanz der Finanzmärkte, zu oligopolistischen Marktstrukturen, zur Reduzierung der Spielräume von Regierungen und zu einer ungeheuren Reichtumskonzentration bei immer weniger Akteuren und »global players«. »Man stellt sich die Welt als einen enormen Marktplatz vor, wo Produktionsfaktoren dort gekauft werden, wo sie am billigsten sind (›global sourcing‹) und Waren dort abgesetzt werden, wo sie am billigsten sind (›global marketing‹). (...) Die Kärrnerarbeit der Globalisierer besteht darin, die schnöde Wirklichkeit dem idealen

Modell anzupassen. Sie sehen es als ihre Mission, unermüdlich Barrieren für den freien Fluss der Waren zu beseitigen und so die umfassende Zugänglichkeit der Welt herzustellen. Genau darin liegt das Programm des multilateralen Wirtschaftsregimes der *WTO*«. (Sachs 2002: 166)

Soja: billigstes Mastfutter

Die Sojaproduktion für den Agrarexport mit ihren Auswirkungen ist ein gutes Beispiel, um die sogenannte Globalisierung der Landwirtschaft zu beleuchten, denn besonders ab Ende der neunziger Jahre wird Soja als der billigste Eiweißträger für die Fortsetzung der Massentierhaltung in Europa eingeschätzt, was zur rasanten Erhöhung der Importe führte. »An keinem anderen Produkt bzw. Produktionszweig lässt sich die Globalisierung deutlicher demonstrieren, als am Einsatz großer Mengen von Sojaschrot in der Tierhaltung. Rund ein Drittel aller europäischen Agrarimporte besteht aus einer Pflanze, der Sojabohne bzw. dem Sojaschrot als Futtermittel«. (Lanje 2005: 1)

Damit große Flächen mit Soja zu geringen Kosten angebaut werden können, wird stark auf den Einsatz der Gentechnik gesetzt, dessen Folgen weiterhin meistens lediglich unter technischer Betrachtung bewertet werden. »Technokraten verhandeln die eigentlich politischen Fragen als reine Technika, die kein Mensch durchschaut und die dann alle Welt vor vollendete Tatsachen stellen. Das ist der wahre Kern der Globalisierung, von der die Agro-Gentechnik ein Schlüsselelement bezüglich der Landwirtschaft ist. (Buntzel/Sahai 2005: 189)

Der Anbau gentechnisch veränderter Soja begann 1996 in den USA als eine Folge des TRIPS-Abkommens – Trade Related Intellectual Property Rights –, das die Patentierung von Pflanzen ermöglicht und den Chemiekonzernen den Weg zum Saatgutmarkt eröffnete. »Ohne ein solches Abkommen wäre besonders die Ausbeute neu verfügbarer Rohstoffreserven, das genetische Material von Lebewesen, kommerziell ohne große Zukunft. (...) Denn erst der Eigentumstitel konstituiert eine Ware; ohne einen solchen wären nützliche Objekte frei zugänglich und Teil der *commons* eines Gemeinwesens. Aus diesem Grunde ist ja eine garantierte Eigentumsordnung das rechtlich-soziale Korsett einer Marktwirtschaft, wie eben auch die – mehr oder weniger gewaltsame – Einhegung der ländlichen *commons* (Äcker, Weiden, Wälder,

Fischgründe) historisch die Voraussetzung für den Aufschwung des Agrarkapitalismus war«. (Sachs 2002: 186)

Bereits 1994 bekam der weltweit aktive Großkonzern *Monsanto* die Zulassung für den Anbau der herbizidresistenten Roundup Ready-Sojabohnen, deren erste Ernte 1996 unter heftigen Protesten von Umwelt- und Verbraucherorganisationen nach Europa kam und die erste große Auseinandersetzung um transgene Pflanzen auslöste. Danach wurde der Anbau der RR-Soja auch in Japan, Kanada, Argentinien und Mexiko zugelassen. In Brasilien hat *Monsanto* 1995 mit den Forschungen begonnen, und ab 1999 versuchte das Unternehmen, den kommerziellen Anbau einzuführen. (Agrofolha 1998)

Die Vertiefung der Abhängigkeit des Südens vom Norden[2] spielt in der Gentechnik-Debatte eine entscheidende politische Rolle, denn bei der Gentechnologie ist die transnationale Bioindustrie des Nordens an der Vielfalt genetischer Ressourcen des Südens interessiert. Die u. a. von Wallerstein (1979) beschriebene internationale Arbeitsteilung, in der Entwicklungsländer sich auf den Export von Rohstoffen und die Industrieländer auf Fertigprodukte konzentrieren, bleibt dabei erhalten und wird vertieft.

Den Agrarkonzernen geht es dabei im Grunde darum, die bisher noch nicht »in Wert gesetzten« Naturressourcen und deren Wirtschaftspotenziale in die kapitalistische Marktwirtschaft zu integrieren und zu ihrer privaten Kapitalakkumulation zu nutzen. »Die ›erweiterte Reproduktion‹ des Gesamtkapitals, kapitalistisches Wachstum durch Akkumulation von immer neuem Kapital, ist nur möglich im ständigen Austausch zwischen dem kapitalistischen und dem nicht-kapitalistischen Teil der Volks- bzw. Weltwirtschaft«. (Lutz 1984: 58)

Pflanzen aus dem Süden – für Patente aus dem Norden

Es besteht also weiter die schon länger bekannte Agrarstruktur, in der der Süden Rohstoffe liefern soll und die wirtschaftlichen Gewinne und die wirtschaftliche Macht im Norden bleiben. »Über 90 % der weltweiten Biodiversität sind in den Ländern des Südens zu finden, aber Unternehmen aus Industriestaaten besitzen 97 % aller geistigen Eigentumsrechte«. (Mayer et al. 2002: 14) Daraus folgt die Tatsache, dass Agrarkonzerne aus dem Norden durch Patentrechte ermächtigt sind, sich Lebewesen und traditionelles Wissen aus dem Süden anzueignen, daraus Produkte zu entwickeln und diese denselben Ländern als Erfindung anzubieten und die Zahlung von Lizenzgebühren für deren Nutzung zu fordern. »Manche westlichen Biotechnologie-Firmen holen sich die Gene aus diesen Ländern, lassen sie per Patent zum Besitz erklären, entwickeln daraus neue Produkte und verkaufen diese Produkte dann wieder – unter anderem an die Länder der ›Dritten Welt‹«. (Riewenherm 2000: 87)

Ausbeutung mit anderen Mitteln

Es handelt sich um die Ausbeutung der Entwicklungsländer mit anderen Mitteln, wobei die Währungskrisen und Verschuldung der ärmsten Länder sie in eine Sackgasse führen und die Abhängigkeit der Peripherie von den wirtschaftlichen Zentren zunimmt[3].

In der »globalisierten« Weltwirtschaft werden die schon bestehenden Asymmetrien zwischen armen und reichen Ländern vertieft, indem der hohe Lebensstandard der Industrieländer auf der Externalisierung von sozialen und ökologischen Kosten in den Entwicklungsländern basiert. (Massarat 1999) Dies führt zu neuen Abhängigkeiten und zur Vertiefung der Machtungleichheit, sowohl zwischen den Ländern als auch zwischen den Akteuren in den Entwicklungsländern selbst bezüglich des ungleichen Zugangs zu den Produktionsmitteln und lebenswichtigen Ressourcen. Die »Schuldenfalle« und die daraus folgende finanzielle Abhängigkeit von Ländern spielt dabei eine zentrale Rolle bezüglich der Unterwerfung und zunehmenden Verwundbarkeit der Wirtschaft und des Nationalstaats in den Entwicklungsländern.

Industriefreundliche Deregulierung

Das Argument der Industriestaaten und internationalen Organisationen wie der Weltbank und des *IWF* lautet, Entwicklungsländer hätten gerade aufgrund ihrer Vielfalt an genetischen Ressourcen die Chance, Investitionen anzuziehen und ihre Exporte zu steigern, damit sie ihre Handelsbilanz verbessern und der Zahlung von Auslandschulden gerecht werden könnten. Damit die Investitionen der transnationalen Konzerne tatsächlich in die Entwicklungsländer fließen, sei es jedoch wichtig, dass die Gesetzgebung es ihnen ermöglicht, ihre Gewinne zu sichern. »Dem liegt die Annahme zugrunde, dass Unternehmen eher dann in ein Land investieren und Technologien (freilich nur gegen Lizenzgebühren) transferieren, wenn ihre Erfindungen vor unentgeltlicher Nachahmung in dem Land geschützt sind«. (Mayer et al. 2002: 15) Genau das wird durch TRIPS verwirklicht, nämlich das Recht zur Privatisierung von Erfindungen: »Wer seine Erfindung der Öffentlichkeit mitteilt, erhält dadurch einen Schutz gegen Nachahmung oder darf Lizenzgebühren erheben«. (Riewenherm 2000: 86) Und darum geht es in erster Linie bei den weltweiten Verhandlungen der *World Trade Organisation WTO*, wenn vom »Abbau der Handelshindernisse« im Bereich der Gentechnik die Rede ist. Politische und rechtliche Rahmenbedingungen zum Thema Biotechnologie werden gezielt abgelehnt, damit eine »industriefreundliche Deregulierung« stattfindet. »Das Deregulierungswettrennen ist in allen Bereichen kurz vor dem Start oder schon mitten im Lauf. (...) Die Neuregulierung der Patente (TRIPS) im Bereich der Lebewesen ist ein eklatantes Beispiel dafür«. (Weizsäcker 1998: 08)

Dabei steht die Bekämpfung des *Cartagena Protocol on Biosafety* im Mittelpunkt der Interessen der Agrarkonzerne, denn das setzt Sicherheitsstandards für den grenzüberschreitenden Verkehr von gentechnisch veränderten Organismen auf internationaler Ebene und betont das Vorsorgeprinzip. »Der Import eines GVO unterliegt einem Genehmigungsverfahren, welches verbindlich eine Information des Importlandes durch den Exporteur und eine anschließende Risikoanalyse vorsieht«. (Brühl/Meyer 2001: 27) Regierungen, die Schaden für die Umwelt oder Gesundheit durch den Import von Gentechnik-Produkten befürchten, können sich auf das *Cartagena-Protokoll* beziehen, um diese Importe zu verbieten. Zur Bekämpfung des *Cartagena-Protokolls* setzen sich am meisten die USA ein, die auf die Marktöffnungsverpflichtungen der *WTO* hinweisen, um ihre Exportprodukte zu verteidigen. »Die USA drängen angesichts ihrer chronisch defizitären Handelsbilanz mit ihren Agrarüberschüssen verstärkt auf den Markt. Kennzeichnungspflicht für Produkte aus gentechnisch veränderten Organismen und andere ›nichttarifäre Handelshemmnisse‹ auszuräumen, gehört mittlerweile zu den Hauptzielen der US-amerikanischen Handelspolitik«. (Maier 1998: 4) In diesem Kontext ist die Klage der US-Regierung von 2003 gegen das damalige Gentechnik-Moratorium der *Europäischen Union* zu verstehen, was weltweit die Bedeutung der Gentechnik in den Zusammenhang mit der Globalisierungskritik brachte. »Seitdem Bush im Auftrag seines Großspenders *Monsanto* im

Mai 2003 vor der *WTO* gegen das EU-Gentechnik-Moratorium Klage eingereicht hat, ist das Thema Gentechnik und *WTO* plötzlich hochaktuell in der gesamten globalisierungskritischen Bewegung. Mit seiner mit neoliberalen Floskeln begründeten Anti-Umwelt-Politik hat er viele in der Bewegung erst auf den engen Zusammenhang zwischen Umweltzerstörung und neoliberaler Globalisierung hingewiesen«. (Mittler 2003: 17)

Monsanto und die biotechnologische Kolonisierung Lateinamerikas

von Antônio Inácio Andrioli

Für einen Chemiekonzern wie *Monsanto* geht es bei der Agro-Gentechnik um riesige Investitionen in die Forschung, die durch die Zahlung von Lizenzgebühren und den Verkauf von Herbizid rentabel gemacht werden sollen. Mit dem Ziel, den »Ernährungsmarkt« unter sich aufzuteilen, sind wenige Konzerne auf dem Markt geblieben, die massiv in das Gentechnik-Geschäft investieren, in der Erwartung, es werde sich zukünftig lohnen. Dafür haben sich die meisten Chemiekonzerne untereinander verbunden und die wichtigsten Saatgutbetriebe aufgekauft.

Die sogenannten *Life Science-Konzerne* versuchen, durch riesige Investitionen in die Forschung zunehmend Wissenschaftler und sogar öffentliche Universitäten für ihre Projekte zu gewinnen. »In keinem anderen Bereich der öffentlichen Forschung arbeiten Universitäten, öffentliche Labors, Privatunternehmen und Konzerne bei der Entwicklung und Forschung so eng zusammen wie bei der Gentechnologie. Immer mehr Spitzenforscher aus der akademischen Grundlagenforschung liebäugeln mit der eigenen Vermarktung ihrer Ergebnisse«. (Riewenherm 2000: 85)

Beim Konzern *Monsanto*, der in den neunziger Jahren für Firmenaufkäufe fast 9 Milliarden US-Dollar investierte, ging es dabei um »Leben oder Tod«. Das Patent für sein wichtigstes Produkt, nämlich das Totalherbizid Glyphosat, war 2000 abgelaufen, und der Konzern setzte auf seine Strategie, durch herbizidresistentes Saatgut seine wirtschaftliche Lage wieder zu verbessern. (Ebenda) Brian Tokar, Professor am *Institut für soziale Ökologie* in Vermont (USA), beschäftigt sich seit Ende der achtziger Jahre intensiv mit der Geschichte von *Monsanto* und weist darauf hin, dass der Konzern eine wichtige Rolle sowohl im Ersten als auch im Zweiten Weltkrieg spielte, indem er mit der Lieferung von Chemieprodukten an die US-Regierung seine Umsätze steigern konnte. In den sechziger Jahren wurde *Monsanto* berüchtigt für die Entwicklung des *Agent Orange.* Das war ein Herbizid, das im Indochina-Krieg der USA massiv eingesetzt wurde und nicht nur große Umweltschäden, sondern auch zahlreiche menschliche Tragödien hervorgerufen hat (Vergiftungen, Fehl- und Missgeburten). Ende der neunziger Jahre konzentrierte sich der Konzern auf die Saatgutproduktion und kaufte in Brasilien das größte Saatgutunternehmen *Agroceres* auf. 2002 erlebte *Monsanto* eine schwierige Situation, als der Konzern nur 4,8 Milliarden Umsatz erzielte, rund 1,7 Milliarden weniger als 2000, als er noch über das Glyphosat-Monopol verfügte. (Castanheira 2003) Immerhin sind weiterhin zwei Drittel der Umsätze dem Verkauf von Herbiziden zu verdanken, wozu auch die Gewinne mit dem Roundup Ultra (einer Variante von Glyphosat, die noch konzentrierter und wirksamer ist), das in Kolumbien angeblich zur Zerstörung von Kokaplantagen eingesetzt wird. Da der Preis von Roundup nach 2000 auf die Hälfte reduziert wurde und *Monsanto* im Markt mit anderen Anbietern konkurrieren muss, setzt das Unternehmen gezielt auf die Saatgutproduktion. Von den bereits auf dem Markt existierenden gentechnisch modifizierten Sorten besitzt *Monsanto* allein 90 % der Patentrechte. (Tokar 2004)

Gen-Saaten kommen als Schmuggelware

Damit die Gentechnik sich als Sachzwang in der Landwirtschaft durchsetzt, wurde mit der Taktik begonnen, zunehmend Felder durch eingeschmuggeltes Saatgut zu kontaminieren. »Die effektivste Taktik ist die weltweite schleichende gentechnische Verschmutzung«. (Buntzel/Sahai 2005:189) In diesem Sinne wird die Strategie von *Monsanto* in Lateinamerika gezielt durchgesetzt, und sie vollzieht sich in folgenden Schritten: a) Bauern an das Herbizid gewöhnen, was seit Anfang der neunziger Jahre mit der Methode der »direkten Aussaat«[1] im Gange ist; b) staatliche Forschung beeinflussen, besonders durch die Finanzierung von Forschungen und Forschungseinrichtungen sowie durch die Verbindung zu den Forschungsinstituten und deren Leitungen; c) Saatgutbetriebe im Inland aufkaufen und monopolisieren; d) ein Gebiet auswählen und Kontamination erwarten (in diesem Fall ist Argentinien das Ausgangsgebiet für Lateinamerika); e) Wissenschaftler und Politiker gezielt für die Interessen des Konzerns gewinnen; f) ein Netz von Agrarberatern partnerschaftlich durch die Gründung von Beratungsunternehmen einrichten, die im Auftrag des Konzerns oder durch dessen Finanzierung arbeiten; g) riesige Werbekampagnen durchführen, besonders im Fernsehen, in Radio und Zeitungen; h) erfolgreiche Bauern als Musterbetriebe in den ländlichen Gemeinden auswählen und u. a. mit Studienreisen unterstützen; i) vollendete Tatsachen schaffen, wodurch kritische Argumente in der Öffentlichkeit an Bedeutung verlieren; j) günstige Angebote für Herbizide und Saatgut machen (also zunächst frei von Lizenzgebühren); k) gesetzliche Rahmenbedingungen durch Lobbyarbeit bzw. Einfluss auf Parlamente und Regierungen erzwingen; l) Partnerorganisationen für die Kontrolle gewinnen: Die Genossenschaften und weitere Agrarunternehmen, die für den Aufkauf der Produktion und die Versorgung mit Betriebsmitteln (insbesondere Saatgut und Herbizid) zuständig und bereit sind, für einen Anteil der Einnahmen bei den Bauern die Zahlung von Lizenzgebühren einzufordern.

Monsanto berichtet seinerseits von den weltweiten Schwierigkeiten, die dazu führen sollen, dass ein Teil der 16 000 Beschäftigten ihren Arbeitsplatz verlieren würde. In Lateinamerika wird die Lage als sehr problematisch geschildert. Schuld daran sei besonders die Wirtschaftskrise Argentiniens. Nach Francisco Diaz, dem Leiter der lateinamerikanischen Abteilung *Monsantos*, habe das Unternehmen allein 2001 150 Millionen US-Dollar verloren. Argentinien ist der zweitgrößte Kunde von *Monsanto*, und der Konzern plant, durch die Expansion in Brasilien die Verluste zu stoppen. 800 Millionen US-Dollar wurden neuerlich in Brasilien investiert, davon 350 Millionen allein am neuen Standort Camaçari, im nordöstlichen Bundesland Bahia. Der Geschäftsführer in St. Louis, Hugh Grant, rechnete bereits im September 2002, dass 2005 Brasilien die Zulassung für den Anbau der Gensoja erlauben würde. (Lopes 2002) Die Prognose wurde genau bestätigt, und laut *Monsanto* selbst umfasst der gesamte Umsatz des Konzerns in Brasilien jährlich 750 Millionen US-Dollar und schafft 1700 Arbeitsplätze. (*Monsanto* 2004) Lizenzgebühren wurden 2004 nur in den Bundesländern Rio Grande do Sul und Santa Catarina eingezahlt. Für jede Tonne Soja wurden R$ 10,00 an *Monsanto* gezahlt (2,7 Euro). Nach Einschätzungen von *Monsanto* macht das circa R$ 45 Millionen (12,85 Millionen Euro) aus. (Lopes 2004)

Die Zahlen werden von Vicente Azevedo Marques in seiner Studie über Rio Grande do Sul bestritten. Der Umsatz von *Monsanto* in Brasilien mache R$ 1,6 Milliarden (457 Millionen Euro) aus und die Zahlung von Lizenzgebühren ausschließlich in Rio Grande do Sul R$ 51,9 Millionen (14,4 Millionen Euro). Mit dem Verkauf von Roundup im Jahre 2004 hat *Monsanto* schätzungsweise bis R$ 143,5 (41 Millionen Euro) verdient. Wenn man die Zahlen des Gewinns von *Monsanto* mit dem staatlichen Landwirtschaftsbudget vergleicht, sieht die Lage absurd aus, denn die südbrasilianische Regierung investierte in derselben Periode lediglich R$ 49,7 Millionen.

Wichtig ist auch die Tatsache, dass 1 % des Umsatzes von *Monsanto* zur Förderung des *Agrarforschungsinstituts der landwirtschaftlichen Genossenschaften FUNDACEP* überwiesen wurden. Dies bedeutet R$ 520 000, während die staatliche Stiftung *FEPAGRO* in derselben Periode R$ 194 000 bereitstellte, was einen klaren Hinweis auf die Privatisierung der Agrarforschung darstellt. (Marques 2004) Die Föderation der Familienlandwirtschaft *FETAG* schätzte bei der Ernte 2003/2004 die Lizenzgebühren für *Monsanto* auf R$ 70 Millionen. (Zero Hora, 2004) Für die Ernte 2004/2005 sind die Kosten für Lizenzgebühren verdoppelt worden, also R$ 20,00 (5,75 Euro) pro Tonne. Die Begründung von *Monsanto* lautet, dass der Preis vorher ausnahmsweise niedriger lag, weil es der Zahlungsstart war. (Lopes 2004)

Soja – das wichtigste Exportprodukt

In der Konkurrenz der Sojaproduzenten befürchten die US-amerikanischen Erzeuger die niedrigen Betriebskosten und die hohe Produktivität der brasilianischen Soja. Laut einer Studie der *brasilianischen Versorgungsgesellschaft CONAB* produziert Brasilien bis zu 3 Tonnen pro Hektar, während die US-Amerikaner maximal 2,7 Tonnen pro Hektar erreichen. Die Produktionskosten in Brasilien sind bis zu 40 % niedriger als in den USA. (Kist 2002) Aus dieser Perspektive klingt ein merkwürdiges Angebot von 2002 aus den USA logisch: Das Unternehmen *Focus* aus den USA bot den brasilianischen Sojaproduzenten damals 165 US-Dollar pro Hektar an, wenn sie aufhören würden, Soja zu produzieren. Das Ziel: Die brasilianische Sojaproduktion um 15 % zu senken, damit die Preise weltweit ansteigen. (Canal Rural 2002) Wenn zusätzlich noch ein Potenzial besteht, das die konventionelle Soja aus Brasilien Teile der Sojamärkte der USA erobert, ist auch die US-Regierung von Seiten der Erzeuger im eigenen Land unter Druck. »Dass Sojabohnen aus Ländern wie Brasilien, in denen noch keine gentechnisch manipulierten Sorten angebaut werden, inzwischen auf europäischen Märkten teilweise schon höhere Preise erzielen als amerikanisches Soja, ist für die USA ein Alarmzeichen«. (Maier 1998: 4)

Soja ist für Brasilien das wichtigste Exportprodukt und trägt stark dazu bei, dass das Land mittlerweile seine Handelsbilanz verbessern konnte. Inzwischen findet eine rasche Ausbreitung der Produktionsfläche statt: 1993 waren 10,6 Million Hektar mit Soja angebaut und 2003 stieg diese Fläche auf 18,5 Millionen Hektar. Die Ernte 2003 umfasste 51,5 Millionen Tonnen (1993 waren es 22,6 Millionen Tonnen). Der Sojaexport brachte dem Land 2003 6 Milliarden US-Dollar Devisen und im Jahr 2004 8 Milliarden US-Dollar, was von Seiten der Regierung als entscheidend zur Stabilisierung der Außenhandelsbilanz eingeschätzt wird. Die positive Handelsbilanz Brasiliens ist – im Rahmen neoliberaler Orientierungen[2] – wichtig zur Bedienung der Auslandsschulden. Es werden jährlich etwa 15 Milliarden US-Dollar für die Rückzahlung der externen und internen Schulden ausgegeben. (Paasch 2004)

Argentinien als Startrampe für Monsantos Strategie

Argentinien ist als strategischer Stützpunkt zur Ausbreitung der Gensoja in Lateinamerika ausgewählt worden. Von der geographischen Lage her liegt das Land mitten im Gebiet der Sojaproduktion des südamerikanischen Kontinents und diente als Ausgangspunkt für die Ausbreitung nach Paraguay, Brasilien und Bolivien. Das Land verfügt über 40 Millionen Hektar landwirtschaftliche Fläche, wovon ca. 25 Millionen Hektar für Öl- und Getreidepflanzen genutzt werden. Von den 35 Millionen Einwohnern sind inzwischen jedoch 15 Millionen als Arme zu bezeichnen und mehr als 4 Millionen in Elend lebende Menschen. (Pengue 2000)

Bis vor 30 Jahren war die Landwirtschaft Argentiniens stark von Fruchtfolge und kombiniertem Anbau geprägt, mit wenig Einsatz chemischer Düngemittel und geringem Pestizidverbrauch. Das Land war mit Fleisch und Getreide selbstversorgt, da es in der Lage war, davon bis zu achtmal mehr als den eigenen Bedarf zu produzieren. Hunger war unbekannt selbst unter den Armutsschichten, und das Land genoss den Status, die höchste Lebensqualität Lateinamerikas zu haben. Dies änderte sich jedoch rasch mit der Industrialisierung und der Entvölkerung ländlicher Gebiete. Inzwischen sind 25 % der Bevölkerung in die Städte abgewandert, und die Armut nimmt in großen Dimensionen zu. Zum Vergleich: Während in den 70er-Jahren lediglich 5 % der Bevölkerung unter der Armutsgrenze zu bezeichnen waren, stieg diese auf 15 % in den 80er-Jahren, auf 30 % in den 90er-Jahren und schließlich auf den derzeitigen Höhepunkt von 45 %. Zur selben Zeit ist die Sojaproduktion angestiegen zu Ungunsten des Anbaus anderer Pflanzen (insbesondere des Linsen- und Erbsenanbaus) und der Fleischproduktion. Soja ist jedoch wie in Brasilien kein Bestandteil der heimischen Ernährung. Sie ist auf den Export nach Asien und Europa gerichtet und daher stark abhängig von den Preisen auf dem Weltmarkt, während Nahrungsmittel zunehmend importiert werden müssen und Hilfsprogramme mit Lebensmitteln eingeführt wurden (die teilweise auch Soja beinhalten), um die ländliche Bevölkerung zu versorgen. (Joensen 2005)

Es sind ungefähr 2000 Großbetriebe, die von der Ausbreitung der Sojaproduktion in Argentinien profitieren, während 50 % der Nahrungsmittel importiert und die Kleinbauern zunehmend verdrängt werden. Die Mindestgröße der landwirtschaftlichen Betriebe stieg auf 340 Hektar. (Pengue 2000) Die Gensoja ist laut der Molekularbiologin Lilian Joensen von der *Weltbank* empfohlen und durch die Regierung von Carlos Menem eingeführt worden, als Alternative zur Zahlung der Auslandsschulden durch die Förderung der Agrarexporte. (Joensen 2005) *Monsanto* hat dennoch nicht die RR-Soja rechtzeitig in Argentinien registriert und zunächst keine Zahlung von Lizenzgebühren von den Bauern gefordert, da sie das Saatgut selbst vermehren durften. Dies führt dazu, dass lediglich 16 % des Sojasaatgutes in Argentinien von Saatgutfirmen gekauft wird. (Ribeiro 2005)

Um die Gensoja für die Bauern schmackhaft zu machen, wurde zusätzlich Herbizid zu einem Drittel des Preises verkauft, eine Art Subventionierung durch *Monsanto*. (Rulli, zitiert in Viollat 2006) Da die argentinischen Gesetze keine Zahlung von Lizenzgebühren an *Monsanto* vorsehen, versuchte der Konzern, Lizenzgebühren bezüglich der Verwendung ihrer Technik in Höhe von 15 US-Dollar pro Tonne bei der Einfuhr der argentinischen Soja in Europa zu kassieren. (Ribeiro 2005 und Garcia 2006) Laut *Monsanto* sollten die Bauern in Argentinien erst ab 2004 Lizenzgebühren bezahlen, also nachdem die Ausbreitung der Gensoja durch Schmuggel in die Nachbarländer bereits stattgefunden hatte (Lopes 2004).

Gensoja – ein Marketing-Erfolg

Soziale und ökologische Auswirkungen werden dabei externalisiert. Aufgrund der raschen Ausbreitung der Gensoja hat Argentinien 130 Tsd. Hektar Urwald verloren. (Corcuera, zitiert in Joensen & Ho 2004) Die Erfolgsgeschichte der Gensoja in Argentinien ist eigentlich, wie Pengue es richtig beschreibt, hauptsächlich durch die Marketingstrategie von Saatgutfirmen zu erklären, weder wissenschaftlich begründet noch durch landwirtschaftliche Erfahrung. (Pengue, zitiert in Joensen & Ho 2004) Die Gensoja ermöglicht einen einheitlichen Anbauprozess mit weniger Arbeitskraft, weniger Fachwissen und weniger kostspieligen Maschinen. Dadurch werden selbstverständlich allmählich weniger Menschen in der Landwirtschaft gebraucht. In den letzten 10 Jahren sind 160 Tsd. Familien in die Städte abgewandert, und die Zahl der landwirtschaftlichen Betriebe ist von 1998 bis 2002 von 422 Tsd. auf 318 Tsd. gesunken, ein Rückgang um 24,6 %. (Altieri & Pengue 2006)

Die Sojaanbaufläche stieg von 38 Tsd. Hektar im Jahre 1970 auf 13 Mio. Hektar im Jahre 2004. (Joensen & Ho 2004) Von den 17 Mio. Hektar mit transgenen Pflanzen sind 15 Mio. Hektar ausschließlich als RR-Soja zu bezeichnen. (GRAIN 2006) 95 % der Sojaanbaufläche Argentiniens ist RR-Soja, 65 % der Maisanbaufläche und 60 % der Baumwollanbaufläche sind gentechnisch modifiziert, meistens in Kombination mit der direkten Aussaat. (Lavitus 2006)

Was den Herbizidverbrauch angeht, eigentlich eines der großen Ziele der Agrarkonzerne, sind die Zahlen auch markant: Bereits 2001 wurden 9,1 Mio. Kilogramm mehr Glyphosat in der RR-Soja im Vergleich zur herkömmlichen verwendet. Der Einsatz von Glyphosat in Argentinien ist seit der Einführung der Gensoja wie folgend gestiegen: Zwischen 1997–1998 wurden 28 Mio. Liter verbraucht; 1998–1999 waren es schon 56 Mio. Liter und 2001–2002 wurde die Spitze mit 70 Mio. Liter erreicht, was im Durchschnitt 2 Liter pro Einwohner ausmacht. Und die Tendenz ist steigend aufgrund der Zunahme von resistenten Unkräutern, was die Erwartungen der Agrarchemiekonzerne mit der Gentechnik bestätigt. (Bravo 2002)

Mais, Raps und Baumwolle folgen

Die Ausbreitung der Gensoja ist laut Statistik im Vormarsch in Lateinamerika und bereitet den Weg für weitere gentechnisch veränderte Sorten bei Mais, Baumwolle und Raps vor. Die Sojaanbaufläche erlebt eine jährliche Zunahme von 3,2 % auf dem Kontinent: Brasilien, mit 21 % der gesamten Anbaufläche, und Paraguay, mit 25 % des landwirtschaftlich genutzten Bodens, führen die Liste der Länder an, die durch eingeschmuggeltes Saatgut aus Argentinien (die sogenannte Sojasorte *Maradona*) derzeit die größte Expansion mit Gensoja aufweisen. (Altieri & Pengue 2006) Dies scheint der Strategie der Agrarkonzerne zu entsprechen, die inzwischen die Region um Argentinien als »República Unida de la Soja« (Vereinigte Sojarepublik) bezeichnen und damit Brasilien, Argentinien, Paraguay, Uruguay und Bolivien meinen. (Garcia 2006) Zunächst lassen sich bei dieser Zunahme der Gensojaproduktion die Pestizide gut verkaufen. In Brasilien werden zum Beispiel 25 % der Agrargifte in der Sojaproduktion eingesetzt: Das waren im Jahr 2002 schon 50 Tsd. Tonnen Pestizide, ein jährliches Wachstum an Pestizidverbrauch von 22 % im Zusammenhang mit der Zunahme der Sojaanbaufläche. (Altieri & Pengue 2006)

Und der Trend beim Genwahn scheint sich allmählich durchzusetzen: In Brasilien ist seit 2005 nicht nur die Gensoja erlaubt worden, sondern auch der Anbau der insektenresistenten Bt-Baumwolle Bollgard, was inzwischen 20 % der gesamten Baumwoll-Produktion im Lande ausmacht. Wie bei der Ausbreitung der Gensoja, wird der Anbau meist mit aus Argentinien eingeschmuggeltem Saatgut durchgeführt: Offiziell stammt 50 % des Saatgutes nicht von Saatgutfirmen. (Formenti 2006) Beim Genmais wiederholt sich die Geschichte der Gensoja: Trotz Verbot nimmt die Anbaufläche durch eingeschmuggeltes Saatgut aus Argentinien zu, und die Verunreinigung ist in vollem Gange. Dass eine Koexistenz zwischen herkömmlichen und gentechnisch veränderten Sorten unmöglich ist, hat sich längst in Mexiko deutlich gezeigt, wo jährlich ca. 3 Mio. Tonnen Mais aus den USA importiert werden, wodurch die Kontamination rasch vorschreitet: 25 % des mexikanischen Mais ist gentechnisch verändert (Cariboni 2006). Gegen diesen Trend der schleichenden Verunreinigung ist die Entscheidung Ecuadors zu begrüßen: Das Land verbot 2006 die Mischung von Zutaten aus transgenen Pflanzen in Lebensmittelpaketen zur Hungerbekämpfung. (*Campanha Por Um Brasil Livre de Transgênicos 2006*)

Kontamination ist kaum zu stoppen

In den meisten lateinamerikanischen Ländern ist die Kontamination jedoch schwer zu stoppen. In Kolumbien wird die Bt-Baumwolle Bollgard seit 2002 ohne Umweltverträglichkeitsprüfung angebaut. Derzeit findet die Debatte um eine mögliche Zulassung einer gentechnisch modifizierten Baumwollsorte statt, die gleichzeitig insekten- und herbizidresistent ist. (González 2005) In Bolivien nahm in den letzten 15 Jahren die Sojaanbaufläche um 411 % zu Ungunsten von mehr als 1 Mio. Hektar Urwald zu. Es werden derzeit 60 Tsd. Hektar pro Jahr entwaldet, um die Sojaproduktion auszuweiten, was für das Land, ein Zentrum biologischer Vielfalt, besonders skandalös ist. Nachdem die aus Argentinien eingeschmuggelten Sorten dominierten, sollen ab 2006 jedoch eigene Sorten RR-Soja in Bolivien präsentiert werden (Red Bolivia Libre de Transgénicos 2006). In Uruguay wurde die RR-Soja bereits seit 1998 und Genmais seit 2003 eingeführt. Derzeit werden 300 Tsd. Hektar mit der Gensoja und 22 Tsd. Hektar Bt-Mais angebaut, was zunehmend die Weizen-, Gerste-, und Sorghumproduktion im Lande verdrängt. Der Weg des Schmuggels beim Genmais ist der gleiche wie bei Gensoja: Seit 2005 sind 95 Tsd. Tonnen Genmais aus Argentinien in Uruguay gelandet. (Cárcamo 2006)

Wenige Reiche – das meiste Land

In Paraguay, wo noch 50 % der Bevölkerung Bauern sind und überhaupt keine angemessene Infrastruktur zur Durchführung von Umweltverträglichkeitsprüfungen vorhanden ist, scheint die Situation jedoch am dramatischsten zu sein. Dazu zählt die Tatsache, dass das Land eine der ungerechtesten Landverteilungen der Welt darstellt: Unter der Militärregierung des Diktators Alfredo Stroessner wurde ein Programm der Agrarreform durchgeführt, wodurch 12 Mio. Hektar an alliierte Militärs, inländische Konzerne und ausländische Unternehmen (insbesondere brasilianische) gegeben wurden (Garcia 2006). Weniger als 2 % der paraguayischen Grundbesitzer verfügen über 70 % der landwirtschaftlichen Grundfläche, während lediglich 8 % der Grundfläche den Kleinbauern gehören, die größtenteils für die Versorgung des Binnenmarktes mit Nahrungsmitteln verantwortlich sind. Von der gesamten Anbaufläche von 10 Mio. Hektar werden 3 Mio. Hektar mit Ackerbau genutzt. Es sind davon insgesamt 2 Mio. Hektar mit der Sojamonokultur bestellt, wovon 300 Tsd. Hektar RR-Soja sind. (Alvarez 2002 und

USDA 2005) Der *IWF* fordert von der paraguayschen Regierung, ähnlich wie von den anderen lateinamerikanischen Ländern, ein Wirtschaftswachstum größer als das Bevölkerungswachstum, was nur durch eine Steigerung der landwirtschaftlichen Produktion zu erreichen sei. Die Sojaproduktion verdrängt jedoch zunehmend die Kleinbauern, und dies stellt inzwischen die dramatischste Realität auf dem gesamten lateinamerikanischen Kontinent dar.

Konsumenten-Rechte chancenlos

Die weltweite Zunahme der Konzentration im Ernährungsbereich, die Monopolisierung des agroindustriellen Komplexes und die Tendenz zum Freihandel im Agrarsektor verstärken die Konkurrenz zwischen den Produzenten, was die Überlebensfähigkeit von Kleinbauern in Lateinamerika stark beeinträchtigt. Die Existenz der Kleinbauern als individuelle Produzenten wird durch den Einsatz der Gentechnik in der Landwirtschaft in dem Maße erschwert, wie sie durch die schleichende gentechnische Verseuchung gezwungen werden, der Strategie der Agrarkonzerne zu folgen. Die Fortführung der sogenannten Grünen Revolution vertieft die Abhängigkeit, Verschuldung und Verarmung der Kleinbauern, die unter einem massiven Anpassungsdruck stehen, ohne eine reale Zukunftsperspektive zu haben. Ihr tendenzieller Ausschluss vom Produktionsprozess vertieft die Landkonzentration, beschleunigt die Landflucht und erhöht die Zahl von Landlosen und zugleich Arbeitslosen, eine Tendenz, die stark zur wachsenden sozialen Ungleichheit und der daraus entstehenden Gewalt in Lateinamerika beiträgt.

Gerade aufgrund der Einstellung vieler Konsumentinnen und Konsumenten, gentechnisch veränderte Nahrungsmittel abzulehnen, haben manche Nahrungsmittelketten sich stärker dafür eingesetzt, ihre Waren zu kennzeichnen und möglichst von Produzenten zu kaufen, die angeblich das Angebot gentechnikfreier Produkte garantieren können. Dennoch: Circa 80 % der gentechnisch veränderten Pflanzen gelangen in die Futtermittel, denn besonders seit dem BSE-Skandal, der Vernichtung von vielen Millionen Stück Rindvieh, vor allem in Europa, und den dadurch bedingten schweren wirtschaftlichen Schäden und massiven öffentlichen Kompensationen, ist der Einsatz von Tierkadavermehl in der Viehzucht verboten, und Soja stellt den billigsten Ersatz als Eiweißträger auf dem Weltmarkt dar. Und nach den gegenwärtigen gesetzlichen Regelungen, zum Beispiel in der EU, sind Tierprodukte wie Eier, Milch und Fleisch von einer Kennzeichnungspflicht ausgenommen, was dazu führt, dass den Verbrauchern in der Tat nicht einmal eine Auswahl möglich ist. Selbst die Biomärkte haben inzwischen Probleme, für den weltweit steigenden Markt ihrer Produkte gentechnikfreie Nahrungsmittel zu garantieren, denn ihre Produktion wird durch die Verseuchungswahrscheinlichkeiten während der Produktion, der Lagerung und des Transports erschwert. In dieser Hinsicht wird die sogenannte Konsumentensouveränität erneut stark in Frage gestellt, denn die Art der Konsumtion wird zunehmend von der Produktion erzwungen.

In Lateinamerika wird selbst die für viele Länder übliche Kennzeichnungspflicht gentechnisch veränderter Nahrungsmittel nicht eingehalten, obwohl sie gesetzlich vorgeschrieben ist. Es kommt noch die Tatsache hinzu, dass die Mehrheit der Bevölkerung sehr wenig über das Thema informiert ist, was bei Befragungen immer wieder festgestellt wird, und mögliche Risiken werden selten öffentlich angesprochen. (Deak 2003) Die Organisation der Verbraucher ist in Lateinamerika insgesamt sehr schwach ausgeprägt. Außerdem ist das Interesse an der Frage der Gensoja bei der Mehrheit der Konsumenten ohnehin gering, da Soja in erster Linie ein Exportprodukt ist. Dabei wird jedoch einfach übersehen, dass eine Reihe von Nahrungsmitteln, besonders Lecithin, aus Nebenprodukten der Soja hergestellt werden, und dass Soja in Form von Öl und Margarine längst auf dem Markt ist und auch in den lateinamerikanischen Ländern bei der Erzeugung von Tierprodukten verwendet wird. Es stimmt, dass die lateinamerikanische Sojaproduktion weit überwiegend auf den Weltmarkt ausgerichtet ist, was aber wiederum dazu führt, dass der Verbrauch an Soja in den Ländern selbst zunimmt, indem der bestimmende Lebensmittelhandel nicht auf deren riesige Verfügbarkeit verzichten will.

Die Gensojaproduktion wird sich weiter ausbreiten und dies unabhängig von dem ökologischen und sozialen Bewusstsein europäischer Konsumentinnen und Konsumenten. Sie werden tendenziell durch das Angebot auf dem expandierenden Weltmarkt gezwungen, die verfügbaren Produkte zu konsumieren. Der Weltmarkt und besonders China bieten in dieser Hinsicht für die Sojaproduzenten Expansionsmöglichkeiten an, die selbst die Einschränkungen im Fall einer vollständigen Kennzeichnungspflicht der Gensoja durch die Europäische Union weitgehend neutralisieren würden.

Damit ist nicht gemeint, es sei ausgeschlossen, dass bestimmte Konsumentengruppen sich dagegen wehren können, die vom herrschenden Produktionssystem hergestellten Waren zu kaufen und zu verbrauchen. Die Verallgemeinerung solcher Bereitschaft (die in großem Maße von moralischen und voluntaristischen Überzeugungen geprägt ist) auf die gesamte Konsumentenschaft oder wenigstens auf einen großen Marktanteil außerhalb der Nischen zu übertragen, scheint jedoch sehr unwahrscheinlich, weil aufgrund der lediglich auf Konsumveränderung bezogenen Bewusstseinsbildung keine einschneidende strukturelle Veränderung an der kapitalistischen Logik der Warenproduktion stattfindet.

Genfood für die Ärmsten?

Aufgrund der billigen Preise dieser Produkte wird auch mit dem Argument geworben, gentechnisch veränderte Nahrungsmittel trügen zur Hungerbekämpfung bei, denn die dadurch mögliche Steigerung der Nahrungsmittelproduktion käme besonders den ärmsten Bevölkerungsschichten zugute. Nahrungsmittel, die mehrheitlich abgelehnt werden von Konsumenten, die sich eine Auswahl auf dem Markt leisten können, sollen also in erster Linie denen angeboten werden, die nicht über eine bestimmte Kaufkraft verfügen, sei es durch staatliche Programme zur Hungerbekämpfung oder sogar Spenden von Herstellerfirmen mit dem Hinweis auf ihre angebliche soziale Verantwortung. Auch wenn diese Diskriminierung der Armen allein schon aus ethischen Gründen zurückgewiesen werden muss, so ist an der Förderung einer Massenproduktion zur Versorgung der vom Markt weitgehend ausgeschlossenen Bevölkerungsteile die Absicht zu erkennen, mit der solche Produkte auf dem Markt verbreitet werden.

Gegen den Willen der Völker

Es muss in diesem Zusammenhang überhaupt die Frage gestellt werden, aus welchem Grund bestimmte Produkte und Produktionsmethoden Vorrang haben, auch wenn eine Mehrheit der Konsumentinnen und Konsumenten sie ablehnt. Weil sie am besten den Interessen der kapitalistischen Warenproduktion entsprechen. Denn sie erfordern am wenigsten Arbeit und können demzufolge zu den niedrigsten Preisen angeboten werden, damit eine breite Masse von Konsumenten sie kauft. Dies hat weniger mit den Bedürfnissen der Konsumentinnen und Konsumenten zu tun, als mit dem Ziel der Profitsteigerung für die Herstellerfirmen.

Makropolitik ohne Moral

Der Sojaexport bringt den lateinamerikanischen Ländern bedeutende Deviseneinnahmen, was von Seiten der Regierungen als entscheidend zur Stabilisierung der Außenhandelsbilanz angesehen wird. Die positive Handelsbilanz der Länder ist ihrerseits wichtig zur Bedienung der Auslandsschulden, und deshalb stehen die Begeisterung für das Agrobusiness und die damit verbundene Stabilisierung der Außenhandelsbilanz im Zusammenhang mit dem Konzept der sogenannten Regierungsfähigkeit lateinamerikanischer Regierungen. Die damit zusammenhängende Ausbreitung des Anbaus transgener Pflanzen muss im Rahmen dieser makropolitischen Strategie gesehen werden, in der kaum auf Risiken und Umweltauswirkungen geachtet wird. Da die Agrarpolitik in erster Linie auf den Export ausgerichtet ist, sind damit auch die technischen Optionen für die Landwirtschaft größtenteils entschieden. Die Gentechnik wird als Chance gesehen, riesige Ländereien mit geringem Arbeitseinsatz bewirtschaften zu können, wo die Regierungen auf eine große Unterstützung der Produzenten, besonders der Großbauern, stoßen, was wiederum mit ihrem Bestreben übereinstimmt, die politische Regierungsfähigkeit zu erhalten und auszubauen. Die Agro-Gentechnik beschleunigt jedoch das Aussterben von Kleinbauern, indem sie ihre Abhängigkeit von Inputs erhöht und die Zerstörung natürlicher Ressourcen zur Folge hat.

Der Trend zur Anpassung und Integration der kleinbäuerlichen Familienbetriebe in das Projekt der Agrarkonzerne ist also vorgegeben und wird dadurch stimuliert, dass die Bauern immer mehr für den Markt produzieren und die Selbstversorgung einschränken. »In der Landwirtschaft bedeutet wirtschaftliche Modernisierung, dass die Marktbeziehungen auf ein viel größeres Gebiet als zuvor ausgedehnt werden und dass der Anbau für den Eigenbedarf mehr und mehr durch die Produktion für den Markt ersetzt wird«. (Moore 1974: 536) Durch die Intensivierung der exportorientierten Landwirtschaft ist mit großer Wahrscheinlichkeit eine zunehmende Zerstörung der Natur und Vernichtung kleiner Betriebe zu erwarten. In diesem Kontext scheint für die Kleinbauern entweder die Existenz als »moderne Selbstversorger« oder die völlige Integration der noch restlichen Betriebe in das Agrobusiness als Alternativen übrigzubleiben. Die erste Alternative ist für keinen modernen Bauern interessant, denn der Zugang zu dem durch den Kapitalismus geschaffenen Lebensniveau ist auch für ihn wünschenswert. Die zweite Option ist nur für eine Minderheit möglich, die es schafft, die Konkurrenz auszuhalten und ihre Existenz zu sichern, was für Kleinbauern besonders schwierig ist.

Kaum Chancen für Kleinbauern

Durch den Einsatz der Gentechnik werden die Chancen für die kleinbäuerliche Familienlandwirtschaft geringer, denn sie verfügt über eine geringe Investitionskraft, die verhindert, dass sie beim technischen Fortschritt mithalten kann. Die konventionellen Bauern gehen damit lediglich ein weiteres Risiko ein, das sie jedoch geringer einschätzen: »Für den Landwirt stellt sich die Frage nach gentechnologischen Veränderungen an Nutzpflanzen auf der gleichen Ebene wie die nach dem Einsatz von Pestiziden und Kunstdüngern. Wer auf letztere verzichtet, entfernt sich bewusst von den konventionellen Anbaumethoden und geht ein hohes ökonomisches Risiko ein«. (Bernhard 1990: 36) Die Industrie zur Versorgung mit Betriebsmitteln ist in diesem Zusammenhang entstanden und setzt ihre Forschung weiter fort. Es wird dabei versucht, die Nachfrage selbst durch die Erfindung neuer technischer Produkte zu steuern. »Soweit mein begrenztes Wissen reicht, ist mir kein Fall bekannt, in dem eine einschneidende technische Revolution in der Landwirtschaft aus der Bauernschaft selbst hervorgegangen wäre«. (Moore 1974: 536–537)

Durch die Konzentration im Bereich der Agrargentechnik wächst das Forschungs- und Investitionspotenzial der Agrarkonzerne: Sie sind durch ihre oligopolistische, marktbeherrschende Stellung bei der Preisbildung für neue technische Produkte ausschlaggebend und beeinflussen die Entscheidungen der Bauern bei der Auswahl und dem Einsatz von Technik. Das Expansionspotenzial der Agrarindustrie im Bereich der Technikforschung macht die Investitionen in der Landwirtschaft insofern attraktiv, als es durch die Patentrechte möglich ist, einen bedeutenden Anteil der Resultate der Entwicklung der Produktivkräfte privat anzueignen. Das Weiterbestehen der Kleinbauern wird in diesem Kontext als Marktchance zum Angebot technischer Produkte gesehen und nicht komplett vernichtet, solange es dem Kapital noch nützlich ist,[3] das heißt solange es zu dessen Akkumulation beiträgt.

Der Einsatz der Gentechnik in der lateinamerikanischen Landwirtschaft intensiviert die Freisetzung von Destruktivkräften, die sich zugleich auf Natur und die auf dem Lande arbeitenden und lebenden Menschen auswirken. Die Privatisierung von natürlichen Ressourcen und von Wissen zugunsten multinationaler Agrarkonzerne und Großgrundbesitzer vertieft die soziale Ungleichheit in der Gesellschaft, und die Chancen des Widerstands durch die individuellen Kleinproduzenten und Verbraucher werden erheblich eingeschränkt. Während das Kapital, insbesondere Betriebsmittel, Kredite sowie die Verarbeitungs- und Vermarktungsstruktur landwirtschaftlicher Produktion zunehmend monopolisiert werden, stehen die selbst arbeitenden Bauern unter dem Druck, mit Hilfe von Technik untereinander um ihr Überleben zu konkurrieren. Die kleinbäuerliche Familienlandwirtschaft neigt dazu, sich aufgrund der angeblichen Arbeitserleichterung und -ersparnis an die beschriebene interessengeleitete Technikentwicklung anzupassen und dadurch zerstört zu werden, was katastrophale Auswirkungen auf die Entwicklung der lateinamerikanischen Länder hat, in denen die Kleinbauern für den größten Teil der Nahrungsmittelproduktion verantwortlich sind.

Viel versprochen, wenig gehalten: Katastrophale Auswirkungen des Gensoja-Anbaus in Brasilien

von Antônio Inácio Andrioli

Ab 1999 wurde die Strategie der Einführung der RR-Soja in Brasilien verstärkt. Der Konzern *Monsanto* versuchte, sich durchzusetzen, auch wenn die brasilianischen Gesetze den Anbau nicht erlaubten. Nach der brasilianischen Bundesverfassung von 1988, die auf dem Vorsorgeprinzip der Agenda 21[1] beruht, dürfen transgene Pflanzen nur dann eingeführt bzw. freigesetzt werden, wenn Studien und Berichte über ihre Auswirkungen auf die Umwelt vorhanden sind, die beweisen, dass Naturschäden ausgeschlossen werden können. Eine Umweltverträglichkeitsprüfung wurde jedoch bisher nicht vorgelegt, und rechtlich gesehen ist der Anbau der RR-Soja weiter umstritten, auch wenn er 2005 durch das sogenannte Biosicherheitsgesetz[2] zugelassen wurde. Es besteht also weiter die Möglichkeit, die Freisetzung der Gensoja anzufechten, weil das sogenannte Biosicherheitsgesetz gegen die Verfassung und drei Prinzipien des Umweltrechts verstößt, nämlich Vorsorge, Nachhaltigkeit und Schadenshaftung.

Die Argumente der Befürworter der Gensoja sind die Stärkung der Konkurrenzfähigkeit der Landwirtschaft, die Erhöhung der Exporte und die Hungerbekämpfung. Für die Bauern wurden drei Hauptargumente als Gründe für die Einführung von Gentechnik in der Sojaproduktion vorgebracht: 1) die herbizidresistente Soja soll den Ertrag steigern; 2) die Herbizidmengen würden reduziert, und diese Verringerung könne zu Einsparungen beim Herbizideinsatz führen, was die Betriebskosten vermindere; 3) die Verringerung von Herbizidmengen reduziere die Umweltverschmutzung und verbessere die Qualität des Lebensmittels. Im Folgenden werden diese Argumente untersucht in Bezug auf die Auswirkungen der Gensoja für die kleinbäuerliche Familienlandwirtschaft in Brasilien.

Ertragserhöhung blieb aus

Die Verbesserung der Qualität der Nahrungsmittel und die Ertragssteigerung als Alternative zur Bekämpfung des weltweiten Hungers werden öffentlich angesprochen, um die Notwendigkeit der Nutzung von Gentechnik in der Landwirtschaft zu begründen. Aber tatsächlich beziehen sich nur 2 % der Gentechnikforschung auf die Verbesserung der Qualität der Nahrungsmittelproduktion. Die meisten Forschungen (74 %) beschäftigen sich mit der Herbizidtoleranz der Pflanzen, und unter diesen ist die Soja am meisten betroffen: mit 59 % aller bisherigen Forschungen. 19 % der Experimente beschäftigen sich mit der Insektentoleranz, besonders bei Mais, wo die Bakterie *Bacillus thuringiensis* in die Pflanze eingesetzt wurde, um Raupen zu vernichten, und die übrigen Forschungen kombinieren Herbizid- mit Insektenresistenz. (Londres 2001)

Tatsächlich wurde bisher keine Sojapflanze entwickelt, die ertragreicher ist als die herkömmliche. Im Gegenteil: Die Ergebnisse der Produktivität transgener Sojabohnen zeigen, dass die herkömmlichen Sojasorten im Vergleich zu den transgenen ertragreicher sind. Charles Benbrook vom *Northwest Science and Environment Policy Center* in den USA bezieht sich auf die Ergebnisse seiner Studie, nach der die Produktivität transgener Soja im Durchschnitt 2 bis 8 % niedriger ist als die der herkömmlichen. Im ganzen Bundesstaat Iowa (USA) macht der Unterschied 3,9 % aus: Die herkömmliche Sojaernte erbrachte im Durchschnitt 51,21 bushels/acre und die transgene 49,26 bushels/acre.[3] Die Begründung dafür ist nach Benbrook, dass die gentechnisch veränderte Pflanze ihre Energie auf die Herbizidresistenz konzentriert und dadurch geringe Ertragsverluste verursachen kann. (Benbrook 2001) Zu ähnlichen Ergebnissen kam eine Studie der *Universität von Nebraska* in den USA, die während zwei Jahren die Ernte transgener mit herkömmlicher Sojabohnen verglich: Die herkömmliche Soja lieferte in den USA Erträge von 5 bis 10 % mehr als die gentechnisch modifizierte und in manchen Gebieten wie Indiana sogar 22,7 % mehr. (John 2003) Die *Universität von Wisconsin* hat auch ähnliche Ergebnisse festgestellt, wobei sie den Durchschnitt bei experimentellen Sorten und den Unterschied zwischen den produktivsten fünf herkömmlichen und den zwei produktivsten transgenen Sojabohnen vergleicht (s. Abb. auf S. 121).

In Brasilien ist nach Angaben von José de Barros França Neto, Präsident der *ABRASOJA (Nationaler Verband der Sojaproduzenten)*, die

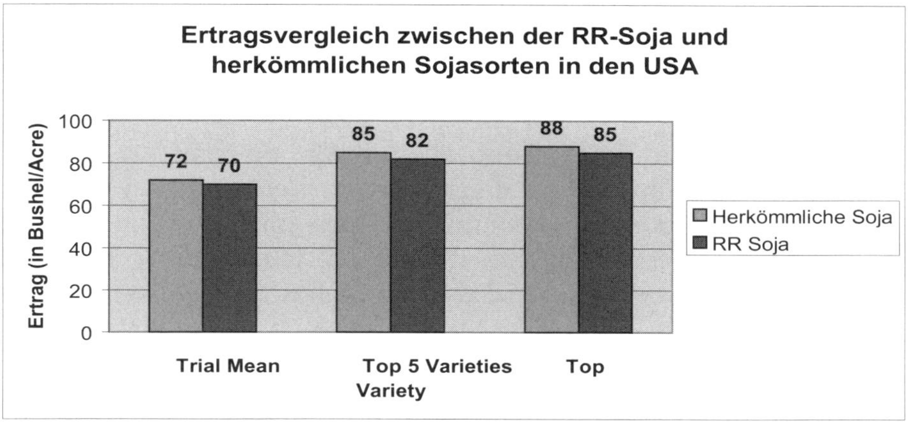

Quelle: Benbrook 2001.

Produktivität der herkömmlichen Sojasorten auch höher gewesen: »Es gibt herkömmliche Sorten, die viel ertragreicher sind als die gentechnisch veränderten, und die Landwirte, die schon seit längerer Zeit eine fortgeschrittene Technologie anwenden, zeigen sich zurückhaltend gegenüber der transgenen Soja«. (Reportagem Local 2000: 1)

Eine Untersuchung von Nodari et al. bei Gensoja produzierenden Bauern in Rio Grande do Sul zeigt, dass die aus Argentinien eingeschmuggelten Sorten sich nicht an die Boden- und Klimabedingungen anpassten. Es wurde eine geringere Keimfähigkeit, eine vorzeitige Blüte und ein niedrigeres Wachstum bei der gentechnisch veränderten Pflanze festgestellt. Das führte zur Verringerung ihres Ertrags im Vergleich zu den herkömmlichen Sorten (Nodari et al. 2002). Die Auswirkung auf den Ertrag kann deshalb lediglich in Bezug auf eine Verringerung der Schäden durch sogenannte Unkräuter oder unerwünschte Wildpflanzen bewiesen werden. Die Situation bleibt aber dennoch vergleichbar mit der konventionellen Sojaproduktion, in der die sogenannten Unkräuter auch bekämpft werden müssen.

Was sich ändert, ist eigentlich nur die Methode dieser Bekämpfung, was mit der Steigerung der Produktivität direkt aber nichts zu tun hat. Die RR-Soja ist nicht ertragreicher als die herkömmlichen Sorten, denn sie hat, abgesehen von der Herbizidtoleranz, keine anderen Eigenschaften, die sie von den konventionellen Sojabohnen unterscheidet. Das wurde sowohl vom Chef von *Monsanto* in Brasilien, Luiz Abramides do Val, als auch vom Chef der *EMBRAPA*, Alberto Portugal, zugegeben. (Negromonte 1997; Zanatta 2000) Für Bauern, die also keine Probleme mit der Unkrautbekämpfung haben, fallen die angeblichen Vorteile der herbizidresistenten Soja beim Ertrag aus.

Die gentechnische Veränderung allein kann überhaupt nicht zur Ertragserhöhung führen, denn dies hängt von vielen anderen Faktoren ab. Darin sind viele Agrarwissenschaftler sich einig: Um eine erhöhte Produktivität zu erreichen, müsste die gentechnische Veränderung einer Pflanze mit anderen Aspekten kombiniert gesehen werden, wie Klima, Bekämpfung der Erosion und der Auslaugung des Bodens, Wiedererlangung der Produktionsfähigkeit des Bodens und Recycling der Nährstoffe, Erhöhung der biologischen Vielfalt usw.

Rechnen sich die Betriebskosten?

Eigentlich sollte die Einführung der herbizidresistenten Sojabohnen zur Verringerung der Herbizidmengen und folglich zur Verringerung der Betriebskosten führen. So behaupten es die Werbung der Chemiekonzerne und viele Bauern, die diese Art Soja anbauten. Mussten die Bauern vorher verschiedene Herbizide spritzen, so brauchen sie bei den herbizidresistenten Sojabohnen nur einen Wirkstoff, nämlich Glyphosat, einzusetzen, was eine Einsparung durch die geringeren Kosten des Produkts und durch den verringerten Einsatz von Maschinen in den Sojaplantagen bedeuten soll. Mindestens 20 % weniger Betriebskosten sollen nach Einschätzungen des Vize-Präsidenten von *ABRASEM (Brasilianische Vereinigung der Saatgut- und Setzlingsproduzenten)*, Rogério Rizzardi, zu verzeichnen sein. Seine Berechnungen basieren auf Angaben aus den USA, wo 30 % durch die Gensoja eingespart worden seien. (Oricolli 1998)

Was aber eigentlich dazugerechnet werden muss, sind die Kosten des Saatguts, die in den USA, wo die Gensoja schon seit 1996 angebaut wird, durchschnittlich um 40 % teurer als die der herkömmlichen Sojasorten sind. 1996 kostete die RR-Sojabohne den US-amerikanischen Bauern 40 US-Dollar/ha mehr als das herkömmliche Saatgut. (Ebenda 1999) In Brasilien variierten die Preise, solange der Gensojaanbau verboten war, so sehr, dass man keinen einheitlichen Parameter haben konnte. Das meiste Saatgut, das den Bauern in Brasilien angeboten wurde, ist seit 1999 aus dem Nachbarland Argentinien eingeschmuggelt worden. Die Preise dieses Saatguts schwankten zwischen 30 bis

60 US-Dollar pro 40 kg, während der Preis für herkömmliches Saatgut 12 US-Dollar pro 40 kg ausmachte. (Reportagem Local 2000)

»Unkräuter« werden resistent

Das Problem, das langfristig auftaucht und in den Ländern, die schon seit längerer Zeit Gensoja anbauen, bereits festgestellt wurde, besteht darin, dass die sogenannten Unkräuter allmählich immer mehr Herbizide brauchen, um vernichtet zu werden. Die Schwierigkeiten bei der Unkrautbekämpfung sind ein wichtiger Faktor für den Anbau der herbizidresistenten Sojasorte, denn die Resistenzentwicklung der wichtigsten Unkräuter gegenüber den herkömmlichen Herbiziden kann kurzfristig durch den Einsatz von Glyphosat überwunden werden. Sein intensiver Einsatz führt jedoch zu demselben Problem, nämlich der Resistenzentwicklung der Unkräuter gegenüber Glyphosat. (Daniels et al. 2005) Dies wurde inzwischen auch in Brasilien von verschiedenen Wissenschaftlern festgestellt, die mit ihren Untersuchungen beweisen, dass der übermäßige Einsatz eines einzigen Herbizids zur Resistenzbildung der wichtigsten Unkräuter führt und deshalb die Wirksamkeit der Gensoja stark beeinträchtigt. Nodari und Destro bestätigten bei Untersuchungen in Rio Grande do Sul die vorliegenden Ergebnisse von Benbrook in den USA und Argentinien: a) drei der wichtigsten Unkräuter, nämlich corda-de-viola (*Ipomea purpurea*), amendoim bravo (*Euphorbia heterophylla*) und estrela africana (*Cynodon plectostachys*) bilden eine Resistenz gegenüber Glyphosat; b) die Gensoja weist einen erhöhten Ligninanteil (Holzanteil) auf. Wegen des veränderten Ligninbestandteils sind Stammrisse an der Sojapflanze festzustellen, die dazu führen, dass die Pflanzen leichter umkippen, besonders nach dem Pestizideinsatz mit dem Traktor und in Stresssituationen durch Dürre. (Nodari/Destro 2002)

Agrarforscher mahnen zur Vorsicht

Diese ersten Ergebnisse haben dazu geführt, dass sogar das Agrarforschungsinstitut *EMBRAPA* damit begonnen hat, den Bauern einen vorsichtigeren Umgang mit dem Herbizid Glyphosat zu empfehlen, denn nach Mário Bianchi, des Forschungsinstitutes *FUNDACEP*, werden in Rio Grande do Sul aufgrund des Gensojaanbaus zwischen 2,5 bis 4 Liter pro Hektar gespritzt, was die Wahrscheinlichkeit zur Resistenzbildung und zu weiteren Nebenwirkungen der Gensoja erhöhen kann.

Nicht umsonst hat sich seit 1999 der Einsatz von Herbiziden in Rio Grande do Sul um 47,6 % erhöht, während sich die Zahlen in den anderen sojaproduzierenden Bundesländern, abgesehen von Goiás, verringerten:

Vergleich des Herbizideinsatzes zwischen den wichtigsten sojaproduzierenden Bundesländern in Brasilien			
Bundesstaat	**1999 (kg/ha)**	**2002 (kg/ha)**	**Variation**
Rio Grande do Sul	2,10	3,10	47,6 %
Goiás	3,10	3,65	17,7 %
Minas Gerais	2,35	2,15	– 8,5 %
Mato Grosso do Sul	3,30	2,84	–13,9 %
Bahia	1,00	0,74	–26,0 %
Paraná	8,30	4,35	–47,6 %
Mato Grosso	4,40	2,05	–53,4 %

Quelle: FNP Consultoria Agrianual 2000: 496–498; Ebenda 2003: 494–497.

Der zunehmende Einsatz von Agrargiften hat auch mit den Entscheidungen der Bauern im Zusammenhang mit der Nutzung von Herbiziden zu tun. Bauern, die sich für die herbizidresistente Soja entscheiden, kaufen sicherlich Herbizide dazu, auch wenn sie sie zuvor nicht eingesetzt haben, was die Zahl von Herbizidverbrauchern logischerweise erhöht. Und weil die Bauern glauben, dass die Ausgaben für Herbizide die Kosten des Saatguts, das viel teurer ist als das herkömmliche, kompensieren können, profitieren die Anbieterunternehmen doppelt: Einmal mit dem Saatgut und andererseits mit dem Herbizid.

Kompensierte die Einsparung an Herbizideinsatz zu Beginn der Einführung der Gensoja in den USA die Kosten des Saatguts, lohnte es sich nach fünf Jahren weniger, denn nach Angaben des *USDA (United States Department of Agriculture)* macht die Einsparung beim Herbizideinsatz bereits im Jahre 2001 nur noch 2,5 % aus (Blecher 2001). War der Herbizideinsatz 1996 niedriger, so ist er ab 2001 sogar höher als bei den herkömmlichen Sojabohnen. Nach Benbrook wird bei der RR-Soja im Durchschnitt 11 % mehr Herbizid gespritzt als bei den herkömmlichen Sojabohnen, und in manchen Situationen kam man schon auf mehr als 30 %. (Benbrook 2001)

Lizenzgebühren verteuern

Monsanto seinerseits versuchte in diesen Jahren, die reduzierten Kosten des Herbizids auf die Kosten des Saatguts zu übertragen. Dies führte nach Benbrook zum teuersten System von Unkrautbekämpfung seit Sojabohnen angebaut werden: Zwischen 98,80 bis 148 US-Dollar pro Hektar. Anfang 1996 machte die Unkrautbekämpfung maximal 64,22 US-Dollar aus, was 23 % der gesamten Betriebskosten darstellte; 1999 betrugen sie schon 35 bis 40 % der Betriebskosten. (Ebenda). Aber auch für Glyphosat mussten die Bauern in den USA Lizenzgebühren an Monsanto bezahlen, die in manchen Ländern aus Werbungsgründen zu Beginn nicht erhoben werden.[4]

Diese Zusatzkosten verteuern die Produktion, so dass ein Teil der Bauern sich auf die Subventionen der Regierung verlässt, um die teureren Betriebskosten tragen zu können, und manche stellten inzwischen den Gensojaanbau ein. (Blecher 2001) Die folgende Tabelle stellt einen Vergleich des Unterschieds beim Herbizideinsatz zwischen der RR-Soja und der herkömmlichen Soja in den USA dar, woran das bedeutende Gewicht der Zahlung von Lizenzgebühren bei der Bildung der Betriebskosten deutlich zu erkennen ist:

Betriebskosten mit Herbizideinsatz bei der RR Soja im Vergleich zu herkömmlichen Sorten in den USA (in US-Dollar pro Hektar)

Betriebskosten	RR-Soja	Herkömmliche Sojasorten
Herbizideinsatz	16,45	25,00
Lizenzgebühren	7,00	0,00
Summe	23,45	25,00
Ohne Lizenzgebühren	16,45	25,00

Quelle: Fallstudie. Carpenter/Gianessi 1999.

Für Brasilien stellten Balcewicz et al. eine komparative Studie der Betriebskosten zwischen der RR und der herkömmlichen Soja vor. Sie gehen von einer Reduzierung des Herbizideinsatzes beim transgenen Sojaanbau von 20 % aus (10 % bei den Kosten des Herbizids und 10 % Einsparung durch den reduzierten Maschineneinsatz). Das Saatgut schätzen sie bei der RR-Soja um 100 % teurer ein:

Projektion der Betriebskosten bei der RR Soja im Vergleich zu herkömmlichen Sorten in Brasilien			
Produktionsfaktoren	**Herkömmliche Soja**	**RR-Soja**	**Variation**
	US-Dollar ha	US-Dollar ha	%
Saatgut	19,15	38,30	100,0
Kalk	9,35	9,35	
Düngemittel	55,67	55,67	
Pflanzenschutzmittel (total)	68,41	62,58	– 8,5
– Herbizid	58,36	52,53	–10,0
– Insektizid	10,05	10,05	
Arbeit	40,02	40,02	
Maschinen und Ausrüstungen	73,85	66,47	–10,0
Total	$266,46	$272,39	2,22
Kosten pro 60 kg	$5,33	$5,45	

Quelle: Balcewicz et al. 2001.

Transgen mit wirtschaftlichem Nachteil

Nach dieser Studie ist der Anbau transgener Soja in der brasilianischen Situation um 2,2 % teurer als der herkömmliche. Wenn man den besseren Preis der herkömmlichen Soja dazurechnet, zeigt sich der wirtschaftliche Nachteil transgener Soja eindeutig, denn herkömmliche Sojabohnen erzielen in Brasilien im Durchschnitt 4 % höhere Preise. (Correa 2003) Die Ölmühle Olvebra bot 2005 für die herkömmliche Soja in der Region Santa Rosa bis zu 10 % höhere Preise an, da infolge der Zunahme des Gensojaanbaus in Rio Grande do Sul die Nachfrage nach dem Produkt gestiegen ist. (Gazeta Mercantil 2005)

Nach der Studie von Balcewicz et al. sind sowohl das Verhältnis zwischen Kosten und Vorteilen als auch der Nettowert in US-Dollar pro Hektar bei den herkömmlichen Sojabohnen höher als bei den transgenen. Das Kosten-Nutzen-Verhältnis zeigt das Ergebnis jeder Geldeinheit, die im Geschäft investiert wurde.

Einer der größten Sojaproduzenten

Durch die Sojaproduktion hat Brasilien sein Exportpotenzial vergrößert, so dass das Land zusammen mit den USA und Argentinien zu den größten Sojaproduzenten der Welt zählt. In 2003 erreichte Brasilien die größte Ernte seiner Geschichte und auch den höchsten Export aller Zeiten: 51 Millionen Tonnen, was eigentlich bedeutet, dass Soja das Hauptexportprodukt Brasiliens wurde, und zum ersten Mal exportiert das Land mehr Sojabohnen als die USA (Agrol 2003). Die brasilianischen Sojaexporte sind schon ab 1997 gestiegen, und die besten Ergebnisse sind in der Periode zu verzeichnen, in der der Gensojaanbau in den USA massiv ausgeweitet wurde. Die US-amerikanischen Sojaexporte waren im Vergleich zu den brasilianischen zwischen 1996 und 2001 nicht so erfolgreich. Während Brasilien einen Zuwachs von 27,5 % pro Jahr erreichte, sind die Exporte der USA nur um 1,8 % im Jahr gewachsen:

Vergleich der Sojaexporte zwischen Brasilien und den USA in Tonnen		
Jahr	Brasilien (in Tonnen)	USA (in Tonnen)
1996	3646934	25960000
1997	8339590	26367925
1998	9274752	20391202
1999	8917210	23150306
2000	11517260	27192220
2001	15675543	28933830

Quelle: Faostat.
Download: <http://www.fao.org/waicent/portal/statistics_en.asp> (27.03.2003).

Der Sojaexport Brasiliens erbrachte im Jahr 2003 8 Milliarden US-Dollar, während die USA 7,2 Milliarden damit einnahmen (Salvador 2003). In der Periode von 1996 bis 2001, Höhepunkt des Gensojaanbaus in den USA, hat Brasilien im Durchschnitt 2,9 % pro Jahr mehr am Export verdient und die USA 4,2 % weniger:

Aus Brasilien, den USA und Argentinien kommen 80 % der weltweiten Sojaproduktion. Ihre Exporte machen 90 % aller Sojaexporte aus, wobei

Vergleich der Einnahme durch Sojaexporte zwischen Brasilien und den USA		
Jahr	Brasilien (in US-Dollar)	USA (in US-Dollar)
1996	4462168000	9220862000
1997	5730035000	9963794000
1998	4754669000	7404471000
1999	3784422000	6083935000
2000	4199587000	6748895000
2001	5296686000	7110500000

Quelle: Faostat.
Download: <http://www.fao.org/waicent/portal/statistics_en.asp> (27.03.2003).

Europa, China und Japan als Hauptabnehmerländer gelten. Wie bekannt, lehnt die Mehrheit der Verbraucher die Gensoja ab. In Europa zeigt das Eurobarometer 2002, dass 70,9 % der Verbraucher die gentechnisch modifizierten Nahrungsmittel nicht akzeptieren. (Gaskell et al. 2003) Auch in Brasilien hat eine Untersuchung des Forschungsinstituts *IBOPE* im Dezember 2002 festgestellt, dass 71 % der Verbraucher Nahrungsmittel vorziehen, die nicht gentechnisch verändert sind. (Deak 2003)

Brasilien spielt eine strategische Rolle im internationalen Sojamarkt

Die Ablehnung der transgenen Soja führte dazu, dass Brasilien eine strategische Rolle im internationalen Sojamarkt spielt, denn in Argentinien und in den USA ist die Gensoja schon in den neunziger Jahren erlaubt worden. Deswegen hatte Brasilien immer noch den Vorteil, herkömmliche Soja für den Weltmarkt anbieten zu können. Die Exporte haben sich in fünf Jahren verfünffacht. Außerdem bekam die brasilianische Soja bis 11 US-Dollar mehr pro Tonne als Prämie, die für herkömmliche Soja bezahlt werden.

Dies zeigt, dass eine entschlossene Position der brasilianischen Regierung, den Anbau von Gensoja nicht zu erlauben, vernünftig gewesen wäre, denn mit dem Vorteil der herkömmlichen Soja hat Brasilien den Anteil am Markt erobert, den Argentinien und die USA wegen der Gentechnik verloren. Zwischen 1995 und 1999 hat Brasilien nach Angaben der Zeitschrift Oil World seine Sojaexporte nach Europa von 3 Millionen Tonnen auf 6,9 Millionen Tonnen erhöht. In der gleichen Periode sanken die Exporte der USA nach Europa von 8,6 Millionen Tonnen auf 5,6 Millionen Tonnen. Das Nachbarland Argentinien reduzierte seine Exporte nach Europa von 1,9 Millionen Tonnen auf 1,1 Millionen Tonnen in den letzten fünf Jahren. Nelson Costa, Direktor von *OCEPAR (Organisation der Genossenschaften von Paraná)*: »Wenn man diese Zahlen vergleicht, sieht man, dass Brasilien genau den Anteil von Argentinien und den USA im Sojamarkt in den letzten Jahren erreicht hat« (Murakawa/Ripardo 2000). Die Exporte der brasilianischen Soja nach China stiegen auch an: Allein zwischen Januar und Oktober 2001 stiegen sie um 78 % auf 3,1 Millionen Tonnen, während die gesamten Exporte Brasiliens nach China im Vergleich zum Jahr 2000 um 31 % auf 13,2 Millionen Tonnen zunahmen. (Sayeg 2002)

Herkömmliche Soja wird teuer

Der Trend im Sojamarkt sieht nach Meinung der Experten so aus, dass man in absehbarer Zeit mit einer Steigerung der Preise herkömmlicher Soja rechnen kann, denn die Nachfrage nach diesem Produkt wird größer sein als das Angebot. Wenn man weiß, dass 80 % der nach Europa exportierten Soja für Futtermittel gebraucht werden, kann man auch damit rechnen, dass die Nachfrage nach herkömmlicher Soja steigen wird. Und Brasilien ist unter den Sojaproduzenten das einzige Land, das noch in der Lage ist, große Menge herkömmlicher Soja anzubieten. Carlos Tautz, von der *GMO Free Brazil Campaign*, betonte die Rolle Brasiliens in diesem Kontext: »Brasilien ist der wichtigste Teil in diesem Spiel, denn wir sind der größte Produzent von herkömmlichem Sojasaatgut. Wenn wir auch mit dem Anbau von Gensoja beginnen, dann haben Europa, China und Japan nicht mehr die Möglichkeit, herkömmliche Soja zu kaufen«. (Deak 2003)

Strategie von Monsanto: weltweit keine herkömmliche Soja mehr

Es war also strategisch interessant für *Monsanto*, dass der Anbau von Gensoja in Brasilien erlaubt wurde, damit es weltweit keine zuverlässigen Märkte für herkömmliche Soja mehr gibt und die europäischen Verbraucher dadurch gezwungen werden, gentechnisch modifizierte Sojabohnen zu akzeptieren. Für Jon Ratcliff, von den *Food and Agriculture Consultancy Services* in England, ist folgende Prognose sehr wahrscheinlich: »Wenn ein Teil Europas fordert, dass die Tiere nicht mit gentechnisch modifiziertem Futtermittel ernährt werden, geht es nur noch, weil Brasilien herkömmliche Soja anbietet, wo die Europäer im Jahr 2002 9,4 Millionen Tonnen Soja einkauften. Wird Brasilien Gensoja anbauen, bleibt Europa aber nichts anderes übrig, denn es wird nicht mehr genügend herkömmliche Soja im Weltmarkt zur Verfügung stehen«. (Zitiert in Rocha 2003)

Bezogen auf die offiziell verfügbaren Zahlen wird deutlich, dass in Brasilien der Ertrag mit dem Anbau herkömmlicher Soja in den letzten Jahren stark angestiegen ist und die Produktionskosten dort am niedrigsten sind. Im Vergleich zu den USA ist die Produktivität der Sojaproduktion in Brasilien zwischen 1996 und 2002 um 1,91 % pro Jahr gestiegen:

Vergleich der Sojaproduktivität zwischen Brasilien und den USA

Jahr	Brasilien (Produktivität in kg/Hektar)	USA (Produktivität in kg/Hektar)
1996	2250	2530
1997	2300	2620
1998	2353	2620
1999	2372	2460
2000	2403	2560
2001	2710	2660
2002	2579	2520

Quelle: Faostat.
Download: <http://www.fao.org/waicent/portal/statistics_en.asp> (27.03.2003).

Rio Grande do Sul zählt mit einer Produktion von 7,7 Millionen Tonnen zu den drei größten Sojaproduzenten Brasiliens. Im Jahr 2003 hat die Sojaproduktion um 62 % zugenommen, sie stieg auf 9128 Millionen Tonnen auf 3,5 Millionen Hektar. Der Ertrag blieb allerdings bei 2,6 Tonnen pro Hektar stehen, womit das Gebiet den Durchschnitt der Sojaproduktivität Brasiliens erreichte. Der entscheidende Grund dafür war nach Angaben der *EMATER* das außergewöhnliche Klima, das während der gesamten Entwicklungsperiode der Pflanze sehr günstig war, und der hohe Einsatz von Düngemitteln im Sojaanbau, beeinflusst von den außergewöhnlich guten Preisen des Produkts. (Correio do Povo 2003) Seit 1998 wurde in Rio Grande do Sul Gensoja aus Argentinien eingeschmuggelt und angebaut. Das Bundesland gilt also als das Gebiet, in dem die illegale Soja am meisten angebaut wurde, und ihre Befür-

Sojaproduktivität im Vergleich zwischen den wichtigsten sojaproduzierenden Bundesländern in Brasilien

BUNDESSTAAT	1998*	1999*	2000*	2001*	2002*	
Mato Grosso do Sul	2091	2606	2261	2900	2700	5,2 %
Paraná	2558	2781	2515	3000	2950	2,9 %
Durchschnitt Brasilien	2353	2372	2403	2720	2679	2,6 %
Bahia	2145	1982	2400	2100	2400	2,3 %
Mato Grosso	2734	2836	3018	3100	3050	2,2 %
Goiás	2465	2563	2744	2700	2700	1,8 %
Rio Grande do Sul	2037	1464	1593	2340	2200	1,6 %
Minas Gerais	2268	2327	2397	2250	2300	0,3 %

* in kg pro Hektar.
Quelle: IBGE 1995–2000; CONAB 2002. Download: <www.conab.gov.br> (29.03.2003).

worter gehen davon aus, dass diese Technologie entscheidend zur Ertragserhöhung beitrug. Insofern ist es wichtig, die Produktivität des Bundeslandes mit den anderen Bundesländern Brasiliens, die bis dahin lediglich herkömmliche Soja anbauten, zu vergleichen. Die Zahlen sind eindeutig: Das Gebiet stellt seit 1998 den zweitschlechtesten Ertrag unter den wichtigsten sojaproduzierenden Bundesländern und in der gesamten Periode, abgesehen vom Jahr 2003, sind keine großen Unterschiede im Vergleich zu anderen Sojaanbaugebieten Brasiliens festzustellen.

Biologische Vielfalt ist bedroht

Die Produktion ist in den letzten Jahren in ganz Brasilien auch deshalb deutlich gestiegen, weil die besseren Preise für die Soja dazu führten, dass die Anbaufläche ausgeweitet wurde. Es ist klar, dass eine solche Ausweitung der Sojaproduktion zu sozialen und ökologischen Problemen führt, besonders in Naturschutz- und Urwaldgebieten. Von 1940 bis 1980 wurden allein in Rio Grande do Sul 95 200 Hektar Urwald durch die Ausbreitung der Sojaproduktion zerstört. (Eichler 2003) In

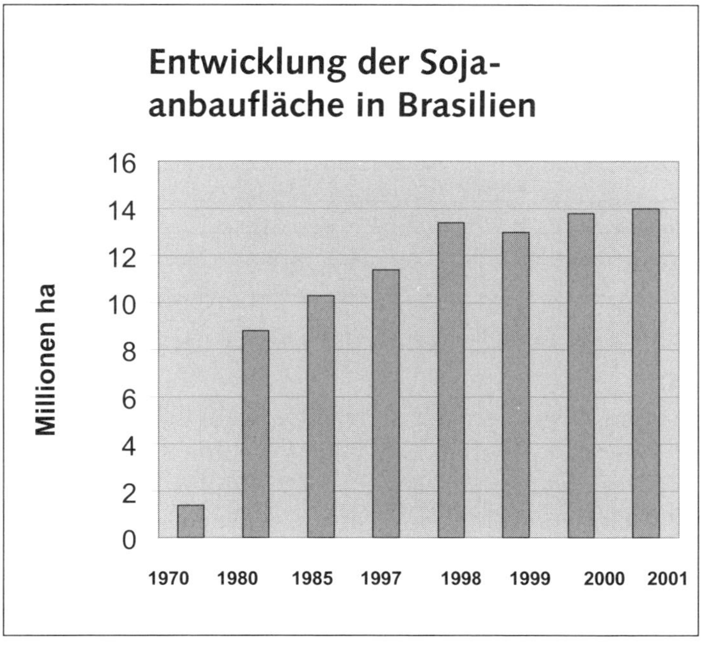

Quelle: IBGE, 2002.

anderen Gebieten wie in Mato Grosso und Amazonas wird die biologische Vielfalt durch den Sojaanbau bedroht, und viele Kleinbauern geben ihre Aktivität auf. Die guten Preisprognosen ziehen Investoren an, die große Gebiete kaufen, um Soja anzubauen. Indigene Völker und Schutzgebiete wie das berühmte Pantanal werden zunehmend von der Expansion der Soja betroffen. Im Jahr 2001 wurden 13 977 551 Hektar mit Soja bewirtschaftet und nach Einschätzung des *IBGE* waren es im Jahr 2003 schon 18 437 465 Hektar, womit die größte Ernte in der Geschichte Brasiliens erreicht wurde: 51 582 033 Tonnen, was 18,52 % mehr als im Jahr 2002 bedeutet. (IBGE 2001; IBGE 2003)

Abgesehen von den sozialen und ökologischen Problemen, die durch die Ausweitung der Sojaproduktion verursacht werden, sehen die wirtschaftlichen Zahlen Brasiliens aber gut aus. Bei der Produktion, die überwiegend auf den Export ausgerichtet ist, sind die Ergebnisse der brasilianischen Soja viel besser als die der US-amerikanischen. Während in Brasilien die Sojaproduktion um 8,8 % pro Jahr stieg, erreichten die USA im gleichen Zeitraum nur einen Anstieg von 1,8 % pro Jahr mit der RR-Soja:

Vergleich der Sojaproduktion zwischen Brasilien und den USA		
Jahr	**Brasilien (in Tonnen)**	**USA (in Tonnen)**
1996	23 155 274	64 782 000
1997	26 391 448	73 177 000
1998	31 307 440	74 599 000
1999	30 987 476	72 223 000
2000	32 734 958	75 055 288
2001	37 683 100	78 671 472
2002	41 903 000	73 201 392

Quelle: Faostat.
Download: < http://www.fao.org/waicent/portal/statistics_en.asp> (27.03.2003).

Besonders beim Vergleich der Betriebskosten wird die Konkurrenzfähigkeit der herkömmlichen Soja deutlich. Eine Studie über die Ernte 2000/2001 zeigt, dass in den USA 1,6 US-Dollar mehr für die Erzeugung eines Sacks von 60 kg ausgegeben wurden als in Brasilien: Um 60 kg Soja in den USA zu produzieren, werden 6,81 US-Dollar investiert, während in Brasilien im Durchschnitt 5,75 US-Dollar dafür ausgegeben werden. (RCW Consultores 2002) Ein weiterer Vergleich der Betriebskosten beim Sojaanbau in den USA und in Brasilien wurde von der *CONAB* 2001 veröffentlicht. Die Studie weist nach, dass Brasilien in den letzten Jahren die Betriebskosten beim Sojaanbau senken konnte, während in den USA die RR-Soja dazu beitrug, dass die Kosten zunahmen.

Vergleich der Betriebskosten in der Sojaproduktion zwischen Brasilien und den USA		
Jahr	USA (in US-Dollar/Hektar)	Brasilien (in US-Dollar/Hektar)
1996	577,66	426,55
1997	607,46	432,02
1998	611,74	426,22
1999	615,35	427,31
2000	–	375,38
2001	–	315,22

Quelle: Boletim CONAB, Agosto de 2001. Download: <www.conab.gov.br> (29.03.2003).

Die absolute Mehrheit der transgenen Pflanzen wird in fünf Ländern[5] angebaut, was keineswegs bedeutet, dass ein Land, das keine Gensoja anbaut, vom Weltmarkt isoliert ist. Das Argument des zunehmenden Anbaus gentechnisch modifizierter Soja dient also zur Rechtfertigung des Drucks der Agrarkonzerne, die eigentlich mit einer Zwangssituation am Markt kalkulieren, damit die Verbraucher keine Wahl zwischen transgenen und herkömmlichen Produkten mehr haben. Bauern werden durch die Idee überzeugt, sie seien rückständig, wenn sie sich nicht an die »Fortschritte« der Gentechnik anpassen, und sie würden an Konkurrenzfähigkeit verlieren. Aber die von den Befürwortern prognostizierten Vorteile eines erhöhten Ertrags und einer Verringerung der Betriebskosten, die zur Konkurrenzfähigkeit der transgenen Soja zählen sollten, stimmen nicht überein, denn in den Gebieten, die bisher mit dem Gensojaanbau begonnen haben, sehen die Ergebnisse ganz anders aus: Der Ertrag ist niedriger oder unverändert geblieben, und die Betriebskosten sind sogar gestiegen.

Die Auswirkungen auf die Umwelt

Der Agrarkonzern *Monsanto*, der die transgene Soja patentierte, behauptet, die Gentechnik überwinde den bisherigen hohen Einsatz von Chemikalien in der Landwirtschaft und führe allmählich zu einem nachhaltigen Umgang mit den natürlichen Ressourcen. Es handelt sich nicht um eine isolierte Aktion von *Monsanto*: Überraschend und paradoxerweise stellen viele Chemikalienhersteller sich gegen den hohen Einsatz von Chemikalien und zeigen sich besorgt über die Auswirkungen auf die Natur. Dies scheint mit der Entwicklung der Umwelt- und Verbraucherbewegungen zusammenzuhängen, die in den letzten Jahrzehnten die Bevölkerung für die Auswirkungen von Pflanzenschutzmitteln sensibilisiert haben.

Pat Mooney stellte bereits 1979 in seinem berühmten Buch *Seeds of the Earth – a Private or Public Ressource?* fest, dass seit Ende der sechziger Jahre die chemische Industrie wegen zunehmender Gesundheitsprobleme und mangelnder Sicherheit bei der Nahrungsmittelproduktion angegriffen wurde. Anders sei die Situation des Saatguthandels gewesen. Mooney zitiert den Bericht *The Global Seed Study* von Teweles et al.: »Im Kontrast zu den anderen Institutionen, die Inputs für die Landwirtschaft herstellen, hat die Saatgutindustrie schon immer versucht, die Angriffe von Umwelt- und Verbraucherverbänden und Regulierungsinstitutionen zu vermeiden«. (Mooney 1987: 63) Nach Mooney empfiehlt die Studie, dass Forschungen für verbessertes Saatgut die Umweltschützer beruhigen würden, denn Sorten mit Resistenz gegen Krankheiten würden zur Reduzierung des Einsatzes von »Pflanzenschutzmitteln« führen und es gäbe eine Alternative: »Die Studie zeigt, dass ›die Pelletierung‹ des Saatgutes es ermöglicht, Saatgut als Mittel des Einsatzes von chemischen und biologischen Produkten in der Landwirtschaft zu benutzen«. (Ebenda: 64)

Und genau dies versuchte bereits 1986 *Ciba-Geigy* als erstes Unternehmen, indem es eine chemische Schutzhülle für Saatgut entwickelte, um die Pflanzen gegen »Pflanzenschutzmittel« ihrer eigenen Produktion zu schützen. Der Konzern stellte fest, dass »Pflanzenschutzmittel« auch den Nutzpflanzen schaden können, ein Grund, weshalb manche Bauern vorsichtiger mit den Chemikalien umgingen. (Hobbelink 1990) Das Ziel des Versuchs, Pflanzen resistent gegen Pflanzenschutzmittel zu entwickeln, war also, die Reduktion der Auswirkungen von Chemikalien auf die Nutzpflanzen. Das äußerte auch Dr. Kraus, Leiter des *Bayer-Biotechnologie-Zentrums* in Köln-Mannheim: »Für einen Pflanzenschutzmittelproduzenten wie *Bayer* kann es nicht darum gehen, ertragreichere Pflanzen zu konstruieren oder die Tomoffel, an der gleichermaßen Kartoffeln und Tomaten wachsen. (...) Pflanzen sollen widerstandsfähig gemacht werden gegen Substanzen, die ihnen sonst schaden. Das wäre ein entscheidender Durchbruch im Pflanzenschutz – ein Schritt zu intelligenterem Einsatz der Chemie. (...) Das

Problem: Ein Herbizid zeigt eine vernichtende Wirkung nicht nur beim Unkraut, sondern auch bei der Nutzpflanze. Das selektive Herbizid, das selbständig Unkraut von Nichtunkraut unterscheidet, kann von den Pflanzenschutzchemikern längst nicht für alle Fälle realisiert werden«. (Zitiert in Bartsch 1989: 95–96)

Nach Bartsch et al. haben die Chemiekonzerne eine neue Strategie entwickelt. Der Diskurs der Umweltverträglichkeit der Gentechnik sei zum strategischen Prinzip der Chemiekonzerne geworden, um ihre Akzeptanzprobleme zu überwinden: »Die ökologischen und toxikologischen Folgewirkungen des herkömmlichen (intensiven) Pflanzenschutzes stellen die Konzerne zunehmend vor Akzeptanzprobleme. (...) Die chemische Industrie versucht, den Akzeptanz- und Konkurrenzproblemen durch Innovationsstrategien zu begegnen. Der Einsatz der Gentechnik bietet solche Ansätze. (...) Hochleistungssorten hätten gentechnisch resistent gegen ihre Schädlinge, gegen Trockenheit und Bodenversalzung gemacht werden sollen.

Wenig ist geblieben von den Perspektiven, mit denen die Konzerne die Akzeptanz ihrer Produkte hatten aufpolieren wollen«. (Ebenda:102, 95) Außerdem setzen die Konzerne ihre Priorität auf die Entwicklung von Breitbandprodukten in Verbindung mit der Saatgutproduktion, damit sie ihren Absatz sicherstellen können: »Die Chemiebranche sichert sich den Zugriff auf die Saatgutproduktion. (...) Immerhin hatte der Saatgutweltmarkt einen Umsatz von mehr als 30 Milliarden US-Dollar. (...) Breitbandherbizide helfen, den Markt zu verbreitern. Selektive Pflanzenschutzmittel stellen umsatztechnisch für die Konzerne höchstens die zweitbeste Lösung dar. Mittelfristig sehen die Konzerne die Chance, sich im Agrarbereich stärker als bisher zu Doppelverdienern zu machen: an den Herbiziden und den chemikalienresistenten Nutzpflanzen. So arbeiten in den USA allein etwa 100 einzelne Wissenschaftler oder Arbeitsgruppen ausschließlich im Bereich der gentechnischen Erzeugung von Herbizidresistenz«. (Ebenda: 97, 96)

Saatgut und Gift im Doppelpack

Es geht also um die Stabilität und das weitere Wachstum des Pestizidmarkts. Hat ein Konzern das Saatgut, wird er auch alle anderen von den Bauern nachgefragten Inputs kontrollieren. Bartsch et al. zeigten, dass Pflanzenschutz- und Saatgutmarkt in den nächsten Jahren zusammenwachsen werden als Ergebnis einer Doppelstrategie, um langfristig einen hohen Absatz von Pestiziden zu stabilisieren. Sie zitieren Hansgeorg Gareis, das damalige Vorstandsmitglied der *Hoechst AG*, der die Strategie des Konzerns in dieser Richtung betonte: »Wir wollen alles anbieten, was der Landwirt braucht. Wir meinen, dass Saatgut ein integraler Bestandteil unseres Selbstverständnisses ist: Service-Lieferant für den Landwirt«. (Ebenda: 97)

Das Argument in Bezug auf die Umwelt ist die angebliche Verringerung der Herbizidmenge durch den Anbau herbizidresistenter Pflanzen. Die Wirkstoffmenge sagt aber noch nichts über die toxische Wirkung auf die Umwelt aus, denn geringere Mengen mit hohen toxikologischen und ökologischen Folgewirkungen können noch gefährlicher sein als umgekehrt. Aber wie oben beschrieben, stimmt selbst das Argument mit den geringeren Herbizidmengen nicht, denn langfristig wird bei den herbizidresistenten Sojasorten mehr Herbizid gespritzt als beim herkömmlichen Anbau. Die Gründe dafür sind: 1) die Leichtigkeit der Unkrautbekämpfung mit Glyphosat, da große Mengen anscheinend den Nutzpflanzen nicht schaden; 2) die Unkrautbekämpfung in großen Mengen und mit dem gleichen Produkt führt zur Resistenz der Unkräuter, die allmählich größere Mengen des Wirkstoffs brauchen. (Holt et al. 1993)

Der Druck der Chemiekonzerne, um mehr Herbizid zu verkaufen, und die Ausbreitung der Monokultur können die Situation verschärfen, da nur noch ein Produkt (Glyphosat) zur Unkrautbekämpfung eingesetzt wird. Obwohl Glyphosat unter den Stoffen klassifiziert ist, die einen niedrigen Trend zur Resistenzentwicklung darstellen, wurde in den USA längst festgestellt, dass eine Menge Unkräuter wie Ryegrass, Quackgrass, Birdsfoot und Arten von Cirsium nicht mehr durch diesen Wirkstoff absterben. Es führt also zu mehr resistenten Unkräutern. (Alstad 1995) Dieses Phänomen wurde auch bei Atrazin festgestellt, bei dem Anfang der achtziger Jahre eine Menge Wildkräuter durch Mutationen eine Resistenz gegen dessen Wirkstoff bildeten: »Besonders bei den bisher verwendeten Totalherbiziden ist die gentechnische Konstruktion der widerstandsfähigen Nutzpflanzen nur die Vorderseite der Medaille. Ebenso leicht können spontan resistente Mutanten entstehen, besonders dann, wenn die Mutation einer einzelnen Nukleinsäure (Punktmutation) ausreicht. Beispielsweise waren bereits zu Anfang der achtziger Jahre 37 Wildkräuter gegen Atrazin resistent. Doch kann sich die Resistenz auch durch sexuellen oder nicht-sexuellen Gentransfer mit den Nutzpflanzen herausbilden. Damit wird der fatale Wettlauf um immer neue, wirksamere Produkte fortgesetzt«. (Bartsch 1989: 99)

Risiko der Genübertragung

Die Gefahr der Genübertragung transgener Pflanzen auf andere Pflanzenarten, die eine Art herbizidresistenter Unkräuter darstellen können, wurde von Darmency (1994) festgestellt. Solche Probleme können sowohl zwischen eng verwandten Pflanzen als auch zwischen allen sexuell kompatiblen Pflanzen, wie zum Beispiel Sorghum und wildem Sorghum (*Sorghum bicolor*) oder Rübe (*Raphanus sativus*) und wilder Rübe (*Raphanus raphanistrum*), auftreten. (Radosevich et al. 1996) Dies Phänomen ist also ganz real und sollte nicht unterschätzt werden, denn vorhandene Studien beweisen, dass solche Probleme bereits aufgetreten sind. Wie es weitergehen wird, ist noch unklar; die Gefahren der Invasion exotischer Erbanlagen sind allerdings vorhersehbar: »Die über gentechnische Methoden eingebrachten Erbanlagen können über den Pollenweg oder durch Tiere (z.B. Blattläuse) auf andere Pflanzen übertragen werden. (...) Auch wenn sicherlich die prinzipiellen Unterschiede zwischen dem Gen-Transponieren von Art zu Art und der Einkreuzung ganzer Erbanlagen-Pakete nicht zu übersehen sind, ist doch die Chance für die Einführung einer Reihe von invasiven Unkräutern ganz real«. (Ammann 1995: 179,181)

Die Soja selbst kann zu Unkraut werden, wenn sie bei den anderen Nutzpflanzen wächst und deren Entwicklung verhindert. Wird die Soja zunehmend resistenter gegen Herbizide, wird es auch schwieriger, sie zu bekämpfen, und die Möglichkeit der Entwicklung einer unbekämpfbaren Art von Unkraut der von einer Anbauperiode zur nächsten stehen gebliebenen Pflanzen wird immer größer. Vor dieser Gefahr warnte Roberto Kishinami, Direktor von *Greenpeace* Brasilien. Er geht davon aus, dass die RR-Soja sich mit anderen Sojasorten durch eine gekreuzte Bestäubung vermischen und Mutantenpflanzen verursachen kann. Es handele sich um eine ungewöhnliche Situation bei Soja, aber die Möglichkeit sei da, so dass in diesem Fall eine Sojasorte außer Kontrolle geraten könnte. (Zitiert in Negromonte 1997) Aber auch das Gegenteil kann durch Rückkreuzungsprozesse stattfinden. Ammann zeigt am Beispiel von transgenem Raps, dass Generbanlagen mit der Zeit in einer Pflanze verschwinden können: »Die einmal eingeführten Erbanlagen können durch Rückkreuzungs-Prozesse oder auch sonstige instabil werden und allmählich wieder verschwinden, es ist keineswegs gesagt, dass sie für immer in der betreffenden neu eingekreuzten Artengruppe weiterexistieren. (...) Erste Hinweise zeigen uns, dass im Falle des transgenen Raps die Wildsorten bisher einen Konkurrenzvorteil ausspielen, der ein Ausbreiten der transgenen Pflanzen verhindert«. (Ammann 1995: 181)

Vorsicht sollte das Stichwort in solcher Perspektive sein, dennoch scheint es nicht so zu sein, denn die meisten weltweiten Versuche mit Genpflanzen wurden bisher mit wenig Rücksicht durchgeführt: »Vorsicht ist also am Platze. Wer heute noch behauptet, dass es keine ernstzunehmenden, konkret bezeichneten Möglichkeiten von negativen Effekten gibt, liegt bereits falsch. Herbizidresistenzen sind ökologisch in vielen Fällen wenig sinnvoll, besonders dort, wo frühzeitig mit Resistenzproblemen bei nahe verwandten Wildarten zu rechnen ist: So z. B. beim Hafer, dessen wilder Verwandter, der Wildhafer, bereits jetzt ein ernstzunehmendes Unkraut darstellt. Obschon die Fachwelt davor ausdrücklich warnte, wurden diese Versuche in den USA dennoch kürzlich bedenkenlos durchgeführt«. (Ebenda: 184, 183)

Glyphosat schädigt das Ökosystem

Aufgrund des zunehmenden Herbizideinsatzes durch den Gensojaanbau wurden auch Auswirkungen von Glyphosat auf die Vielfalt des Bodenlebens festgestellt. Manche Wirbellose, inklusive Spinnen und Käfer, und die für den Boden vorteilhaften Regenwürmer werden durch den Herbizideinsatz abgetötet. Auch Fischarten und Wasserorganismen können durch Glyphosat absterben, was u. a. auch Fragen nach den Rückständen des Wirkstoffs in den Gewässern aufwirft. (Pimentel et al. 1989) Es betrifft also das ganze Ökosystem, in dem die biologische Vielfalt mit einer größeren Wahrscheinlichkeit zerstört werden kann. Die Unkrautvernichtung durch den Einsatz von Breitbandherbiziden kann zu unerwünschten ökologischen Auswirkungen führen, denn nach Studien von Altieri (1994) spielt die Vielfalt von sogenannten Unkräutern eine wichtige Rolle sowohl im biologischen Pflanzenschutz wie als Schutzdecke gegen die Erosion des Bodens.

Der Anbau transgener Soja hat auch die Intensivierung der Monokultur zur Folge, indem es zunehmende Probleme nicht nur mit Unkräutern, sondern auch mit Schädlingen und Krankheiten geben wird, was wieder den Einsatz von Chemikalien in einem Teufelskreis verursacht. (Radosevich et al. 1996) Nach Robinson (1996) zeigt die Geschichte der Landwirtschaft, dass pflanzliche Gleichförmigkeit sehr anfällig für neue Schädlinge ist, und dass die langfristige Nutzung des Bodens mit lediglich einer Pflanze allmählich den Verlust an genetischer Vielfalt verursacht. Dieselben Gefahren sieht Gnekow-Metz für die Zukunft im transgenen Sojaanbau, wobei er vor einem Szenario der genetischen Einförmigkeit der Soja, bzw. wegen des Vorzugs transgener Soja warnt: »Die biotechnologische Züchtung führt zu einer weiteren Konzentration auf wenige Kulturpflanzenarten. Dieser als ›genetische Erosion‹ bezeichnete Prozess wird noch dadurch verstärkt, dass wohl auch nur die im Anbau vorherrschenden Sorten bevorzugt werden. Weiter wird die genetische Einförmigkeit der Pflanzenbestände dadurch gefördert, dass die wenigen erfolgreich gentechnisch veränderten Pflanzen zur raschen Vermehrung einer Klonierung unterworfen werden. Genetische Einförmigkeit macht Pflanzenbestände jedoch anfälliger gegenüber Krankheiten und Schädlingen und weniger geeignet für den Anbau unter verschiedenartigen Verhältnissen von Klima und Boden«. (Gnekow-Metz, 1999: 59)

Drei- bis viermal mehr »Pflanzenschutzmittel«

Guerra und Nodari (2003) zitieren eine Studie von Wolfenbarger und Phifer aus dem Jahre 2000, die beweisen, dass bei $^2/_3$ der bisherigen Experimente mit gentechnisch veränderten Pflanzen Schäden für Komponenten des Ökosystems festgestellt wurden. Beeindruckend sind die Ergebnisse beim RR-Raps, wobei eine Veränderung an der Struktur des Wurzelsystems und an der Vielfalt der Bodenbakterien zu beobachten war. In Schottland gab es Probleme bei RR-Raps, weil der Pollen der transgenen Pflanzen alle anderen Plantagen in einer Umgebung von 2,5 km infizierte. (Scottish Crop Research Institute 1996) Dieses Problem ist auch in Kanada aufgetreten, wobei die Rapsplantagen des Farmers Percy Schmeiser durch den transgenen Raps der Nachbarn infiziert wurden. Er wurde weltweit bekannt, weil er wegen des unerwünschten RR-Rapsanbaus durch ein Gericht verurteilt und gezwungen wurde, Lizenzgebühren an *Monsanto* zu bezahlen. Dieser Bauer äußerte 2003 beim *Dritten Weltsozialforum* in Porto Alegre, dass die kanadischen Bauern nach drei Jahren transgenen Rapsanbaus zur Zeit drei bis vier Mal mehr »Pflanzenschutzmittel« einsetzen. (Deak 2003)

Bei RR-Baumwolle zitieren Guerra und Nodari (2003) eine Studie von Colyer et al. (2000), wo eine größere Anfälligkeit für Nematoden (*Meloidogyne incognita*) an den Wurzeln der Pflanze im Vergleich zu den herkömmlichen Baumwollsorten bekannt wurde. Die Ernte von RR-Baumwolle in Mississippi wurde auch dadurch beschädigt, dass die Wollkugeln sich deformiert entwickelten. (Lappe/Bayley 1997; Myerson 1997) Das Problem einer steigenden Anfälligkeit für Nematoden wurde auch bei der RR-Soja festgestellt. In ähnliche Richtung gehen die Ergebnisse einer Studie von Kremer et al. (2000) über die RR-Soja, bei denen eine Woche nach dem Einsatz von Glyphosat eine Wurzelkrankheit durch die Bakterie *Fusarium spp.* (Wurzel- und Stängelfäule) festgestellt wurde. Das kam bei den herkömmlichen Sojasorten nicht vor. Als Erklärung für solche Phänomene stellt Benbrook eine reduzierte Produktion der essentiellen Aminosäuren bei der RR-Soja vor, die dazu beitrage, dass die Pflanze eine zeitweilige Immunschwäche zeige und deshalb anfälliger für den Angriff von Schädlingen sei. (Zitiert in John 2003) Ähnliche Ergebnisse sind bei Sanogo (2000) zu finden.

Auch eine Veränderung bei der Fixierung von Stickstoff an den Wurzeln von RR-Soja wurde bekannt. Eine Untersuchung von *EMBRAPA* in Brasilien zeigt, dass der Einsatz von 1,1 bis 5,6 kg Roundup pro Hektar die Aktivität von *Rhizobium spp.* reduziert (*EMBRAPA* 1986). Dieses Problem wurde besonders bei Trockenheit und in schwachen Böden festgestellt, was ein Beweis dafür sein kann, dass die RR-Soja in Stresssituationen weniger widerstandsfähig im Vergleich zu den herkömmlichen Sojabohnen ist. (King 2001) Wird die Fixierung von Stickstoff an den Wurzeln der Soja verhindert, müssen die Bauern mit den zusätzlichen Kosten des Stickstoffeinsatzes in der Sojaproduktion rechnen, was sicherlich auch Auswirkungen auf das Ökosystem haben wird, denn die Folgen von Nitraten durch den Einsatz von chemisch hergestelltem Stickstoff sind schon seit längerer Zeit bekannt.

Unkontrollierbare Probleme

Für Nodari und Guerra (2000) stellt die genetische Kontamination, die die biologische Vielfalt bedroht, die größte Gefahr dar, und zwar durch die Zerstörung von Pflanzen und der Nahrungskette im Ökosystem, die Entwicklung neuer Schädlinge und Krankheiten sowie das Auftreten resistenter Unkräuter. Und das Schlimmste ist, dass die Einführung der Gentechnik Probleme verursacht, die unkontrollierbar werden. »Das Problem besteht darin, dass die Gentechnologie zwar über einen greifbaren Anfang verfügt, nicht aber über ein klares Ende«. (Rifkin 1998: 259) Beim konventionellen Anbau, der bereits auch großen Schaden in der Natur anrichtet, kann der Einsatz von Chemikalien eingestellt werden, damit in einer Periode ein Gleichgewicht zwischen Schädlingen und Fressfeinden usw. erreicht wird. Bei der Gentechnik ist es anders: Wenn einmal eine gentechnisch veränderte Pflanze in die Natur freigesetzt wird, sind die Auswirkungen auf die Ökosysteme unvermeidbar, denn die spontanen Prozesse der Gentechnik können nicht kontrolliert werden.

Monsanto: Eine kleine Chronik des US-Saatgut-/Chemiekonzerns[1]

von Richard Fuchs

Es war eine Dame, die dem Unternehmen 1901 ihren Namen gab: Der Mädchenname der Frau des Firmengründers John Francis Queeny der *Monsanto Chemical Works* in St. Louis war Olga Mendez *Monsanto*. Der Unternehmer mit Erfahrung in der Pharmaindustrie ist angetreten, Produkte für die Nahrungs- und Pharmaindustrie herzustellen und zu vertreiben.

Das erste Produkt ist Saccharin für den damals expandierenden Getränkehersteller *Coca-Cola*; es folgen Coffein und Vanillin. Der deutsche Chemiker Konstantin Fahlberg, der während eines Aufenthalts an der Universität von Baltimore (USA) gastierte, hatte den ersten synthetischen Süßstoff entdeckt, der 500 Mal süßer ist als Zucker. Fahlberg kehrte nach Deutschland zurück, ließ seine Entdeckung patentieren, besitzt nun das Monopol auf Saccharin, für das später auch *Monsanto* Lizenzgebühren zahlen muss, und gründet den *Fahlberg-List-Konzern*. Um die Jahrhundertwende 1900 drohte die Gefahr, dass Saccharin den Zucker verdrängen könnte, weshalb zum Schutz der Zuckerindustrie ein Süßstoffgesetz beschlossen wird. Saccharin gerät immer wieder in Verdacht, karzinogen zu sein. In den USA steht heute auf den Getränkedosen der Warnhinweis, dass durch Fütterung von Saccharin bei Versuchstieren Krebs ausgelöst wird.

1905 verbucht *Monsanto* einen Gewinn in Höhe von 10 600,– US-Dollar. Der Erste Weltkrieg erschwert den Import von Rohstoffen aus Europa, so dass mit der eigenen Produktion begonnen werden muss. Das Wissen liefert der Schweizer Wissenschaftler Gaston DuBois, der 1919 Präsident von *Monsanto* wird und dies auch bis 1923 bleibt. 1915 überschreitet der Umsatz die magische Grenze von 1 Million Dollar. Mit der 1917 beginnenden Aspirin-Produktion bleibt *Monsanto* bis in die 1980er-Jahre Marktführer. Es folgen Akquisitionen neuer Firmen, somit der langsame Aufstieg zu einem internationalen Unternehmen, allerdings auch finanzielle Schwierigkeiten während der Nachkriegsrezession. 1929, einen Monat vor dem Börsenkrach, wird *Monsanto Chemical Works* (ab 1933 *Monsanto Chemical Company*) an der New Yorker Börse notiert.

Chemikalien von Monsanto und ihre Nebenwirkungen

Obwohl *Monsanto* seit 1930 weiß, dass PCBs (Polychlorin-Biphenyle) schwere gesundheitliche Schäden verursachen, wird dieses Mittel von dem Unternehmen bis zum endgültigen Verbot 1979 immer breiter vermarktet. Ursprünglich finden PCBs in der Elektroindustrie Verwendung, dann aber auch als Schmier- und Kühlmittel, als wasserabstoßende Beschichtung und vieles mehr. In den 60er-Jahren wird PCB sogar weltweit in der Nahrungskette entdeckt, im Nahbereich der Verwender, natürlich auch im Fischbestand der Gewässer, so dass die junge Fischindustrie u. a. am Hudson River ruiniert wird. Denn ein Großabnehmer von PCB ist *General Electric* mit seinem Sitz in Schenectady (bis 1974) am Mohawk River im Staate New York. Mohawk River ist ein Nebenfluss des Hudson River. Durch Abwässer aus der Produktion von *General Electric*, ganz besonders aus den Transformator- und Kondensator-Produktionsanlagen an den Hudson Wasserfällen am Fort Edward seit 1947, werden Sedimente des Hudson River auf einer Strecke von 192 Meilen mit PCBs kontaminiert.

Die giftige Chemikalie ist in der Umwelt sehr beständig. Da PCBs sich vor allem im Fischbestand der Flüsse anreichern, werden von Behörden besonders schwangere Frauen, generell auch Frauen im gebärfähigen Alter und Kinder, vor dem Verzehr dieser Fische gewarnt. Eine aufwendige Informationskampagne macht außerdem Angler auf die Gefahren aufmerksam, dass der Verzehr der Fische Krebs auslösen kann. Besonders Angler mit niedrigem Einkommen bereichern gern mit Fisch zum Nulltarif ihre Mahlzeit. 30 Jahre entlädt *General Electric* PCBs in die Flüsse. Nach vielen Jahren Forschung mit Gutachten und Gegengutachten soll nun der Fluss für 460 Millionen Dollar ausgebaggert werden.

Das Monsanto-Werk explodiert – 576 Todesopfer

Am 16. April 1947 gerät ein in der Nähe des *Monsanto*-Werks vor Anker liegender Frachter, der mit Ammoniumnitratdünger beladen ist, durch eine weggeworfene Zigarette in Brand und explodiert. Durch die Katastrophe werden die Stadt Texas City und das *Monsanto*-Werk zerstört. Der Druck der Explosion lässt Dächer und Mauern der Fertigungshalle zerbersten sowie Pipelines mit brennbaren Flüssigkeiten (Benzol, Propan, Ethylbenzol). Die Brände wüten drei Tage lang und erreichen schließlich auch die nahegelegene Ölraffinerie. 576 Menschen finden den Tod. Es ist der größte Einzelfall in der Geschichte der Versicherungen.

1955 ist *Monsanto* wieder im Düngemittelgeschäft tätig. 1956 kommt das Randox-Herbizid für Mais auf den Markt, ein Jahr später das Vegadex-Herbizid gegen einjährige Unkräuter und 1965 das Ramrod-Herbizid. Das Unternehmen mit bis dato einer gemischten Angebotspalette von Chemikalien bis Arzneimitteln mit Stammsitz in St. Louis entwickelt seit den 60er-Jahren mehr und mehr seine Landwirtschaftssparte. Parallel geht es auch um ganz andere Einsatzgebiete von Herbiziden: Die US-Armee entlaubt mit Hilfe von *Monsanto*, *Dow Chemical* und anderer Unternehmen den Dschungel von Vietnam. In Kriegszeiten, sowohl im Ersten als auch im Zweiten Weltkrieg, spielte *Monsanto* ebenfalls mit der Lieferung von Chemieprodukten an die US-Regierung eine wichtige Rolle.

Monsanto und die Entlaubung des vietnamesischen Dschungels

Obwohl die *Genfer Kriegsrechtskonvention* chemische Kriegsführung verbietet, genehmigt der US-Präsident John F. Kennedy am 30. November 1961 ein geheimes Kriegsprogramm: »Operation Ranch Hand« (Operation Bauernhilfe). Das Programm verspricht – allen voran *Monsanto* – ein hervorragendes Geschäft, allerdings mit tödlichen Folgen im Einsatzgebiet. Die firmeneigene Chronik verrät lediglich, dass der Umsatz von *Monsanto* 1962 auf 1 Milliarde US-Dollar gestiegen ist.[2] Ziel des Kriegsprogramms ist die Entlaubung des vietnamesischen Dschungels. Vom Flugzeug aus sollen nicht nur der Dschungel mit Unkrautvertilgungsmitteln besprüht werden, sondern auch Reisfelder

»feindlicher« Dörfer. *Monsanto*, *Dow Chemical* und andere Chemiekonzerne[3] verbuchen Millionenaufträge.

Die Fässer mit den unterschiedlichen Pflanzengiften sind farblich unterschiedlich gekennzeichnet. Die Soldaten taufen sie entsprechend wie *Agent Orange*, *Agent Blue*, *Agent Purple*, *Agent Green*, *Agent Yellow*, *Agent Pink* oder *Agent White*. Das Herbizid *Agent Orange*, das vor allem ab 1965, als der Krieg eskaliert, eingesetzt wird (50 Millionen Liter), enthält die giftigste Art von Dioxin, eine der tödlichsten Substanzen. Mindestens 366 Kilogramm TCDD (*Dioxin*) versprüht die US Airforce über Vietnam.[4] (Zum Vergleich: In Seveso kamen insgesamt 1,5 kg Dioxin frei). Die Chemikalie ist nicht nur kanzerogen, also krebserregend, sondern auch teratogen. Das ist die Eigenschaft eines Stoffes, der während einer Schwangerschaft Anomalien verursachen kann.

Das weiß *Monsanto* – bedingt durch die Folgen schwerer Arbeitsunfälle – seit den 40er-Jahren. Die genaue Zahl der vietnamesischen Opfer ist unbekannt: Die Schätzungen reichen von 650 000 bis vier Millionen Menschen. Die Opfer leiden an Krebs, an Haut- und Nervenkrankheiten, Kinder werden tot geboren oder kommen mit schwersten Behinderungen zur Welt. Dem großen Kriegsverbrechen fallen auch diejenigen zum Opfer, die sich nicht rechtzeitig geweigert haben, sich daran zu beteiligen: Zehntausende von US-Veteranen erkranken an den verschiedenen Arten von Krebs, weil sie ebenfalls mit Agent Orange in Kontakt gekommen sind. Ihre Kinder werden mit verkrüppelten Armen und Beinen oder anderen schweren Schädigungen geboren. Eine Sammelklage von 15 000 Veteranen gegen die Chemieunternehmen endet mit einem außergerichtlichen Vergleich. 1984 erhalten die betroffenen Soldaten von den Firmen insgesamt 180 Millionen Dollar als Entschädigungszahlung. Die Unternehmen und die US-Regierung bestreiten jede Art von Verantwortung. Eine Klage der Vietnamesischen Vereinigung der Opfer von Agent Orange gegen *Monsanto* und weitere Chemiekonzerne lehnt im März 2005 ein amerikanisches Bundesgericht ab.

Wie viel Chemie und Gentechnik passt auf den Acker?

1969 kommt das Lasso-Herbizid auf den Markt und bringt dem Agrargeschäft großen Erfolg. Ein Jahr später synthetisiert der Wissenschaftler John Franz von *Monsanto* ein Molekül, das später als Glyphosat –

Wirkstoff des Roundup-Herbizids – bekannt und 1974 patentiert wird. Das Herbizid kommt 1974 zunächst in Malaysia, dem Vereinigten Königreich, und 1976 in den USA auf den Markt. Mit dem neuen Präsidenten von *Monsanto*, John W. Hanley, kommt es 1972 auch zu neuen Forschungsaktivitäten, insbesondere auf dem Gebiet der Biotechnologie. 1978 beginnt die Landwirtschaftssparte mit ihrem Molekularbiologie-Programm zunächst in Kooperation mit der Washington University in St. Louis.1982 werden die ersten Pflanzenzellen gentechnisch verändert, ein Jahr später bereits Pflanzen mit gentechnisch veränderten Merkmalen gezüchtet. Nach dem Erwerb des Weizenforschungsprogramms von *DeKalb* wird die *Monsanto Hybritech Seed International Inc.* gegründet. Nach eigenen Angaben von *Monsanto* beginnt in den Jahren 1985–1993 eine größere Umstrukturierung mit Schwerpunkten in den Bereichen *Life Science*, Landwirtschaft, Arznei- und Nahrungsmittel.

Rinderwachstumshormon BST macht Kühe krank

Mit Bovine Somatropin (BST) Posilac ist 1993 das erste Biotechnologie-Produkt zugelassen und kommt auf den Markt. Das umstrittene Rinderwachstumshormon zur Steigerung der Milchleistung ist nicht erst zu diesem Zeitpunkt Thema kritischer Betrachtung: 1990 wurde ein Tierarzt der amerikanischen *Food and Drug Administration* (*FDA*) entlassen, weil er öffentlich machte, wie *Monsanto* und sein Arbeitgeber die Daten über Nebenwirkungen des Hormons zurückhielten. Nach der Zulassung von BST zeigten sich bei den betroffenen Kühen Gesundheitsprobleme. Anstatt die Klagen der Farmer ernst zu nehmen und ihnen zu helfen, geht *Monsanto* nun gerichtlich gegen Farmer vor, die ihre Milch als hormonfrei kennzeichnen.

Mit einem Vorlauf an Entwicklungsarbeiten seit den 70er-Jahren verfolgt das Unternehmen seit 1992 eine sogenannte *Science Life-Strategie*. Gleichzeitig beginnt die Akquisition von Saatgutunternehmen. Die Gentechnikstrategie erweist sich in den USA zunächst als Erfolg. Die Aussaat von gentechnisch verändertem Saatgut wird 1994 zugelassen. *Monsanto* ist auf Anhieb Marktführer in dem Bereich und erwirtschaftet 1996 einen Rekordgewinn. 1999 erreicht Monsanto einen Umsatz von 9,1 Milliarden US-Dollar, 50 Prozent davon im Geschäftsbereich »Agricultural Products«.[5]

Der Erwerb der *Ortho Consumer Products*, des amerikanischen Marktführers bei Rasen- und Gartenprodukten (1993), führt zur Bildung des Geschäftsbereichs *Solaris*, in dem die Rasen- und Gartenprodukte von *Ortho*, Greensweep, und *Roundup* zusammengefasst werden. 1995 werden gleich mehrere gentechnisch veränderte Produkte zugelassen: Roundup-Ready-Sojabohnen, insektengeschützte NewLeav-Kartoffeln, Bollgard-Baumwolle, Tomaten mit verzögerter Reifung. Eine Produktlinie selektiver Herbizide gegen breitblättrige Unkräuter wird eingeführt. Gleichzeitig und in den nächsten drei Jahren werden im *Science-Life-Bereich* bedeutende Akquisitionen getätigt und strategische Partnerschaften geschlossen:

Calgene Inc. (Pflanzen-Biotechnologie)[6], *Asgrow Agronomics* (Saatgut für Sojabohnen und Mais), *Stine Seed* (Genforschung von Sojabohnen), *Agracetus, Holden's Foundation Seeds Inc.* (Weltmarktführer bei »Foundation«-Saatgut, dem genetischen Material für kommerzielles Saatgut), *Monsoy* (brasilianischer Saatgutmarkt für Sojabohnen), Mehrheitsbeteiligungen und 1998 vollständiger Erwerb von *DEKALB Genetics* (zweitgrößtes Saatgutunternehmen in den USA), *Monsanto* Kanada erwirbt eine Mehrheitsbeteiligung an *First Line Seeds* (Sojabohnensaatgut), das internationale Saatgutgeschäft von *Cargill* in Mittel- und Südamerika, Afrika, die *Plant Breeding International Cambridge Limited* (PBI) von *Unilever* (europäisches Pflanzenzuchtunternehmen). Fusionspläne mit *American Home Products* scheitern (Das Unternehmen für Pflanzenschutzmittel *American Home Products* wird später für 3,8 Milliarden Dollar von BASF in Deutschland übernommen). 1997 gliedert *Monsanto* seine Chemiesparte als *Solutia Inc.* aus, um sich noch mehr auf Agro-Gentechnik zu konzentrieren. Im Jahr 2000 schließt *Monsanto* eine Fusion mit *Pharmacia & Upjohn* ab.

Die Akquisition von Saatgutunternehmen hatte in der strategischen Ausrichtung von *Monsanto* insofern eine besondere Bedeutung, als das Patent für das wichtigste Produkt des Konzerns, Glyphosat, im Jahr 2000 auslief. Die Einbußen, bedingt durch den Absatzrückgang bei diesem Herbizid zwischen 2000 und 2002, konnte schließlich durch das Angebot Saatgut und Herbizid im Doppelpack wieder aufgefangen werden.

Nichts gewesen, außer millionenschwerer Spesen

2001 gründet das Unternehmen ein Beratungskomitee für die Weizenindustrie zur Förderung von biotechnologischem Weizen. Obwohl *Monsanto* in die siebenjährige Entwicklung von genmanipuliertem Weizen mehrere 100 Millionen US-Dollar Forschungsgelder gesteckt hat, kündigte das Unternehmen im Mai 2004 an, sich weltweit aus dem Geschäft mit dem Gen-Weizen zurückzuziehen. Nicht nur Bauern, Verbraucher- und Umweltschützer waren auf die Barrikaden gegangen, sondern der größte kanadische Vermarkter von Weizen *Canadian Wheat Board* forderte *Monsanto* auf, die Kommerzialisierung des Gen-Weizens sofort zu stoppen, da er fürchtete, sonst auf einen Schlag die Exportmärkte in Europa und Japan zu verlieren.

Der Ertrag nimmt ab, der Pestizidverbrauch zu

Während *Monsanto* und ihre große Rechtsabteilung schon viele Farmer durch Klagen und Schadensersatzforderungen in den Ruin getrieben haben, verklagten Hunderte von Farmern in den USA *Monsanto*, weil ihre Bt-Baumwollernten desaströs ausfielen und die Landwirte massive Einbußen hinnehmen mussten. In Indonesien führte eine Dürre schon im ersten Pflanzjahr zu einer explosionsartigen Vermehrung der Schädlingspopulation auf der Gen-Baumwolle, während andere Sorten verschont blieben.[7] In mehreren Studien an US-Universitäten konnte nachgewiesen werden, dass die Erträge von gentechnisch manipuliertem Roundup-Ready-Soja im Vergleich zu konventionellen Sorten niedriger sind. Entgegen der Behauptung, der Anbau von gv-Pflanzen spare Pestizide, konnte der Agrarwissenschaftler Charles Benbrook nachweisen, dass sich im Anbaujahr 2003/04 der Gesamtverbrauch an Roundup Ready auf argentinischen Gen-Sojafeldern ver-56-facht hat. Die Gesamtmenge an Pestiziden, die für gentechnisch veränderten Mais, Soja und Baumwolle verwendet wurden, stieg in den USA zwischen 1996 und 2004 um 122,4 Millionen Pfund.

Eine riskante Firmenpolitik: Bestechung, frisierte Studie, illegale Aussaat, Rechtsstreitigkeiten

Der Anteil der Agrosparte mit rund 50 Prozent am Gesamtumsatz ist bei *Monsanto* höher als bei jedem anderen Chemie-Konzern. 61 Prozent dieses Umsatzes erwirtschaftet der Konzern im nordamerikanischen Markt (USA/Kanada). Die einseitige Ausrichtung von *Monsanto* birgt ein erhebliches Risiko. Denn die Anti-Gentechnik-Front wächst selbst in den USA. DER SPIEGEL (Ausg. 49) titelt bereits 1999 »*Monsantos* Vietnam« von der mangelnden bzw. sinkenden Akzeptanz bei VerbraucherInnen. Offenbar wurde zudem in den Ländern mit einem langjährigen und großflächigen Anbau von Gentech-Pflanzen, dass die Versprechungen der Industrie nicht eingehalten werden konnten, so dass die Abneigung auch bei Bauern wächst. Der Meinungsumschwung ging zunächst von Protesten Anfang des Jahres 2000 bei der Tagung der *Welthandelsorganisation (WTO)* in Seattle aus sowie weiteren Demonstrationen in Washington, D.C. und San Francisco. Zum ersten Mal ist *Monsanto* auf dem größten Absatzmarkt mit Ablehnung konfrontiert. Erste Lebensmittelkonzerne beginnen damit, keine gentechnisch veränderten Ausgangsprodukte mehr zu verwenden. Damit ist eine Schrumpfung des wichtigsten Marktes möglich.

Das erklärt die weltweite offensive Vermarktungsstrategie für Produkte, die niemand braucht und auch niemand nachgefragt hat und deshalb auf Ablehnung stoßen. Selbst vor Bestechungen schreckt *Monsanto* nicht zurück. So u. a. geschehen in Indonesien. Ein *Monsanto*-Manager versuchte 2002, einen hohen indonesischen Beamten mit 50 000 US-Dollar zu bestechen. Im Gegenzug sollte die Behörde dann auf eine Umweltverträglichkeitsprüfung für gentechnisch veränderte Baumwolle verzichten. Aus dem Deal wurde nichts. Wegen des Bruchs amerikanischer Antikorruptionsgesetze musste *Monsanto* 2005 1,5 Millionen Dollar Strafgeld zahlen. In Indien kam *Greenpeace* einem Betrugsskandal in einem Zulassungsantrag für Gen-Baumwolle auf die Spur – die Erträge waren frisiert. Zwischen 1990 und 2001 hat *Monsanto* in den USA Gen-Pflanzen 44 Mal illegal freigesetzt.

Berichte aus den USA und Kanada zeigen, dass *Monsanto* wie auch andere Agro-Unternehmen erhebliche finanzielle Forderungen an Landwirte richten. In den USA wurden rund 100 Fälle dokumentiert, bei denen Landwirte von *Monsanto* vor Gericht verfolgt werden.[8] Das bestätigte eine Meldung der Nachrichtenagentur *Associated Press (AP)* vom 26.11.2002. Demnach hat ein »Berufungsgericht im Bundesstaat Washington entschieden, dass ein Soja-Landwirt aus der Region Pontotoc County gegen ein Patent verstoßen hat, das der Biotechnologie-Konzern *Monsanto* auf ein bestimmtes Saatgut besitzt. Das Gericht verurteilte den betreffenden Landwirt, Homan McFarling, zu der Zahlung von 780000 US-Dollar Schadensersatz an *Monsanto*, weil der Landwirt angeblich Roundup-Ready-Sojabohnen von seiner Ernte für die nächste Aussaat zurückbehalten hatte.« Am bekanntesten ist der Fall des kanadischen Landwirtes Percy Schmeiser.

»... die innovationsfreundliche Haltung der Bundeskanzlerin«

Weiterhelfen würden da neue Absatzmärkte. Europa ist neben Nord- und Südamerika der dritte zentrale Agrarmarkt. In einer Presseerklärung des Direktors Dr. Andreas Thierfelder von *Monsanto Agrar Deutschland GmbH* vom 2. März 2006 heißt es: Dass nun Landwirte sich durch einen erstmaligen Anbau von transgenem Saatgut ein eigenes Bild machen können, »verstehen wir als Signal an die Politik und begrüßen in diesem Zusammenhang die innovationsfreundliche Haltung der Bundeskanzlerin, die in ihrer Regierungserklärung eine umfassende Überarbeitung des Gentechnikgesetzes angekündigt hat.« 20 Meter Trennstreifen zwischen Mais mit und ohne Gentechnik – so Thierfelder – sei »gute fachliche Praxis«.

Die unbewältigte Vergangenheit der Chemiegiganten

Während die Vergangenheit der deutschen Chemieindustrie und ihrem Vorläufer *I.G. Farben* ausreichend dokumentiert ist, ist nicht jedem bekannt, welchen Aktivitäten ausländische Chemiekonzerne ihren wirtschaftlichen Aufstieg verdanken.

Im Frühjahr 1962 wurde mit dem Erscheinen des Bestsellers »Der stumme Frühling« der US-amerikanischen Biologin und Schriftstellerin Rachel Carson die Öffentlichkeit in den USA erstmals umfassend über die Vergiftung von Pflanze, Tier und Mensch durch den hemmungslosen Einsatz von Pestiziden aufgeklärt. Als Folge der chemischen Kriegsführung im Zweiten Weltkrieg entstand auf der Suche nach neuen Absatzmärkten eine Industrie, die entdeckte, dass einige chemische Verbindungen auch für Insekten tödlich sind. Das wusste man im Prinzip auch schon früher. Denn die tödliche Wirkung für den Menschen wurde ursprünglich an Insekten erforscht.

Eine große Anzahl nach Kriegsende überflüssig gewordener Flugzeuge zum Versprühen dieser Mittel standen zur Verfügung. Die Produktion synthetischer Mittel zur Schädlingsbekämpfung stieg in den USA von rund 56363000 Kilo im Jahr 1947 auf 289240000 Kilo im Jahre 1960. Das populärste Mittel dieser Zeit war das von dem Schweizer *Geigy*-Wissenschaftler und Nobelpreisträger (1948) Paul Müller 1939 entdeckte und seit langem verbotene DDT (Dichlor-Diphenyl-Trichloräthan). Die Bezeichnung wurde als Marke unter Nr. 120913 im Berner Register eingetragen und damit als Warenzeichen geschützt. Soldaten und Heeresangestellte waren seit 1942 mit DDT in Berührung gekommen. Außer auch von anderen US-Firmen wurde DDT bis kurz vor Erscheinen des Buches »Der stumme Frühling« ebenfalls von Monsanto hergestellt.

Eine »Goldgrube« für Produzenten von Schädlingsbekämpfungsmitteln

Gegen den flächendeckenden gesetzlich legitimierten Einsatz von Pestiziden in vielen US-Bundesstaaten war die Bevölkerung machtlos. Ein Gesetz in Michigan erlaubte, überall Spritz- und Stäubemittel anzuwenden, ohne die einzelnen Grundbesitzer zu verständigen oder ihre Erlaubnis einzuholen. 1959 wurden dort, einschließlich zahlreicher Vorstädte von Detroit, rund 110 Quadratkilometer mit Aldrin, einem der gefährlichsten aller chlorierten Kohlenwasserstoffe, bestäubt, um den »Japanischen Käfer« zu bekämpfen. Weitere Einsätze folgten in den Bundesstaaten Kentucky, Iowa, Indiana, Illinois und Missouri. Bis Ende des Jahres 1961 erstreckte sich das Einsatzgebiet auf 530 Quadratkilometer und in Folge schließlich auf 81000 Quadratkilometer Land in neun südlichen Staaten. Die Chemieproduzenten der Schädlingsbekämpfungsmittel in den USA waren auf eine »Goldgrube« gestoßen, da sich die Zahl der Einsatzgebiete auf Weisung des US-Landwirtschaftsministeriums ständig weiter erhöhte.

Die Insektizid-Kügelchen rieselten gleichermaßen auf Käfer wie auf Menschen – auf Kinder, die in der Mittagszeit aus der Schule kamen.

Von den Bewohnern wurde eine beängstigende Anzahl toter oder sterbender Vögel registriert. Achtzig Prozent des Singvogelbestands wurde vernichtet, in Illinois nach dem Einsatz der Chemikalie Heptachlor sogar nahezu ausgerottet. Auch Schafe und Rinder auf Weiden wurden in Mitleidenschaft gezogen. Im Jahre 1953 wurden auch Millionen Morgen Wald mit Insektiziden kontaminiert, damit Wasserläufe vergiftet und Lachse ausgerottet. Unbeachtet blieb, dass viele Chemikalien Chromosomenschäden verursachen, die normale Zellteilung stören oder Mutationen verursachen und karzinogen sind. Rachel Carson stellt in ihrem Buch die Frage, »ob irgendein Kulturvolk einen erbarmungslosen Krieg gegen Lebewesen führen kann, ohne sich selbst zu vernichten und ohne das Recht zu verlieren, sich noch als Kulturvolk zu bezeichnen«.

DDT und das Schweigen der Genetiker

Anlässlich des *Ciba*-Symposiums »Man and his future« der *Ciba* Foundation[9] in London diskutierten 1962 27 prominente Wissenschaftler[10] die biologische Zukunft der Menschheit.[11]
Während erbgutschädigende Faktoren wie die Strahlenbelastung thematisiert wurden, fanden andere Faktoren wie die Belastung durch Agrochemie-Gifte mit Rücksicht auf den Sponsor *Ciba* – so die Vermutung – keine Beachtung. *Ciba* (Gesellschaft für **C**hemische **I**ndustrie **Ba**sel) ist der seit 1884 so firmierende Baseler Chemie- und Pharmakonzern. 1918 entstand die »Interessengemeinschaft Basel« mit Kooperationen zwischen *Sandoz*, *Ciba* und *Geigy* (1758 von Johann Rudolf *Geigy*-Gemuseus (1733–1793) gegründet).[12] 1954 übernahm *Ciba* von *Geigy* die Aktivitäten auf dem Produktionsgebiet Insektizide. *Geigy* hatte ein für die damalige Zeit erfolgreiches Produkt: das von dem *Geigy*-Wissenschaftler Paul Müller entwickelte (inzwischen verbotene) Insektizid DDT und erhält 1948 hierfür den Nobelpreis. *Geigy* entwickelte 1956 außerdem das erste auf Triazine basierende Herbizid.[13]

Vor diesem Hintergrund ist zu verstehen, dass auf dem *Ciba*-Symposium dem Thema Mensch und Umwelt sowie Ökologie und Ökonomie so gut wie keine Beachtung geschenkt wurde, geschweige denn Lösungsvorschläge diskutiert wurden. Immerhin war kurz zuvor im selben Jahr die Warnschrift »Der stumme Frühling« der US-amerikanischen Biologin und Schriftstellerin Rachel Carson erschienen.

In den Chor der zahlreichen Kritiker des Symposiums und seiner Veröffentlichung reihte sich der Biochemiker Erwin Chargaff mit den Worten ein: »Dieses Buch dokumentiert besser als irgendetwas, was ich kenne, die *Dummheit der Schlauen*; eine Dummheit, die zur Brutalität wird, wenn sie sich zu einer kosmetischen Verbesserung des Menschenbildes entschließt.«[14]

Krieg als Absatzförderung der Chemie-Industrie

Ein weiteres Absatzgebiet der US-amerikanischen Chemieindustrie bot sich außer in Vietnam auch davor im Koreakrieg. 1950 befahl der US-Oberbefehlshaber General Mac-Arthur im Auftrag von US-Präsident Harry S. Truman[15] Tausende Quadratkilometer nordkoreanisches Territorium aus der Luft zu zerstören und dadurch eine Art verbrannte Zone zu schaffen. Zum Einsatz kam Napalm – eine brennbare gelatinöse Masse, die zu 33 Prozent aus Benzin, zu 21 Prozent aus Benzol und zu 46 Prozent aus Polystyren besteht. Involviert war damals auch *Dow Chemical*. Erprobt wurden Napalmbomben erstmals durch Abwurf auf japanische Städte Ende des Zweiten Weltkrieges. Den Menschen, die getroffen wurden, pellte sich augenblicklich die verbrannte Haut von Gesicht, Armen und Beinen. Vertreter der US-Air Force waren begeistert von der Eigenschaft der relativ neuen Waffe. Napalm sei zwar eine scheußliche Waffe, aber sie habe in Nordkorea »die richtigen Leute getroffen«.[16] Im Frühjahr 1953, Ende des Krieges, folgten Angriffe auf Staudämme – kurz nachdem die Bauern die mühsame Arbeit des Reispflanzens hinter sich gebracht hatten. Viele Dörfer versanken in den Flutwellen. Rund zehn Jahre später kamen Napalmbomben auch in Vietnam zum Einsatz.

Unheilige Allianzen: Agrochemie-Konzerne, US-Regierung, Rockefeller Foundation, Weltbank, WTO, WHO, FDA, CGIAR, ISAAA

Im Netzwerk der Lobbyisten bleibt nichts dem Zufall überlassen

von Richard Fuchs

»Beherrsche die Energie, und du beherrschst die Nation. Beherrsche die Nahrung, und du beherrschst die Menschen.« Dieses Zitat wird dem ehemaligen US-Außenminister und Sicherheitsberater Henry Kissinger zugeschrieben. Bevor Kissinger Außenminister wurde, war er persönlicher Berater von Nelson *Rockefeller*. Nahrungsmittel und Öl wurden von ihm und der US-Regierung bereits zu einer Zeit zu strategischen Gütern erklärt, als die Mechanismen zur Beherrschung der Nahrung noch nicht so perfekt waren wie heute im Zeitalter der Gentechnik und Patentierung von transgenen Pflanzen. In einem Memorandum zur Nationalen Sicherheit (»National Security Study Memorandum 200« – NSSM 200), dessen Vorlage die *Rockefeller-Kommission* geliefert hatte, definierte Kissinger 1974 die Bevölkerungsentwicklung in den wichtigen rohstoffreichen Entwicklungsländern als Angelegenheit von höchster Priorität für die Staatssicherheit der USA. Das Memorandum machte deutlich, dass Hunger eine wirksame Methode ist, das Bevölkerungswachstum zu steuern und ggf. die Bevölkerung zu reduzieren. Noch im selben Jahr reichte Kissinger das Memorandum bei Präsident Nixon ein und nannte das Bevölkerungswachstum in rohstoffreichen Entwicklungsländern eine »Bedrohung der Staatssicherheit Amerikas«.[1] In der Folgezeit wurden Finanzhilfen an die Bedingung geknüpft, gleichzeitig Bevölkerungskontrollprogramme zu implementieren. Der *IWF*, die *Weltbank* und die *UNO* wurden ebenfalls veranlasst, sich dem

Junktim (d. h. Verbindung verschiedener politischer Maßnahmen) »Geburtenkontrolle gegen Hilfsprogramme« zu unterwerfen. NSSM 200 wird als nicht offizielle Politik der USA bis heute fortgeführt.

Rockefeller-Foundation und die Bevölkerungspolitik

Eine Schlüsselposition in Fragen der Bevölkerungspolitik, Genetik und Gentechnik hält die *Rockefeller-Foundation* (*RF*) in New York (siehe Kasten auf S. 158). Sie bemüht sich seit 20 Jahren darum, die Akzeptanz für eine radikale genetische Veränderung der Agrarproduktion in den Ländern zu erhöhen, in denen entsprechende Forschungsprogramme der US-Regierung auf Misstrauen stoßen. Sollte dies im Interesse der US-Regierung und US-Industrie gelingen – so das Kalkül –, könnte damit die Bevölkerungspolitik weltweit gesteuert werden. Bis heute hat die *RF* mehr als 400 führende Wissenschaftler von den Philippinen bis Thailand, von Kenia bis China ausgebildet. Die *Rockefeller-Foundation* investiert seit 1994 mehr als 100 Millionen Dollar in die Forschung und Entwicklung von transgenem Saatgut, um Zugang zu der weltweiten Nahrungsmittelproduktion, besonders bei wichtigen Entwicklungsländern, zu erhalten. Stiftungspräsident Gorden Conway rechtfertigte 1999 in einer Rede vor dem Aufsichtsrat von *Monsanto* die »genetische Revolution« in der Landwirtschaft mit der erwarteten Zunahme der Weltbevölkerung um weitere zwei Milliarden Menschen bis 2020, bei gleichzeitiger Abnahme der Agrarerträge.[2] Hinter dieser werbewirksamen Argumentation verbergen sich nicht zuletzt auch finanzielle Interessen.

1999 glaubten die Konzerne noch, mit ihrer Überschwemmungsstrategie konventionelles Saatgut innerhalb von fünf Jahren fast vollständig verdrängen zu können. Voraussetzung hierfür war die Übernahme eines Großteils der Saatgutunternehmen durch die Chemieindustrie. Dabei war *Monsanto* führend. Indessen zeigen zahlreiche Studien, dass sich die Versprechungen der Agrarindustrie in Bezug auf Ertragssteigerungen oder Kostensenkung durch verringerten Pestizideinsatz nicht erfüllt haben. Hinzu kommen die nicht abschätzbaren Risiken, die mit dem Einsatz der Gentechnik in der Landwirtschaft verbunden sind.

Letztlich aber zielt die Politik der *Rockefeller-Foundation* wie auch die der US-Regierung auf eine Verringerung des Bevölkerungswachstums, nicht nur auf Null, sondern sogar auf Abnahme der Bevölkerung.

1972 hatte US-Präsident Nixon den Stiftungsrat, John D. *Rockefeller* III, zum Vorsitzenden der präsidialen Kommission »Bevölkerung und die amerikanische Zukunft« ernannt. Zwanzig Jahre zuvor, 1952, rief derselbe *Rockefeller* das durch Millionen von Steuermitteln finanzierte *Population Council* auf dem Campus der *Rockefeller Universität* in New York und einem Büro in Washington, DC, ins Leben. Der Rat besteht heute aus mehr als 560 Mitgliedern, von denen rund die Hälfte der Personen in Entwicklungsländern tätig sind. Er unterhält Büros in 17 Ländern und forscht zusätzlich in weiteren 53 Ländern. Der *Population Council* verpflichtet sich als internationale, gemeinnützige Organisation, mit ihren Tätigkeitsfeldern Biomedizin, Gesundheitswesen und Sozialwissenschaft dem Wohl der »reproduktiven Gesundheit« der gegenwärtigen Bevölkerung und deren Nachkommen zu dienen. Der Begriff »reproduktive Gesundheit« erinnert an das alte Gespenst der Eugenik bzw. der »Zuchtwahl« des Dritten Reiches. Außerdem soll laut *Population Council* eine Balance zwischen der Bevölkerung und ihren Betriebsmitteln hergestellt werden. Auch das hörte die angelsächsische Welt schon einmal, als der Brite S. Thomas Robert Malthus 1798 warnte, dass die Bevölkerung schneller zunehme als die für sie erforderlichen Nahrungsmittel. Gefordert wird heute schließlich ein »Nullwachstum der Bevölkerung«.

Die Forderung Nullwachstum der Bevölkerung wird von dem *Population Council* nicht nur durch Familienplanungs-Programme oder Entwicklung neuer empfängnisverhütender Mittel unterstützt. Der *Rockefeller-Clan* machte auch nicht vor Empfehlungen Halt, Massenabtreibungen zu propagieren, wie folgende Beispiele belegen:

- In das größte *Family Planning-Abtreibungszentrum* der Welt in New York investierte die *Rockefeller-Foundation* 200 000 Dollar – durch Organisationen wie die *Weltbank* und die *David Rockefeller Bank*.[3]
- Der Bruder des oben erwähnten John D. *Rockefeller* III (1906–1978) und Enkel des Firmengründers, Nelson *Rockefeller* (1908–1979), ehemaliger Gouverneur von New York und ehemaliger USA-Vizepräsident (1974–1977), unterstützte bevölkerungspolitische, rassistische und eugenische Maßnahmen, indem er die völlige Freigabe der Abtreibung forderte, um letztlich ein Nullwachstum der Bevölkerung durch Massenabtreibung zu erreichen. Er gewährte jede Unterstützung, als 1973 der *Oberste Gerichtshof* das Prinzip des »Dred Scott Case«[4] von 1857 für die Abtreibung als anwendbar

erklärte. Der vom Obersten US-Gericht behandelte »Dred Scott-Fall« bezog sich nicht nur auf die Rechtlosigkeit von Sklaven selbst, sondern auch auf die der Nachkommen. Diese Nachkommen wurden nicht als Staatsbürger, also nicht als rechtliche Personen, betrachtet, d.h. dass sie gegebenenfalls getötet werden konnten, falls ihre Existenz unerwünscht war.

1971 entstand als Kreation der *Ford-Stiftung, Weltbank* und *Rockefeller-Stiftung* die *Consultative Group on International Agricultural Research* (CGIAR) (*Beratergruppe für Internationale landwirtschaftliche Forschung*) mit 16 Forschungszentren weltweit. Mit einem Jahresetat von 350 Millionen Dollar ausgestattet, konzentrierte sich die *CGIAR* in den letzten Jahren und heute auf den Transfer von genetisch veränderten Pflanzen in die Entwicklungsländer. Obwohl sich die US-Regierung im Hintergrund hielt, waren damit bevölkerungspolitische Programme verbunden. Die Akteure im Hintergrund, die *Rockefeller Foundation*, *Weltbank, Monsanto* und andere Agrochemiekonzerne und auch die US-Regierung traten immer unter der Schirmherrschaft von *CGIAR* auf. Dennoch ist der Einfluss der Konzerne auf Politik – wie etwa mit Wahlkampfspenden und dem Besetzen wichtiger Positionen –, auf Wissenschaft und Medien nicht zu übersehen. So ernannte US-Präsident George W. Bush im Jahre 2001 eine leitende Angestellte von *Monsanto* zur Vize-Direktorin der staatlichen Umweltschutzbehörde. Henry Miller, der für den Bereich Biotechnologie bei der US-amerikanischen Gesundheitsbehörde (*FDA*) zuständig war, bemerkte zu den Einflussnahmen auf die Politik:
»Die Regierungsbehörden der USA haben genau das getan, was die Agrokonzerne von ihnen wollten und ihnen vorschrieben.«[5]

Dazu zählt u.a. auch der Verzicht auf Sicherheitstests, Kennzeichnung oder Begleitforschung. Kritische Meinungen von Wissenschaftlern wurden zum Teil aus politischen Stellungnahmen einfach gestrichen. Schließlich verfolgt die *FDA* die Interessen des Weißen Hauses und damit der Industrie. Die, wie alle Printmedien, von Anzeigen abhängigen großen Zeitungen und Magazine der USA, haben annähernd jede Kritik an gentechnisch veränderten Nahrungsmitteln und Pflanzen von ihren Meinungsseiten verbannt.

Eine weitere maßgebliche Rolle spielt die *Rockefeller Foundation* als Geldgeber des *International Service for the Acquisition of Agri-Biotech Applications* (*ISAAA*), (*Internationaler Dienst für die Einführung der Agrarbiotechnologie*). *ISAAA* ist eine Agentur, die die Auslieferung der geschützten Biotechnologieprodukte aus den Firmenlabors der westlichen Welt in die Nahrungs- und Landwirtschaftssysteme der Dritten Welt erleichtert. Clive James, Vorsitzender des ISAAA, schreibt in seinem Jahresbericht 2006: »Der wachsende Einfluss der fünf wichtigsten Entwicklungsländer (China, Indien, Argentinien, Brasilien und Südafrika) wirkt sich positiv auf die Übernahme und Akzeptanz der biotechnologischen Landwirtschaft aus.« Mit dem unter Hochdruck vorangetriebenen Anbau transgener Sorten auch in diesen Ländern sollen die genfeindlichen Länder unter Druck gesetzt werden.

Die *Rockefeller Foundation* und die *Europäische Union* beteiligten sich auch an der Finanzierung des Forschungsvorhabens von Ingo Potrykus. Dieser entwickelte 1999 zusammen mit dem Biologen Peter Beyer von der deutschen *Universität Freiburg* den »Goldenen Reis«, einen genmanipulierten Reis, der das Provitamin A enthält. Großstiftungen, internationale Agrar-Forschungsinstitute, *Weltbank*, die *Welternährungsorganisation* (*FAO*) und die von ihnen beeinflussten Landwirtschaftsministerien können eine unheilige Allianz im Kampf gegen Kleinbauern und deren regional angepasste Reissorten bilden: Zweimal verlor zum Beispiel Dr. R. H. Richharia als Anwalt der kleinen Reiszüchter seinen Posten und sein gesamtes Zuchtmaterial mit insgesamt 17 000 Sorten. Als Direktor des indischen *Central Rice Research Institute* (*CRRI*) baute er eine Reiszüchtung mit krankheitsunanfälligen Sorten, die keinen oder nur einen minimalen Einsatz von Agrochemie erforderlich machten. Das wurde ihm zum Verhängnis.[6]

Rockefeller Foundation

1914 entstand aus dem Vermögen des Rockefeller Standard Oil Trust die **Rockefeller Foundation (RF)** (Stiftung).[7] Die RF ist Teil eines generalstabsmäßig organisierten mächtigen Apparats der Rockefeller-Dynastie, dem außerdem der Population Council angehört, der Rockefeller Brothers Fond (der fünf Brüder), Rockefeller Family Fond. Mit der internationalen Agentur für Entwicklung kooperiert die RF ebenso wie mit dem Weltbund für Familienplanung. Die beiden letztgenannten Organisationen sind zwar staatliche Organisationen, aber durch Rockefeller-Vertrauensleute unterwandert oder/und von der RF unterstützt. Die Organisation Rockefeller stellt wirtschaftlich und finanziell eine Weltmacht dar, mit erfolgreichem Einfluss auf die Politik.

Speziell die RF entwickelte sich schon früh zum exponierten Geldgeber der eugenischen und rassenhygienischen Forschung auch in Deutschland. Die Stiftung unterstützte die Amerikanische Eugenik Gesellschaft und später den **Population Council**, eine Organisation, die sich vorrangig der sogenannten reproduktiven Gesundheit und damit Fragen der Bevölkerungsentwicklung widmete. Das besondere Interesse der Rockefeller Foundation galt dem 1927 gegründeten **Kaiser-Wilhelm-Institut für Anthropologie, menschliche Erblehre und Eugenik (KWI)** in Berlin-Dahlem unter Leitung des Anatomen und Anthropologen Prof. Dr. Eugen Fischer. Der Mediziner und Humangenetiker Prof. Dr. Otmar Freiherr von Verschuer (1896–1969) war zunächst Abteilungsleiter, später Nachfolger Fischers und kooperierte mit dem Auschwitz-Arzt Josef Mengele. Ab 1930 überwies die RF 125000 US-Dollar für Fischers Rassenerhebungsprogramm. Nach der Machtübernahme Hitlers und Entlassungen jüdischer Wissenschaftler entschied sich das Exekutivkomitee und der Rechtsberater der RF, die Projekte weiter zu finanzieren, bis die Zusammenarbeit bei Kriegseintritt der USA beendet wurde.[8] Damit leistete die RF einen Beitrag zur Vermischung der Grenzen zwischen Naturwissenschaft und rassistischer Ideologie. Denn bei der Durchführung der rassenhygienischen Gesetzgebung war das KWI direkt in den Feldzug der Nationalsozialisten gegen alles ›Fremde‹, ›Abweichende‹ und nicht ›den Leistungsnormen Entsprechende‹, gegen Juden, Erbkranke und gesellschaftliche ›Randgruppen‹ usw. involviert.[9]

1938 entwarf ein leitender Wissenschaftsmanager der Rockefeller Foundation, Warren Weaver (1894–1978), ein umfassendes Förderprogramm und prägte entsprechend diesem Programm erstmals den Begriff »Molekularbiologie«. Großstiftungen wie die RF, die **Carnegie Institution**, aber auch einige Chemiekonzerne interessierten sich ernsthaft für die Perspektive einer Kontrolle des Lebens. Timoféeff-Ressovsky, Ephrussi und Muller bedienten sich seit Jahren des Förderprogramms der RF, um das genetische Material zu entschlüsseln und kontrollieren zu können. 1938 sponserte die RF eine europäische Genetik-Konferenz. Unter den Teilnehmern waren auch deutsche Wissenschaftler. Mit dieser Konferenz wurden die Weichen für die Entschlüsselung des genetischen Materials gestellt. 1944 zeigte eine Arbeitsgruppe der RF für medizinische Forschung, dass die chemische Substanz Desoxyribonukleinsäure (*DNS*) aus Erregern der Lungenentzündung in der Lage war, eine harmlos gewordene Mutation dieses Bakteriums wieder in einen virulenten Erreger zu verwandeln.[10]

WTO-Klage der USA gegen die EU, unterstützt von Argentinien und Kanada

Auf dem G-8-Gipfel im französischen Evian vom 1. bis 2. Juni 2003 forderte der US-Präsident George Bush die EU auf, bei der Bekämpfung des Hungers in der Dritten Welt zu helfen und sie nicht zu behindern. Gemeint war der Wunsch nach Aufhebung der Importbeschränkungen für gentechnisch veränderte Produkte aus den USA. Die Europäer waren bereits vorgewarnt: Am 13. Mai 2003 verkündeten die US-Landwirtschaftsministerin Ann M. Veneman und der US-Außenhandelsbeauftragte Robert B. Zoellick, dass nun ihren jahrelangen Drohungen Taten folgen würden: Die USA beabsichtigten, vor dem Streitschlichtungsgremium der *Welthandelsorganisation* (*WTO*) gegen das Moratorium Klage zu erheben. Damit forderten die USA die EU offiziell zu Konsultationen auf.

Die Zeit drängte. Denn die Handelsbilanz und auch der Haushalt der USA zeigten erhebliche Defizite, die mit einer Dollarschwäche zusammentrafen. Seit Einführung der Agro-Gentechnik hatten vor allem die USA gewaltige Exporteinbußen erlitten. Die Marktchancen für Agrarprodukte der US-Gentechnik-Industrie standen und stehen schlecht. Nicht nur die EU, sondern über 37 Länder, darunter Japan und China, haben oder planen Gesetze, die die Einfuhr von GVO behindern und/ oder die Kennzeichnung von genmanipulierten Produkten fordern.

Am 29. August 2003 reichten die USA, unterstützt von Kanada und Argentinien, eine WTO-Klage gegen die Gentechnik-Politik EU ein. Die Klage ist auch als Kampfansage gegenüber solchen Ländern zu verstehen, die die Gentechnik in der Landwirtschaft und auf dem Teller nicht wollen. Inzwischen fordert sogar eine überwältigende Mehrheit der US-Amerikaner eine Kennzeichnung genmanipulierter Nahrungsmittel. Nicht zuletzt soll die Klage das am 11. September 2003 in Kraft getretene *Cartagena Protokoll zur biologischen Sicherheit* (*Biosafety-Protokoll*) sabotieren. Das Protokoll räumt den Staaten das Recht ein, aus Gründen der Vorsorge die menschliche Gesundheit und die biologische Vielfalt zu schützen, gegen genmanipulierte Organismen zu entscheiden. Das Protokoll, das im Rahmen der *UN-Konvention über biologische Vielfalt* (*CBD*) entstanden ist, wurde mittlerweile von 130 Staaten ratifiziert, auch von der EU. Die USA verweigerten ihre Unterschrift.

Der Zeitpunkt für Bushs Initiative wenige Tage nach dem Überfall der US-/britischen Armee auf Bagdad war nicht zufällig gewählt. Während der Kriegsvorbereitung sollte das Verhältnis zu den Europäern nicht noch zusätzlich belastet werden. Anlässlich eines zusätzlichen Treffens am Rande des G-8-Gipfels mit US-Außenminister Colin Powell am 2. Juni 2003 in Rom beschwichtigte der italienische Außenminister Franco Frattini, es liege im Interesse Europas, sämtliche ausstehenden Fragen im Zusammenhang mit der Regulierung und der Kennzeichnung von gentechnisch veränderten Organismen zu klären. Mitte Juni könne sich eine Lösung anbahnen. Dann komme das Europäische Parlament zusammen, um über eine Verordnung der EU abzustimmen, die die Vermarktung von gentechnisch veränderten Organismen vorsieht.[11]

Am 19. Juni 2003 trafen sich Delegierte der EU sowie der USA und Argentinien zu einer ersten Konsultation. Die USA verlangten Analysen der einschlägigen Gesetze, die den Einsatz der Gentechnologie in der Landwirtschaft und bei den Verbrauchern blockieren. Unmittelbar nach dem Treffen erklärten die USA die Verhandlungen als gescheitert und kündigten an, das Klageverfahren fortzusetzen, also beim Streitschlichtungsgremium der *WTO* ein Streitfall-Panel zu beantragen, das schließlich auch am 29. August 2003 einberufen wurde. Innerhalb von sechs Monaten sollte ein Prüfungsbericht vorliegen. Die EU bedauerte das Vorgehen von USA, Kanada und Argentinien und machte geltend: »Die Gesetzgebung der EU für genmanipulierte Organismen (GVOs) ist eindeutig, transparent, vernünftig und nicht-diskriminierend. Wir sind zuversichtlich, dass die *WTO* bestätigen wird, dass die EU ihren Verpflichtungen nachkommt.«[12]

Die EU beugt sich den Interessen der Agrar-Lobby

Vorauseilend hatte sich die EU bereits den Interessen der global agierenden Argrochemie-Lobby und der US-Politik gebeugt. Die EU-Agrarminister hoben den Zulassungsstopp für Gentechnik-Produkte auf. Sie verabschiedeten am 22. Juli 2003 zwei Gesetze, die im Juli das *Europäische Parlament* passierten. Diese gelten als Voraussetzung für eine Wiederaufnahme der wissenschaftlichen Prüfung von gentechnisch veränderten Organismen (GVO) und sehen eine Kennzeichnung von Futter- und Lebensmitteln vor, die GVO enthalten, soweit der Anteil 0,9 Prozent übersteigt. Außerdem müssen GVO-Produkte vom Feld bis zur Ladentheke rückverfolgbar sein. Damit wurde das seit 1998 bestehende De-facto-Moratorium aufgehoben. Nach Aufhebung des Zulassungs-Moratoriums für GVO nach sechs Jahren, dürfen wieder gentechnisch veränderte Produkte made in USA in die Europäische Union eingeführt werden. Künftig sind allerdings alle aus GVO hergestellten Lebens- und Futtermittel zulassungspflichtig.

Vor dem Hintergrund der Einfuhr von gentechnisch verändertem Saatgut legte die *EU-Kommission* Leitlinien für die »Koexistenz« gentechnisch veränderter, konventioneller und ökologischer Kulturen vor. Darin wird den Mitgliedsstaaten die Verantwortung für die Abwehr von Schäden an Nachbarkulturen auferlegt. Die Idee einer möglichen Koexistenz zwischen Kulturen mit oder ohne Gentechnik wurde von der Industrie und der *EU-Kommission* allerdings schlichtweg erfunden, um die Akzeptanz gentechnisch erzeugter Produkte zu erhöhen. Denn der Wind und die mit ihm fliegenden Pollen kennen keine Grenzen. Im Kern geht es um die Sicherheitsabstände zwischen Anbauflächen, um den horizontalen Gentransfer zu verhindern. Das aber ist eine Illusion und eine vorsätzliche Irreführung der Öffentlichkeit. Selbst deutsche Landwirte mit noch wenig Erfahrung im Umgang mit Gen-Saaten gehen je nach Thermik (aufwärtsgerichtete Warmluftbewegung) von einer Reichweite der Pollen bis zu 150 Kilometern aus. Der US-amerikanische Autor Jeffrey M. Smith stützt sich mit seinen Angaben auf wirkliche Erfahrungswerte:

Ein Experte für Luftverschmutzung berechnete anhand der Wetterbedingungen, die man zeitweise in seiner Heimat Texas antrifft, dass Maispollen in 24 Stunden über 750 Kilometer weit fliegen können. Mein Lieblingsbeispiel ist Hawaii: Die Inseln bestanden ursprünglich aus reinem Lavagestein. Heute sind sie ein üppiges tropisches Paradies in mehr als 3000 Kilometern Entfernung von der nächsten Samenquelle. Nun denken Sie noch einmal über den Mythos von Pufferzonen nach.[13]

Der Bauernpräsident Gerd Sonnleitner und die damalige Bundeslandwirtschaftsministerin Renate Künast kritisierten die Idee der Koexistenz gleichermaßen. Sonnleitner sah eine Klagewelle deutscher Landwirte voraus. Sollten die Koexistenz-Regeln dennoch wider alle Vernunft verabschiedet werden, hat die Saatgutlobby gesiegt, und eine nicht rückhaltbare, flächendeckende und dauerhafte Verschmutzung unserer Landwirtschaft ist kaum noch zu verhindern.

EU-Freisetzungsrichtlinie

Die EU-Freisetzungsrichtlinie regelt sowohl Freilandversuche mit gentechnisch veränderten Pflanzen als auch die »Inverkehrbringung«, also die Vermarktung und den landwirtschaftlichen Anbau gentechnisch veränderter Pflanzen. Das heißt, in einem abgestuften Verfahren müssen gentechnisch veränderte Pflanzen während jedes Entwicklungsschritts vom Labor über Gewächshaus- bis hin zu Freilandversuchen auf ihre Sicherheit für Mensch, Tier und Umwelt getestet werden. Dabei wird allerdings aus Termingründen auf Untersuchungen langfristiger Folgen verzichtet. Wenn alle Stufen erfolgreich durchlaufen sind, wird eine Genehmigung zur Inverkehrbringung erteilt. Sie gilt für die kommerzielle Nutzung gentechnisch veränderter Organismen (GVO) z. B. als Saatgut, für den Import und/oder für die Verarbeitung zu Nahrungs- und Futtermitteln. Die Freisetzungsrichtlinie sieht nach der Anbauzulassung spezielle begleitende Beobachtungsprogramme vor. Dieses sogenannte Monitoring soll im Sinne der Koexistenzregelung weitere Erkenntnisse über Wechselwirkungen zwischen gentechnisch veränderten Pflanzen und Ökosystemen liefern. Außerdem geht es um Haftungsfragen, wenn es als Folge des horizontalen Gentransfers zu Kontaminierungen der Nachbarfelder kommt. Wenn konventionell bzw. ökologisch wirtschaftende Landwirte aufgrund von GVO-Einträgen finanzielle Verluste erleiden, können sie gegenüber dem Verursacher für die wirtschaftlichen Einbußen Entschädigungen einklagen.

Für den Erprobungsanbau haben Monsanto und das Märkische Kraftfutterwerk eine für verschiedene Landwirte verlockende Offerte unterbreitet, mit dem Spuren verwischt werden und Haftungsansprüche von Geschädigten vermieden werden können: Sie wollen herkömmlichen Mais, der in der Umgebung von Gen-Äckern geerntet wird, zu normalen Preisen aufkaufen – und zwar ohne Prüfung, ob er gentechnisch veränderte Partikel enthält oder nicht. Diese Offerte hat einen praktischen Hintergrund. Sie verhindert vorauseilend eine Klagewelle von Seiten geschädigter Landwirte.

Der Gentechnik-Streitfall USA, Argentinien und Kanada gegen die EU ist einer der längsten in der Geschichte der *WTO*. Am 21. April 2004 legten die Kläger ihre ersten schriftlichen Eingaben im Streitfall vor, die EU folgte am 17. Mai 2004. Auch die Zivilgesellschaft reagierte: Am 25. Mai 2004 erhielt die *WTO* mehr als 100 000 Einsprüche von Menschen aus 90 Ländern, unterstützt von 544 Organisationen, darunter auch *Greenpeace.* Wenige Monate später waren es bereits 135 000 Bürgerinnen und Bürger sowie 740 Organisationen. Laufende Aktionen wurden außerdem von *Friends of the Earth International* organisiert. *Greenpeace* ist Mitunterzeichner einer Eingabe von insgesamt 15 Organisationen aus den Bereichen Umweltschutz, Gentechnik- und Globalisierungskritik.[14] Ein Versuch, die erste Anhörung der Streitparteien öffentlich zu machen, scheiterte. Geheim blieben auch die Namen der fünf wissenschaftlichen Experten, die die EU gegen den Widerstand der Gegner zur Beratung am 13. Oktober 2004 bestellt hatte. Am 28. Juli 2005 fand eine *Greenpeace*-Aktion vor dem WTO-

Gebäude in Genf gegen den Streitfall statt. Nach nunmehr dreijähriger Verhandlung sollte im März 2006 der endgültige Bericht bekanntgegeben werden.

WTO – ein System der Oligarchie

Die *World Trade Organization/Welthandelsorganisation (WTO)* mit ihrem Hauptquartier in Genf wurde am 1. Januar 1995 als multilaterale Handelsorganisation gegründet. Die *WTO* hat 148 Mitglieder, von denen mehr als zwei Drittel Entwicklungsländer sind. Das Rezept, das diesen Ländern von den wirtschaftsmächtigen *WTO*-Mitgliedern und den großen Finanzinstitutionen *Weltbank* und *Internationaler Währungsfonds* (*IWF*) immer wieder aufs Nachdrücklichste empfohlen wird, ist die Liberalisierung des Marktes samt schrankenlosem Freihandel.

Die *WTO* stellt ein oligarchisches System dar, das von den entwickelten Ländern beherrscht wird. Diese Länder üben Druck aus und verhängen Sanktionen. Die Entscheidungen werden geheim und ohne jede demokratische Aufsicht beschlossen. Zu den berüchtigten »Green Room«-Besprechungen sind Vertreter der Entwicklungsländer erst gar nicht eingeladen.

Seit Beginn der Schuldenkrise von 1982, in deren Folge der *IWF* und die *Weltbank* eine Serie von Strukturanpassungsprogrammen finanzieren mussten, sind viele Entwicklungsländer zu einer radikalen Freihandelspolitik übergegangen.

In den 1990er-Jahren wurden eine Reihe wichtiger regionaler Freihandelsabkommen unterzeichnet, deren bekanntes das NAFTA-Abkommen *(North American Free Trade Association)* zwischen den USA, Kanada und Mexiko ist. Die USA drängen auf die Gründung einer Gesamtamerikanischen Handelszone (*FTAA – Free Trade of the Americas*), das aber diverse Lateinamerikanische Länder ablehnen. Als krönender Abschluss wurde von der sogenannten Uruguay-Runde des *General Agreement on Trade and Tariffs* (GATT) 1994 in Marrakesch die Gründung der *WTO* für 1995 vereinbart. Das Abkommen sieht den Abbau von Zollhemmnissen vor, staatliche Subventionierung des Handels ist praktisch untersagt. Die Freihandelsökonomen unterstützen das *TRIPS*-Abkommen der *WTO* (*Trade-related Intellectual Property*

Rights), das die internationale Durchsetzung von Patentrechten sicherstellen soll.

Das *WTO*-Dienstleistungsabkommen *GATS* (*General Agreement on Trade Service*) fordert, die bislang staatlichen Schulsysteme zukünftig verstärkt der Privatisierung zuzuführen und öffentliche Dienstleistungen wie Gesundheitswesen, Alterssicherung, Medien, Bildung, Post, Strom, Gas, Wasser, Transport, Telekommunikation usw. in private Hände zu übertragen. Welche Folgen das haben kann, zeigten Stromausfälle in verschiedenen Teilen der USA und das dahinterstehende marode Energie-Versorgungssystem. Entgegen der Erwartung, der Freihandel werde das Wirtschaftswachstum in den letzten 20 Jahren beschleunigt haben, zeigt sich in Wirklichkeit, dass die Weltwirtschaft in den Jahren zwischen 1960 und 1980 – als es weitaus mehr Schutzmechanismen und andere regulative Instrumente gab – viel schneller gewachsen ist als aktuell.[15] Hinzu kommt die verheerende Ökobilanz, bedingt durch den enormen Energieverbrauch für den weltweiten Transport von Waren.

George Bush sen.: Ein »Biosicherheits«-Protokoll ist unnötig

1992 unterzeichneten 175 UN-Mitglieder in Rio mit dem UN-Konvent ein Abkommen über Biodiversität (CBD), um u. a. den Umgang mit gentechnisch veränderten Organismen (GVO) zu beschließen. Bevor die ersten Freisetzungen von GVO genehmigt wurden, wollte die Weltgemeinschaft u. a. ein Übereinkommen über die gesundheitlichen, ökologischen und ökonomischen Auswirkungen von GVO in den einzelnen Ländern verabschieden. Dagegen wehrte sich die US-Regierung unter Präsident George Bush (Senior) mit dem Argument, dass ein »Biosicherheits«-Protokoll unnötig sei. Denn die US-Gesetzgebung sieht eine Akzeptanz bestehender Risiken bis zum wissenschaftlichen Beweis eines Schadens vor. Eine Vorsorge auf einen Verdacht hin ist in den USA nicht vorgesehen.

Das CBD-Übereinkommen sollte den GVO-importierenden Ländern das Recht einräumen, die strenge Trennung von traditionellem Getreide und GVO vorzuschreiben und GVO-produzierende Firmen für Schäden rechtlich haftbar zu machen. Es kam, wie es kommen musste: Die USA weigerten sich, das Abkommen zu unterschreiben. Bush war dem

Druck der Agrarchemieindustrie nachgekommen und übernahm deren Sprachregelung, dass GVO im Wesentlichen gleichwertig (substantiell äquivalent) zu herkömmlichem Mais und Soja seien. Deshalb forderte er auch keine Tests und Gesundheitskontrollen vor der Einführung von GVO. Diese Sichtweise, bei der Einführung von gv-Saatgut auf Regelungen für Sicherheit und Gesundheit zu verzichten, wurde auf Veranlassung der USA später auch in der *WTO* festgeschrieben. Mit der Unterordnung des Biosafety-Protokolls unter die *WTO*-Regeln wird das Vorsorgeprinzip als politische Entscheidungsrichtschnur entwertet.[16]

WHO: Gen-Lebensmittel sind unbedenklich

Nach den Erkenntnissen der *Weltgesundheitsorganisation* (*World Health Organization*) *WHO* ist der Verzehr der derzeit angebotenen genetisch veränderten Nahrungsmittel unbedenklich. Das belege eine aktuelle Studie. Vier Jahre hatten die Experten der *WHO* an der Expertise gearbeitet, die als Leitfaden für die Regierungen und Autoren internationaler Normen gedacht ist. Sie beruft sich auf die Auswertung der Fachliteratur, der im Internet verfügbaren Informationen. Ergänzt wurden die Erkenntnisse durch die Ergebnisse einer Fragebogenaktion, die im Mai 2003 mit dem Ziel gestartet wurde, Meinungen von Regierungen, Konsumentenorganisationen, Forschungszentren und der Industrie einzuholen. Der Direktor der *WHO*-Abteilung für Nahrungsmittelsicherheit, Jorgen Schlund, kam bei der Präsentation der Studie am 23. Juni 2005 in Genf zu dem Schluss: Bisher habe der Konsum gentechnisch veränderter Nahrungsmittel keine bekannten negativen Auswirkungen auf die Gesundheit gehabt.

Solche Entwarnungen werden den nicht wundern, der die Verschwisterung der *WHO* mit anderen Institutionen kennt. Eine der Organisationen mit Einfluss auf die Politik in Ernährungsfragen und damit auch auf unsere Gesundheit ist die *UNO* mit ihrem Ausschuss *Codex Alimentarius*, der seine Tätigkeit 1962 aufgenommen hat. *Die Codex-Alimentarius-Kommission* legt nicht nur Qualitätskriterien für Suppen, Margarine, Schokolade, Käse oder Cornflakes fest, sondern auch Grenzwerte für Gifte in Feldfrüchten sowie für Arzneimittelrückstände und Hormone im Fleisch. Sie regelt auch die radioaktive Bestrahlung von Gewürzen und erlässt Hygienevorschriften. Seit das Welthandelsabkommen *GATT* den freien Warenverkehr zwischen Ländern und Kontinenten liberalisiert hat und die Welthandelsorganisation immer wieder Konflikte schlichten muss, nutzt die *Codex-Alimentarius-Kommission* die Chance zur weltweiten Machtergreifung in Bezug auf die Ernährung, nicht immer zu Gunsten der VerbraucherInnen und deren Gesundheit.

Der Ausschuss setzt sich aus Vertretern der *WHO* und der *Welternährungsorganisation (Food and Agricultural Organization, FAO)* zusammen. An Fachausschusssitzungen von 1989 bis 1991 nahmen neben Delegierten aus 105 Staaten auch Lobbyisten von 108 Nahrungsmittel- und Chemiekonzernen teil. Neben den Regierungsvertretern zählen u.a. *Coca-Cola, Nestlé, Hoffmann-La Roche, BASF, Bayer, Hoechst, DuPont, Monsanto, Merck, Novartis* und *Hokko Chemical* zum ständigen Beraterkreis in den Ausschüssen. In der Sitzung der *Codex-Alimentarius-Kommission* im Oktober 1994, setzte sich die amerikanische Delegation dafür ein, jedwede Kennzeichnung gentechnisch hergestellter Nahrungsmittel generell zu verbieten, um die Vormachtstellung der sogenannten »grünen Gentechnik« aus den USA zu sichern.

Patente Geschäfte mit transgenem Saatgut: 20 Jahre Lizenzgebühren

von Richard Fuchs

Patente auf lebende Organismen im Besitz großer Konzerne wurden ein zentrales Machtmittel, um Kulturpflanzen dem Besitz der Öffentlichkeit zu entziehen und unsere Nahrungsgrundlage zu monopolisieren. Schon früh galt es für die US-amerikanische Wirtschaft, das Wissen der Molekularbiologen in marktfähige Ware umzusetzen und Alleinverkaufsrechte an dieser Ware zu sichern, um damit gute Startbedingungen bei der Besetzung des neuen Marktes zu schaffen.[1] Was lag da näher, als auf Organismen, die neu entdeckt oder gentechnisch verändert wurden, Patente anzumelden und zuzulassen. 1980 entschied der *US-Supreme Court* (*Oberster Gerichtshof*) mit 5 : 4 Richtern in seinem »Chakrabarty-Beschluss«, dass neue Formen von Leben patentierbar sind.[2] Den Anlass für eine Entscheidung des *Supreme Court*, sich grundsätzlich insgesamt für die Patentierbarkeit lebender Organismen auszusprechen, bot ein Antrag der *General Electric* auf Patentierung eines Mikroorganismus.[3] Die Begründung des Gerichts war: »Bakterien seien unbelebten chemischen Verbindungen weitaus ähnlicher als Pferde, Bienen oder Himbeeren.«

Was für eine Patentierung ursprünglich als unüberwindlich galt, hat nun seine Gültigkeit verloren. Ein Mikroorganismus gilt jetzt als erfunden (und nicht als entdeckt), wenn ein mehr oder weniger aufwendiges Verfahren nötig ist, um ihn zu isolieren. Mit der Patentierbarkeit auf Organismen bei gleichzeitigem Ausverkauf von Saatgutunternehmen entwickelte sich ein Monopolbesitz an transgenen Pflanzen in den Händen von einigen wenigen international agierenden Chemiekonzernen. »Geraubte Ernte« nennt die Inderin Vandana Shiva diesen Vorgang. Zur Disposition stehen genetische Ressourcen tropischer Regenwälder, Kulturpflanzen, die seit Jahrtausenden landwirtschaftlich genutzt und züchterisch bearbeitet wurden, nun aber gentechnisch verändert und patentiert werden. Solche Fehlentwicklungen des Patentrechts erinnern an Privilegien vergangener Tage, die einzelnen

Unternehmern von der herrschenden Klasse erteilt wurden, um Alleinverkaufsrechte bestimmter Waren in bestimmten Gebieten einzurichten.

In den USA muss eine Erfindung neu sein, damit sie patentiert werden kann, und sie darf für Experten aus dem Bereich, aus dem die Erfindung stammt, nicht offensichtlich sein. Zusätzlich muss die Erfindung vollständig und klar, verständlich in Schriftform beschrieben sein, so dass jeder, der im einschlägigen Bereich arbeitet, die patentierte Sache nachbilden kann. Auf diese Weise wird der Öffentlichkeit Wissen zur Verfügung gestellt, das ihr sonst verschlossen bliebe. Im Gegenzug stellt die Möglichkeit einer zeitlich begrenzten Monopolstellung für den Erfinder einen Anreiz dar, seine Kenntnisse öffentlich zu machen.

Ausverkauf von Saatgutunternehmen an Chemiekonzerne

Im Gegensatz zu der zeitraubenden Züchtung von Nutzpflanzen über Jahrtausende kostete es vergleichsweise wenig Mühe, auf der Grundlage dieser züchterischen Vorleistung, Pflanzen gentechnisch so zu verändern, dass sie patentierbar und damit dem Besitz der Öffentlichkeit entzogen werden. In Erwartung hoher Gewinne für die Chemieindustrie durch die Vermarktung von Saatgut im Doppelpack mit Pestiziden setzte der Ausverkauf von Saatgutunternehmen in den USA bereits in den siebziger Jahren ein. Mit der ersten Generation herbizidresistenter Pflanzen war gleichzeitig eine absatzfördernde Maßnahme für die firmeneigenen Herbizide verbunden. Heute sind rund 71 Prozent der Pflanzen herbizid- und 22 Prozent insektenresistent. Ein Nutzen für Verbraucher und auch Landwirte war und ist nicht erkennbar. Denn der Einsatz von Herbiziden musste u.a. wegen zunehmender Resistenzbildung inzwischen erhöht werden. Das ermittelte das *US-Landwirtschaftsministerium*.

Nachdem 1980 *US-Supreme Court* entschieden hatte, dass Leben patentierbar ist, wurde der Aufkaufboom von Saatgutunternehmen in den achtziger Jahren so stark, dass sich Maklerfirmen spezialisierten. Rund 500 Saatgutfirmen wurden zumeist an Chemieunternehmen verkauft, 300 weitere assoziierten sich mit großen Firmen. Namhafte Aufkäufer waren Konzerne wie *British Petrol, Ciba-Geigy, Dow Chemical, Eli Lilly, General Foods, Hoechst, ICI, ITT, KemaNobel, Lubri-*

zol, Monsanto, Rhône-Poulenc, Sandoz, Shell, Unilever. Makler sahen damals in der Konzentration von Saatgutunternehmen auf 10 bis 20 Konzerne einen vergleichbaren Konzentrationsprozess wie in der Chemie-/Mineralölbranche. Die eher vorsichtige Prognose ist inzwischen überholt. Heute teilen sich noch weniger Anbieter den Saatgut- und Agrochemie-Markt:

Die sechs derzeit führenden Konzerne sind:

1. *Syngenta*, Fusion der ausgelagerten Agrosparten von *Novartis*, vormals *Sandoz, Ciba-Geigy* und der schwedisch/englischen Firma *Astra-Zeneca* (Schweiz).[4]
2. *Bayer CropScience*, nach Übernahme von *Aventis CropScience* für 7,25 Milliarden Euro, vormals *Hoechst/Schering*-Tochter *AgrEvo*, mit Beteiligungen an Deutschlands größtem Saatzuchtunternehmen, der *Kleinwanzlebener Saatzucht AG* (Deutschland).
3. *Monsanto* mit Übernahme, Beteiligung oder Kooperation an zahlreichen Saatgutfirmen und Getreidehändlern. 1998 scheiterte ein Zusammenschluss zwischen *Monsanto* und *American Home Products*. (USA) (s. *Monsanto* Chronik, S. 142–153)
4. *DuPont* mit weltweit größtem US-Saatzuchtunternehmen *Pioneer Hi-Bred* (USA). *Pioneer* unterhält mehr als 1400 Allianzen und Kooperationen im Bereich Technologieentwicklung mit Firmen und Universitäten.
5. *BASF* mit Erwerb des Pflanzenschutzherstellers *American Home Products* für 3,8 Milliarden Dollar (Deutschland).
6. *Dow Chemical (Dow AgroScience)* (USA) mit *Agrigenetics, Mycogen, Biosource. Dow Elenco* ist ein Joint-Venture zwischen *Dow Chemical* und *Elly Lilli* und zählt zu den umsatzstärksten Pflanzenschutzanbietern.

Allen Chemiekonzernen ist eines gemeinsam: die Absatzförderung von Agrochemie und einer damit verbundenen hohen Gewinnmarge. Die sechs Chemiekonzerne hatten 2001 einen Marktanteil an Pflanzenschutzmitteln von über 80 Prozent. Die fünf größten Saatgut-Unternehmen bedienen über 40 Prozent des gesamten kommerziellen, konventionellen und über 90 Prozent des transgenen Saatgutmarktes. Und dieser wird wiederum von dem US-amerikanischen Konzern *Monsanto* dominiert.

Europäisches Patent-Übereinkommen: Patentierungsverbot für Pflanzensorten und Tierarten

In Europa nahm die Entwicklung zunächst einen anderen Verlauf. Im Gegensatz zu den USA liefen in Europa die Schritte zur Patentierung von Leben zweigleisig: durch die Instanzen des *Europäischen Patentamts* in München und die gesetzgebenden Instanzen der EU in Brüssel. 1980, im Jahr der Entscheidung des *Supreme Court*, existierte bereits das Europäische Patentübereinkommen (EPÜ) als Rechtsgrundlage des *Europäischen Patentamtes* (EPA), das 1977 in Kraft getreten war. Darauf hatte sich 1973 die *Europäische Patentorganisation* (EPO) geeinigt. Nach EPÜ Art. 53a kann nicht patentiert werden, was »gegen die öffentliche Ordnung und guten Sitten verstößt«. Gemäß Art. 53b des EPÜ gilt ein Patentierungsverbot für Pflanzensorten, Tierarten und biologische Verfahren zur Züchtung von Pflanzen und Tieren. Dennoch erteilte das EPA bereits seit Ende der achtziger Jahre Patente auf Pflanzen und unterlief dabei das eigene Regelwerk.

Das Patentierungsverbot für Pflanzensorten, Tierarten des EPÜ wurde am 1. März 1995 zunächst auch durch das *Europäische Parlament* bestätigt. Die 1995 zur Abstimmung stehende Biotechnologie-Richtlinie,[5] die die Interessen der *Life Science-Industrie* bedienen sollte und 1995 keine Mehrheit fand, wurde wenig später, kaum verändert, neu verhandelt und 1998 mit einer überraschenden Dreiviertelmehrheit nach 10-jähriger Diskussion vom selben Europäischen Parlament angenommen und verabschiedet. Die EU hatte 1988 die Verhandlung über eine Biotechnologie-Richtlinie aufgenommen.

EU-Patentierungsrichtlinie: Pflanzen und Tiere sind patentierbar

In der EU-Patentierungsrichtlinie von 1998 ist nun zu lesen: »Erfindungen, deren Gegenstand Pflanzen und Tiere sind, sind (...) grundsätzlich patentierbar, wenn die Ausführbarkeit der Erfindung technisch nicht auf eine Pflanzensorte oder Tierrasse beschränkt ist.« Das heißt, wer fortan ein Patent nicht etwa für gentechnisch veränderten Weizen oder Roggen, sondern für Getreide oder Pflanzen beanspruchte, erhielt das Schutzrecht. Patentierbar sind außerdem gentechnische/mikrobiologische Verfahren. Wird lediglich ein Verfahren patentiert, endet der Patentschutz beim Produkt des Verfahrens. Die Nachkommen dieser

Organismen und ihre Verwendung sind nicht mehr patentrechtlich geschützt. Gegen diese Erteilungspraxis legte der Schweizer Konzern *Novartis* Beschwerde ein. Dass Pflanzen und Tiere patentierbar sind, wurde durch den Verwaltungsrat des *EPA* vom 16.06.1999 zur Änderung der Ausführungsverordnung zum EPÜ bestätigt. Diese Änderung der Ausführungsverordnung kommt einer Änderung des EPÜ selbst gleich.

Die wichtigsten Kriterien des Patentrechtes weltweit beruhen auf dem Prinzip von Leistung und Gegenleistung. Das heißt, die ursprüngliche von der herrschenden Klasse zuweilen willkürliche Vergabe von Privilegien bzw. Alleinverkaufsrechten wurde abgelöst durch einen Interessenausgleich zwischen der Öffentlichkeit und einem Patentinhaber. Im Allgemeinen handelt es sich bei einem Patent um die staatliche Bewilligung des Rechts auf ein zeitlich beschränktes Monopol für eine bestimmte Erfindung, in der Regel für eine Dauer von 20 Jahren. Während dieser Zeit steht es dem Patentinhaber zu, andere Personen von der Herstellung, dem Gebrauch und dem Verkauf der Erfindung auszuschließen. Erfinder, die als Erste eine neuartige Erfindung machen oder einfach die Verbesserung einer bereits bestehenden Sache, können beim Patentamt unter mehr oder weniger strengen Vorgaben ein Patent beantragen. Die nationale Gesetzgebung eines Landes bestimmt, unter welchen Bedingungen Patente bewilligt werden; diese nationalen Gesetze können jedoch von internationalem Recht und internationalen Verträgen beeinflusst werden.

Inzwischen besitzt der Saatgutkonzern *Monsanto* und seine zugehörigen Firmen mehr als tausend Patente, viele davon auf Saatgut. *Calgene* hat fast 500 Patente angemeldet, *Asgro Seed Co.* hält etwa 265 US-Patente, und *DeKalb* hält etwa 300 Patente (Stand 2005).[6] *Greenpeace*, gemeinsam mit der Organisation *Kein Patent auf Leben*, recherchiert Patenanmeldungen am *EPA* in München und listet bereits erteilte Patente in ihrer Homepage auf.

Dr. Ruth Tippe von *Kein Patent auf Leben* kritisiert die allzu oft auch sehr weitreichenden »Biopatente« und die damit verbundenen Verwertungsrechte, die der Öffentlichkeit entzogen werden. Nicht selten haben außer vielen anderen Organisationen auch *Greenpeace* und *Kein Patent auf Leben* Einsprüche gegen Patente erhoben. In ihrer Homepage stellt Frau Tippe fest: Bakterien, Pflanzen, Tiere, schlussendlich die Menschen selbst, stehen in ihren innersten biologischen Strukturen zur Disposition, geraten unter wachsenden kommerziell motivierten und gesteuerten Veränderungsdruck. Nutzen wird versprochen, die Lösung von fast allen Problemen. Auf wessen Kosten und mit welchen Nebenwirkungen? Welche Werte, welche Rechte berührt die Manipulation von Erbinformationen, die Monopolisierung ›genetischer Ressourcen‹? Wer trägt die gesellschaftlichen Auswirkungen, die Umweltrisiken, die unkalkulierbaren Folgen einer beschleunigten Evolution? Doch kaum die Kapitalinvestoren! Es ergeben sich grundsätzliche Konflikte zwischen öffentlichem und privatem Interesse, die sichtbar gemacht und zum Ausgleich gebracht werden müssen. Die Industrie versucht die Fronten zu verwischen, indem sie sich zum Vertreter öffentlicher Interessen stilisiert durch immer subtiler ansetzende Werbung für ihre Visionen und Produkte.«[7]

TRIPS: Die internationale Durchsetzung von Patentrechten

Das *TRIPS*-Abkommen der *WTO* (**T**rade-**R**elated Aspects of **I**ntellectual **P**roperty Rights) soll die internationale Durchsetzung von Patentrechten sicherstellen. Es wurde zum Allgemeinen Zoll- und Handelsabkommen (GATT) am Ende der Uruguay-Runde 1994 hinzugefügt. Die Einbeziehung des TRIPS-Abkommens erfolgte vor allem auf Drängen der Vereinigten Staaten, gestützt durch die EU, Japan und andere Erste-Welt-Länder. Die amerikanische Strategie zur Verknüpfung von Handelsrichtlinien mit Richtlinien des geistigen Eigentums hat ihren Ursprung in den achtziger Jahren in der Führungsetage von *Pfizer Inc.*, dem globalen Pharmazeutik-Unternehmen. *Pfizer* mobilisierte 12 weitere internationale US-Unternehmen, darunter *Bristol Myers Squibb*, *DuPont* und *Monsanto* und schloss sich mit diesen zunächst im *Intellectual Property Committee* (*IPC*) zusammen, um *TRIPS* zum Bestandteil der WTO zu machen. Das *IPC* machte durch Lobbyarbeit die Maximierung von Privilegien an geistigem Eigentum zur Priorität der US-Handelspolitik.[8] Nach Angaben der Organisation *Corporate Europe Observatory* sollen von 111 Mitgliedern der US-Delegation bei den GATT-Verhandlungen 96 Vertreter aus Kreisen der Industrie gewesen sein.

Das *TRIPS*-Abkommen regelt u.a. Rechtsgebiete wie: Urheberrecht, Markenrecht und Patente; Patente müssen auf allen technischen Gebieten bewilligt werden (unabhängig davon, ob dies auch im allgemeinen Interesse ist). Die Ausnahmen des Patentgesetzes müssen fast genauso streng begrenzt werden wie die Ausnahmen des Urheberrechtsgesetzes. Nachdem die Ratifizierung des *TRIPS*-Abkommens für eine *WTO*-Mitgliedschaft verpflichtend ist, muss jeder Staat, der Zugang zu den Märkten der *WTO*-Mitglieder erlangen will, die strengen Regelungen des geistigen Eigentums des *TRIPS*-Abkommens in nationales Recht umsetzen. Staaten, die ihr Rechtssystem für geistiges Eigentum nicht *TRIPS*-konform gestalten, können durch den *WTO*-Streitschlichtungsmechanismus diszipliniert werden, der es ermöglicht, Handelssanktionen gegen abtrünnige Staaten zu verhängen. Bis Januar 2000 hatten 68 Entwicklungsländer dem GVO-Patentgesetz von TRIPS zugestimmt. Die 30 am wenigsten entwickelten WTO-Mitgliedsstaaten sollten diesem bis 2006 folgen.

Seit das TRIPS-Abkommen der *WTO* in Kraft getreten ist, muss sich die *WTO* mit zunehmender Kritik von Entwicklungsländern, Wissenschaftlern und nichtstaatlichen Organisationen (NGOs) auseinandersetzen. Denn es bietet u. a. eine Voraussetzung zur Übernahme der Weltnahrungsproduktion durch gentechnisch veränderte Organismen. *TRIPS* verpflichtet alle Mitgliedsländer, sich dem »Schutz intellektuellen Eigentums« mittels Patentrechten für gv-Pflanzenvarietäten zu unterwerfen. Indiens Regierung zum Beispiel weigerte sich zunächst, diese Klausel in Uruguay zu ratifizieren, musste diese allerdings auf Druck der USA akzeptieren, womit Patente von *Monsanto* oder *Syngenta* und andere auch dort geschützt wurden. 2005 beschloss Indien ein Gesetz, das die Patentierung von medizinischen Wirkstoffen ermöglicht. Die *WTO* kann unter Zuhilfenahme des *TRIPS*-Abkommens schließlich Länder zwingen, gv-Pflanzen zuzulassen, auch wenn diese wie in den USA auf gesundheitliche Risiken hin nicht getestet worden sind.

Das *TRIPS*-Abkommen forciert einseitig die Stärkung geistiger Monopolrechte, betreibt eine massive Privatisierung des Wissens, zumeist in den Händen der Konzerne des Nordens. 97 Prozent aller Patente befinden sich im Besitz transnationaler Konzerne der Industrieländer, mehr als 80 Prozent der in Entwicklungsländern gültigen Patente sind Eigentum von Ausländern. Dabei zeigt die Praxis, dass durch Patente oftmals ganze Claims abgesteckt werden, um so durch die Blockade sogenannter Sperrpatente die Forschung anderer zu behindern. Weder Deutschland, Japan oder die USA hätten ihren derzeitigen Wissens- und Technologiestandard unter den heutigen Patentschutzbedingungen erreichen können.

Euro-Land in Lobby-Hand

von Hiltrud Breyer, MdEP

Rund 80 Prozent aller Wirtschafts- und Umweltgesetze in Europa haben ihren Ursprung in Brüssel. Wen wundert es daher, dass nach konservativen Schätzungen etwa 15 000 Interessenvertreter in Brüssel ihr Quartier aufgeschlagen haben? Sie werden von Unternehmen, Gewerkschaften und Verbänden entsandt und sollen Informationen sammeln sowie Einfluss auf die Entscheidungen der europäischen Institutionen nehmen. Aus Perspektive der EU-Institutionen sollte die Zusammenarbeit mit Lobbyisten ein faires Geben und Nehmen sein. Vorteil der Interessenvertretung kann die Praxisnähe von Gesetzesentwürfen sein. Nachteil ist jedoch, dass der Einfluss von Lobbyisten oft zu groß wird und unter Vorspiegelung falscher Tatsachen nur der einseitige Vorteil der Klienten gesucht wird. Das richtige Maß an Freiheit und Kontrolle ist unerlässlich. Denn aggressive Lobby-Arbeit kann dazu führen, dass europäische Politik an den Interessen der Bürger und Bürgerinnen vorbei betrieben wird. Paradebeispiel dafür sind die politischen Entscheidungen über Gentechnik in Landwirtschaft und Nahrungsmittelindustrie. Exemplarisch zeigen sich hier die Probleme des zunehmend aggressiveren Lobbyismus, für den es dringend eine stärkere demokratische Kontrolle geben muss.

Um ihre Einflussnahme in die Politik zu rechtfertigen, suchen die Industrie-Lobbyisten nach Argumenten, mit denen sie ihre rein wirtschaftlichen Ziele sozialverträglich verpacken können. Würde man den Heilsversprechen der Gentech-Industrie glauben, wäre die Gentechnik das beste Instrument zur Bekämpfung des Welthungers, zur Reduzierung des Pestizideinsatzes auf dem Acker, zur Schonung der Umwelt sowie zur Erzielung höherer Erträge und Gewinne für die Bauern. Zu oft werden diese Thesen unkritisch von den Medien übernommen, obwohl sie schon vor längerem von zahlreichen renommierten Instituten, Umweltorganisationen und vor allem auch von Betroffenen entkräftet wurden. Auf ihre wissenschaftliche Haltbarkeit überprüft, bleibt vom schönen Schein nicht viel übrig: Einmal in Umlauf gebracht, sind gentechnisch veränderte Organismen (GVO) praktisch nicht mehr rückholbar. Allein durch Pollenflug werden konventionelle Kulturen regelrecht mit GVO verseucht. Die Artenvielfalt geht zurück. Statt Pestizide einzusparen, steigt auf den GVO-Feldern langfristig ihr Einsatz, neue »Super-Unkräuter« entstehen. Eingebaute Antibiotikaresistenzen können resistente Keime hervorbringen. Zudem sind Langzeitstudien über die Folgen für Mensch, Tier und Umwelt noch immer Mangelware. Die Gentechnik als Lösung des Hungers in der Welt zu preisen, ist völlig irrational. Inzwischen weiß jedes Schulkind, dass der Grund für den Hunger ein Verteilungsproblem ist und nicht die fehlende Gentechnik. Politische Probleme können nicht mit Gentechnik gelöst werden.

Dank der in Europa in einer breiten Öffentlichkeit geführten Kosten-Nutzen-Diskussion wird auf dem alten Kontinent im Gegensatz zu Nordamerika der Gentech-Propagandamaschinerie nicht blind vertraut. Über 70 % der Bürger und Bürgerinnen in Europa wollen keine gentechnisch veränderten Lebensmittel auf ihrem Teller.[1] 172 Regionen sowie 4500 Gemeinden und Kreise haben sich in der EU gentechnikfrei erklärt – ein wahrer Siegeszug der gentechfreien Regionen.[2] Alle großen Verarbeiter und Händler in der EU lehnen gentechnisch veränderte Lebensmittelprodukte ab und haben sie aus ihren Regalen verbannt. Hinzu kommen zwei große Fehler der Gentech-Industrie: ihr vehementer Kampf gegen die Kennzeichnung und gegen die Klärung der Haftungsfrage. Die Verunsicherung der Bevölkerung war abzusehen. Wenn selbst die Hersteller den von ihnen gepriesenen Produkten nicht vertrauen, warum sollten es dann die Verbraucher? Vor allem, da für diese gentechnisch veränderte Lebens- und Futtermittel mit keinerlei Mehrwert verbunden sind. Vielmehr sind 80 % der GVO-Entwicklungen auf die Herbizidresistenz ausgerichtet. Viele Firmen sind auch schon aus dem GVO-Geschäft wieder ausgestiegen. *Monsanto* und *Syngenta* suggerieren zwar, die Branche sei im Auftrieb, doch faktisch haben sich GVO am Markt als Flopp erwiesen. *Aventis* hat die Konsequenzen gezogen und seine Agrobiotech-Sparte *Aventis CropScience* an *Bayer* verkauft.

Umso bemerkenswerter und fragwürdiger ist es deshalb, dass mit der Aufhebung des de facto-Moratoriums für die Zulassung des Anbaus und Verkaufs gentechnisch veränderter Pflanzen einem Antrag nach dem anderen der Weg geebnet wird. Denn mit jeder Neuzulassung werden gegen den Willen der Mehrheit der europäischen Bevölkerung und der Bauern gentechnisch veränderte Lebens- und Futtermittel auf den Markt gepuscht. Eine Erklärung könnte der mächtige Druck sein, dem die Entscheidungsträger sowohl während der Zulassung als auch im Gesetzgebungsverfahren ausgesetzt sind.

Lobby-Reise durch die EU-Institutionen

Politik wird vor allem durch Gesetze gemacht. Mittlerweile werden die meisten Änderungen der nationalen Umweltgesetzgebungen durch die *Europäische Union* initiiert. Im Umkehrschluss bedeutet das: Wer auf nationale Umweltpolitik und Umweltrecht Einfluss nehmen möchte, beginnt bereits in Brüssel.

Die *EU-Kommission*, oft als »Motor der EU« bezeichnet, hat im Rahmen der Gesetzgebung das Ruder in der Hand. Sie hat das alleinige Vorschlagsrecht für neue europäische Rechtsvorschriften. Daher ist die Kommission auch die erste Anlaufadresse für Lobbygruppen, um den entsprechenden Gesetzesentwurf in ihrem Interesse auszugestalten. Obwohl es schwierig zu sagen ist, in welchem Maße Kommissionsbeamte von Lobbyvertretern beeinflusst werden und inwieweit diese Lobbyarbeit effektiv ist, steht außer Frage, dass die Gentech-Lobby auch bei der Kommission »klopfen, klingeln, Händeschütteln« spielt.
Bisher wurden die meisten der bestehenden Gentechnikgesetze von der *Generaldirektion (GD) Umwelt der EU-Kommission*, bisweilen in Zusammenarbeit mit der *GD Gesundheit* und der *GD Landwirtschaft*, auf den Weg gebracht. Dass bezeichnenderweise inzwischen die *GD Industrie* und die *GD Handel* versuchen, immer mehr Einfluss in der Gentech-Debatte zu gewinnen, zeigt das brisante Spannungsfeld zwischen den globalen Interessen der *EU-Kommission* mit ihren internationalen und wirtschaftlichen Verflechtungen.

Sobald der Gesetzesvorschlag erarbeitet ist, wird er Parlament und Rat vorgelegt. Mit dem Vorschlag wandern auch die Lobbybemühungen der Gentechindustrie weg von der Kommission und hin zu Rat und Parlament.

Im Bereich der Gentechnikgesetzgebung wird meist im Mitentscheidungsverfahren abgestimmt. Das Parlament hat hier eine dem Rat gleichgestellte Position, kann also einen Gesetzesentwurf der Kommission gegebenenfalls auch zurückweisen. Soweit die Wirtschaft und

Öffentlichkeit hier Einfluss üben will, sind die Berichterstatter, die das jeweilige Thema vorbereiten und durch die Abstimmung führen, die wichtigsten Anlaufstellen. Im Übrigen ist es üblich und allgemein akzeptiert, dass die Abgeordneten des Parlaments regelmäßig Lobbyisten empfangen.

Bei der Gesetzgebung spielt der Rat eine ausschlaggebende Rolle. Er vertritt die Mitgliedsstaaten, an seinen Tagungen nimmt je ein Minister aus den nationalen Regierungen der EU-Staaten teil. Eine persönlich kritische Haltung eines Ministers kann im Verfahren eine Rolle spielen. Da die Ratstagungen zumeist sehr kurz sind, ist auch der Lobbyismus auf nationaler Ebene nicht zu vernachlässigen.

Die EU hat sich in den letzten Jahren im Bereich der Gentechnik durch einige einschneidende Gesetze hervorgetan. Zu den wichtigsten Regelungen zählt die sogenannte »Freisetzungsrichtlinie«, die die Verfahren zur Freisetzung gentechnisch veränderter Organismen zu experimentellen Zwecken und der Inverkehrbringung regelt.[3] Die Novel Feed & Novel Food-Verordnung sieht für sämtliche Lebens- und Futtermittel, die GVO enthalten, ein einheitliches Zulassungsverfahren mit einer einzigen Anlaufstelle vor. Die Kennzeichnungspflicht von gentechnisch veränderten Lebens- und Futtermitteln ist in der Verordnung 1830/2003 über die Rückverfolgbarkeit und Kennzeichnung von gentechnisch veränderten Organismen festgeschrieben. Die Grünen und der öffentliche Lobbydruck waren maßgeblich dafür verantwortlich, dass aus der Kennzeichnungspflicht ein Meilenstein für den Verbraucherschutz und eine deutliche Verbesserung gegenüber der vorherigen Rechtslage wurde. Vorher mussten nur Lebensmittel gekennzeichnet werden, bei denen die gentechnische Veränderung im Endprodukt analytisch nachweisbar war. Ein 100 % aus gentechnisch verändertem Mais hergestelltes Öl war somit nicht erfasst, da der Nachweis hier nicht gelang. Nun jedoch müssen alle Gentechnik-Lebens- und Futtermittel gekennzeichnet werden, unabhängig davon, ob die Genmanipulation im Endprodukt noch nachweisbar ist. Der Schwellenwert von 0,9 % gilt dabei für Produkte, die »zufällig oder technisch unvermeidbare« Spuren von GVO enthalten. Mit Erfolg: Bislang steht kein einziges kennzeichnungspflichtiges Produkt in deutschen Supermarktregalen, denn mehr als zwei Drittel der Europäer lehnen GVO auf ihren Tellern ab. Allerdings sind nach EU-Recht seit 2004 zwar Lebens- und Futtermittel kennzeichnungspflichtig, nicht jedoch tierische Produkte wie Fisch, Fleisch, Eier und Milch. So gehen die angebauten gentechnisch veränderten Pflanzen zu 80 Prozent in die Futtertröge und werden dem Verbraucher untergemogelt. Diese Kennzeichnungslücke muss dringend geschlossen werden.

Neben dem direkten Lobbying bei der Ausgestaltung der Gentechnik-Gesetzgebung treiben die Gentech-Unternehmen ihre Interessen indirekt durch die strategische Positionierung der richtigen Leute an den entscheidenden Stellen voran. Auf fruchtbaren Boden scheinen ihre Bemühungen vor allem im Rahmen des Zulassungsverfahrens von gentechnisch veränderten Organismen zu fallen.

Anders als im Gesetzgebungsprozess, bei dem der Ausgleich der verschiedenen Interessen allein durch Einbindung des *Europäischen Parlaments* gewährleistet ist, zeichnet sich das GVO-Zulassungsverfahren durch ein großes demokratisches Defizit aus. Das *Europäische Parlament* bleibt bei der Entscheidung, welche gentechnisch manipulierten Pflanzen auf den Markt kommen, ebenso außen vor wie der *EU-Wirtschafts- und Sozialausschuss* und der Ausschuss der Regionen. Hintergrund ist das sogenannte Komitologieverfahren: Der *EU-Kommission* wurden Durchführungsbefugnisse übertragen, die diese in Form von nachgeordneten Rechtsakten festlegt. Zwar liegt theoretisch die Zulassungsentscheidung beim *EU-Ministerrat*. Die spezielle Mehrheitsregelung sieht jedoch vor, dass nur mit einer qualifizierten Mehrheit, das heißt der Mehrheit der Mitgliedstaaten sowie mindestens 72,3 % der Gesamtzahl der abgegebenen Stimmen, ein GVO-Zulassungsantrag verhindert werden kann. Es ist ein Armutszeugnis, dass es dazu bisher bei keinem einzigen Antrag gekommen ist. Denn in Konsequenz fällt die alleinige Entscheidung der Kommission zu, die sich auf Berichte von Experten der *Europäischen Behörde für Lebensmittelsicherheit* (*EFSA*) stützt. Obwohl die Kommission nicht an die Empfehlungen der *EFSA* gebunden ist, folgt sie ihnen regelmäßig.

»Erfüllungsgehilfe« EFSA?

Um selbst aus dem Kreuzfeuer der Kritik zu gelangen, beauftragte die Kommission die 2002 neu gegründete *EFSA* mit der ökologischen und gesundheitlichen Risikoabschätzung von gentechnisch veränderten Pflanzen. Seit Aufnahme ihrer Arbeit wird die Sachverständigengruppe »GVO« der *EFSA* immer häufiger von Experten und Vertretern von Umwelt- und Verbraucherorganisationen beanstandet. Im Fokus steht vor allem ihre Unabhängigkeit, bisweilen wird die *EFSA* sogar als »Erfüllungsgehilfe« der Biotech-Industrie gesehen. Und dies nicht von ungefähr.

Die konstante Parteinahme der *EFSA* für die Interessen der Biotech-Firmen ist besonders auffällig. Nur Empfehlungen, aber kein einziger negativer Bescheid waren bis dato die Antwort der *EFSA* auf Zulassungsanträge. Vor diesem Hintergrund erweckt die Zusammensetzung der Sachverständigengruppe Zweifel.
Einige der Mitglieder, die vom Verwaltungsrat der Behörde ernannt werden, haben direkte oder indirekte Verbindungen zur Biotech-Industrie. Unter den Veröffentlichungen der Interessen der Mitglieder auf der Homepage der *EFSA* sticht die Erklärung von Mike Gasson hervor, der bis vor kurzem noch als Berater für *Danisco Venture* tätig war und zudem Anteile von *Novacta*, einem Pharma- und Biotech-Unternehmen, besitzt. Drei weitere Mitglieder sind Unterstützer der industriefinanzierten Lobbygruppe *Public Research and Regulation*, die sich für schwächere Biosicherheitsgesetzgebung und öffentlichen Zugang zu Informationen einsetzt. Inwieweit die beiden deutschen Wissenschaftler Hans-Jorg Buhk und Detlef Bartsch unvoreingenommen bei der Risikountersuchung sind, ist angesichts ihres Auftritts in einem für die Biotech-Industrie produzierten Werbevideo ebenfalls fraglich. Weiterhin hat die *EFSA* eine große Anzahl von externen Experten unter Vertrag, zu denen mit Andrew Cockburn der ehemalige Wissenschaftliche Direktor von *Monsanto* gehört und mit Richard Phipps ein Wissenschaftler zählt, der für verschiedene Gentechfirmen wie z. B. *Monsanto* und *Bayer* arbeitete.[4]

Massiven Anlass zur Skepsis bezüglich der Unabhängigkeit von *EFSA* liefert auch ihre Verquickung zu *ENTRANSFOOD*. Dieses EU-finanzierte Projekt hatte das Ziel, die Einführung von GVO auf dem europäischen Markt zu erleichtern und der europäischen Industrie zu einer wettbewerbsfähigen Position zu verhelfen. Vor diesem Hintergrund ist es mehr als besorgniserregend, dass ein derartig motiviertes Projekt mehr oder weniger unter Ausschluss kritischer Stimmen die Bedingungen für die Risikoabschätzung von gentechnisch manipulierten Pflanzen festlegte. Hinzu kommt, dass nicht nur das Projekt vom derzeitigen Vorsitzenden der GVO-Sachverständigengruppe der *EFSA*, Harry Kuiper, geleitet wurde, sondern sich zudem manche wissenschaftlichen Stellungnahmen der *EFSA* und ehemaliger *ENTRANSFOOD*-Papiere fast bis aufs Wort gleichen.[5]

Die Kommission beharrt gegenüber der Öffentlichkeit jedoch auf der Unabhängigkeit der *EFSA*-Mitglieder.[6] Nichtsdestotrotz wäre es angesichts der politischen Bedeutung, nicht zu vergessen der Risiken für die menschliche Gesundheit und die Umwelt, eine längst überfällige vertrauensbildende Maßnahme, könnten die Mitglieder der Gruppe als vollständig unabhängig betrachtet werden.

Eklatante Zulassungsfehlentscheidungen

Es steht außer Frage, dass die bisherige Arbeit der Behörde stark zu wünschen übrig lässt. *EFSA* hat bisher alle Zulassungen abgenickt. Fast ausschließlich verwendet sie für ihre Risikobewertung jene Daten, die vom Antragsteller selbst zur Verfügung gestellt werden. Weder unabhängige Wisenschaftler noch von Mitgliedsstaaten eingereichte Materialien werden berücksichtigt, wissenschaftlich begründete Sicherheitsbedenken vielmehr regelmäßig vom Tisch gewischt. Bis heute hat die *EFSA* keinerlei Langzeittests für die von ihr durchgeführten Risikoabschätzungen verlangt. Kein einziges Mal sind die Langzeitrisiken auf den Menschen oder die Umwelt untersucht worden, obwohl dies für die Entscheidung über die Gesundheitsschädlichkeit eines Lebensmittels ausdrücklich vorgeschrieben ist.[7] Dass diese unerlässlich sind, zeigen die Ergebnisse einer Studie der australischen Forschungsorganisation *CSIRO* (*Commonwealth Scientific and Industrial Research Organisation*). Ihre rund zehn Jahre dauernde Forschung an Gen-Erbsen musste *CSIRO* im Jahre 2005 einstellen, weil die mit den Gen-Erbsen gefütterten Mäuse Symptome einer Lungenentzündung aufwiesen. Die Wissenschaftler vermuten nun, dass bei einem mittels Gen-Übertragung zur Insektenresistenz eingeführten Protein eine unvorhergesehene Veränderung aufgetreten ist.[8]

Gentech-Kritiker gehen nicht ohne Grund davon aus, dass die Generbsen auch durch die *EFSA* positiv bewertet und in Europa zugelassen worden wären – mit nicht abschätzbaren Folgen. Der leichtfertige Umgang der Kommission und der *EFSA* mit dem äußerst umstrittenen genmanipulierten Mais MON863 und der für die Zulassung nicht zwingend vorgeschriebenen Fütterungsversuche erhärten diese Befürchtung. So legte im Zusammenhang mit der Zulassung des Genmais MON863 die Umweltorganisation *Greenpeace* zwei Gutachten vor, die erhebliche Mängel bei der statistischen Auswertung von Rattenfütterungsversuchen der Firma *Monsanto* feststellten. Neben den besorgniserregenden Ergebnissen waren auch die Testmethoden selbst mehr als fragwürdig.[9]

Doch weder *EFSA* noch die Kommission reagierten darauf in angemessener Weise. Die Kommission musste in der Antwort auf eine schriftliche Anfrage sogar zugeben, über »kein zuverlässiges Ergebnis« zu verfügen, »mit dem mögliche Mängel bei der Untersuchung der als Bestandteil des Dossiers vorgelegten Fütterungsversuche nachgewiesen würden«.[10] Trotzdem wurde der Mais Anfang des Jahres zugelassen.

Die Liste mit den Mängeln der Risikobewertung lässt sich unendlich weiterführen, wie z.B. mit den Gen-Maissorten Bt176, NK603, 1507 oder Bt11[11]. Im Tierversuch festgestellte signifikante Effekte wurden pauschal als nicht relevant abgetan, Überprüfungen der statistischen Auswertung der Unterlagen nicht veranlasst, weder umfassende Monitoring-Auflagen verlangt noch Auswirkungen auf andere Organismen wirklich überprüft. Das Vorsorgeprinzip wird nicht gebührend berücksichtigt, von der *EFSA* genutzte Schlüsselbegriffe wie »vernachlässigbares Risiko« oder »biologisch relevant« nicht geklärt. Eindeutige und spezifische Referenzen zu regionalen ökologischen Charakteristika fehlen ebenso wie die Berücksichtigung indirekter und langfristiger ökologischer Auswirkungen. Generell liegt zu viel Gewicht auf Argumentationen, die rein auf Annahmen und indirekten Beweisen beruhen statt auf richtigen, direkten Tests der Toxizität. Inakzeptable Interessenskonflikte und massive Lücken in den Gutachten, die konstante Parteinahme für die Interessen der Biotech-Industrie in Form von wohlwollenden und unkritischen Gutachten der *EFSA*, sowie die Interessenverquickung einiger *EFSA*-Mitglieder mit denen der Biotech-Industrie werfen ein äußerst ungünstiges Licht auf die Arbeit der Behörde.

Eine Neuausrichtung der europäischen Gentechnikpolitik ist unumgänglich. Zulassungsentscheidungen hinter verschlossenen Türen müssen der Vergangenheit angehören, ökotoxikologische Daten offengelegt werden. Die Verbraucher haben ein Recht auf eine Zulassungspraxis, die auf dem Vorsorgeprinzip beruht, demokratisch und transparent ist. Die Kommission muss sich endlich ihrer Verantwortung stellen und das Risikomanagement ernst nehmen. Sie kann sich nicht länger hinter der *EFSA* verstecken. Hoffnung weckt daher, dass auch immer mehr Mitgliedsstaaten aus der Koalition der Zögerer und Zauderer aussteigen und das inakzeptable GVO-Prüfverfahren und seine Folgen nicht länger schweigend hinnehmen. Acht Mitgliedsländer haben inzwischen zwölf nationale Verbote gegen den Anbau von in der EU zugelassenen genmanipulierten Pflanzen ausgesprochen.[12] Zwar sollten diese nationalen Schutzklauseln auf Wunsch der Kommission schon im Juni 2005 aufgehoben werden. Erstmalig bewies der Rat hier jedoch wirklich Rückgrat: Mehr als die notwendigen zwei Drittel der EU-Mitgliedsländer sprachen sich gegen eine Aufhebung der Gentechnik-Importverbote aus.

Neben der konkreten Kritik an einzelnen Zulassungen werden auch die Stimmen gegen den GVO-Zulassungsprozess selbst immer lauter. Italien, Ungarn, Griechenland, Luxemburg, Österreich und Dänemark forderten bereits, die Kommission solle keine GVO zulassen, wenn sich statt einer qualifizierten schon eine einfache Mehrheit, das heißt 13 Staaten, gegen den Vorschlag ausspricht.[13]

Hauptakteure der Pro-Gentech-Lobby

Die Propagandamaschine der Gentech-Industrie läuft. Das Streuen von gezielten Desinformationen und raffinierte Verfälschungen von Datenmaterial sollen suggerieren, Gentechnik sei auf dem Siegeszug, die erste GVO-Dekade ein klarer Erfolg für Landwirte rund um die Welt.[14] Doch die weltweite Akzeptanz der Genpflanzen ist bei weitem nicht so umfassend, wie behauptet. So halten beispielsweise die Zahlen der *International Service for the Acquisition of Agri-Biotech-Applications* (*ISAAA*) einer Überprüfung nicht stand. Vergleiche mit Berechnungen verschiedener anderer Institute[15] zeigen, dass die *ISAAA* bei der Größe der weltweiten GVO-Flächen stark übertreibt. Auch wird GVO bei weitem nicht weltweit angebaut. Gentechnisch veränderte Pflanzen wachsen nur auf rund fünf Prozent der weltweiten landwirtschaftlichen Anbaufläche. 96 Prozent der Flächen liegen in nur fünf Ländern, nämlich den USA, Argentinien, Kanada, China und Brasilien. In der EU ist Spanien das einzige Land, in dem GVO in nennenswertem Umfang kommerziell angebaut wird. Diese Tricks sind keine Überraschung, kann die *ISAAA* doch keineswegs als unparteiisch angesehen werden. Von den größten Gentechnik-Konzernen der Welt gegründet, wird sie auch von diesen finanziert. Zu den Geldgebern zählen die großen Biotech-Konzerne *Monsanto*, *Syngenta*, *Bayer Crop Science*, *Pioneer* und *Dupont*.

In Brüssel haben sich diese Unternehmen mit der Europäischen Biotechnologie-Vereinigung mit dem sympathischen Namen *EuropaBio* ein wichtiges Sprachrohr geschaffen. Sie vertritt die Interessen von rund 1200 kleinen und mittleren Betrieben sowie von 40 großen Konzernen. *EuropaBio* versorgt sowohl Kommission, Rat als auch Parlament mit »Informationen« und pflegt einen regelmäßigen Kontakt mit den Entscheidungsträgern, um die Interessen ihrer Mitglieder möglichst lautlos durchzusetzen. Dabei setzt sie sich für eine Koexistenz von GVO und GVO-freiem Anbau ein und plädiert für ein Wahlrecht der europäischen Bauern, ob und inwieweit sie GVO-Anbau betreiben möchten. Dabei spielt sie oft das Unschuldslamm, wie im Fall der Festsetzung des Kennzeichnungsgrenzwertes. Vielen erschien es lobenswert, dass sich die Industrie für einen Grenzwert von 0,0 % einsetzte und wären fast in die Falle getappt. Denn bei Ernte, Transport, Lagerung und Verarbeitung können GVOs und GVO-freie Produkte selbst mit hohem Aufwand nicht vollständig voneinander abgegrenzt werden. Auch Ökobauern hätten in Folge ihre Produkte kennzeichnen müssen, der Verbraucher keine Wahlfreiheit mehr gehabt. Auch wenn der schließlich festgesetzte Grenzwert von 0,9 % für die Kennzeichnung von Lebens- und Futtermitteln zu hoch ist, wurde der Gentech-Industrie hier ein empfindlicher Dämpfer versetzt.
Doch die Lobbyanstrengungen von *EuropaBio* und ihren Mitgliedern zeigen auch Wirkung: In der Frage der Haftung kämpft die Industrie hart und bisher mit Erfolg gegen ein striktes Haftungsregime in Europa.[16]

Einfluss versucht auch die *European Plant Science Organisation* (*EPSO*) zu üben. Sie existiert seit dem Jahr 2000 und repräsentiert 54 Forschungsinstitute aus 23 europäischen Ländern. Ihr Ziel ist die Verbesserung der öffentlichen Wahrnehmung der Pflanzenwissenschaften in Europa. So moniert die *EPSO*, die europäischen Investitionen in diesem Bereich seien als Folge fehlender Aufklärung bzw. Information der Öffentlichkeit über die potenziellen Vorteile der Biotechnologie zurückgegangen.[17] Allerdings haben Untersuchungen ergeben, dass ein optimierter Informationsfluss keinesfalls ein Indikator für eine optimistische Haltung der Öffentlichkeit gegenüber Biotechnologien ist.[18]

Der Dachverband für die gesamte Saatgut-Industrie ist die *European Seed Association*. Hier bündeln sich die Interessen sowohl der GVO-Gegner als auch Befürworter zu speziellen Themen wie Patentierbarkeit, Regulierung des Saatgutmarktes und Wahlfreiheit für die Verbrau-

cher. Dabei werden jedoch weniger die Interessen der Verbraucher geschützt als die der Industrie.
Hauptaugenmerk der *ESA* liegt auf der kontrovers diskutierten Frage der Verunreinigung von konventionellem Saatgut. Bis heute fehlt eine verbindliche und praktische Regelung dieser wesentlichen Frage auf europäischer Ebene. Doch solange GVO in Saatgut nicht gekennzeichnet werden, ist eine flächendeckende Saatgut-Kontamination zu befürchten. Kaum zu kontrollieren wäre, welche und wie viele Millionen Pflanzen unwissentlich gentechnisch verunreinigt worden sind. Allein aus 5000 t Raps-Saatgut können bis zu 4,1 Millionen t Ernte werden. Die *ESA* aber kämpft für schwache Standards, die zu einer breiten GVO-Verunreinigung sowohl in der Umwelt als auch der Landwirtschaft führen können. Die von den *Generaldirektionen Umwelt und Landwirtschaft* diskutierten Grenzwerte von 0,3 % für Raps- und Maissaatgut, 0,5 % für Rüben und Kartoffeln gerieten in den Blickpunkt. Insbesondere der Grenzwert für Mais wurde von der *ESA* als zu hoch und ökonomisch nicht nachhaltig kritisiert. Damit würden sie den Saatgutproduzenten, Landwirten und Verbrauchern unnötige zusätzliche Kosten aufbürden.[19] Auch diese Argumente sind Augenwischerei: Die Kennzeichnung von GVO-Verunreinigungen im Saatgut auf der technisch messbaren und verlässlichen Nachweisgrenze von sogar 0,1 % ist in Österreich bereits seit mehreren Jahren gesetzlich vorgeschrieben und durchaus praktikabel.[20]

Ein weiterer Darsteller auf der europäischen Lobbybühne ist die *Genval-Group*. In dieser bereits 2003 in Abstimmung mit der Kommission von *EuropaBio* und der *EPSO* etablierten Gruppe tummeln sich viele einflussreiche Gentech-Interessierte aus Wissenschaft und Wirtschaft wie *Syngenta, Bayer, BASF, Südzucker, Nestlé*, die *Max-Planck-Gesellschaft* oder die *Biologische Bundesanstalt*. Die *Genval-Group* konzentriert sich statt auf die Gesetzgebung oder die konkrete GVO-Zulassung auf ein anderes lukratives Zukunftsfeld: die Forschungsförderung unter dem 7. Forschungsrahmenprogramm. Die Kommission hat der Industrie in Form von Technologieplattformen ein effektives Instrument an die Hand gegeben, sich ihren eigenen »Forschungs-Wunschzettel« zu schreiben. Im Bereich der Gentechnik wird dieser nach Wunsch der Kommission integrale Bestandteil des 7. Forschungsrahmenprogramms[21] verkörpert durch *Plants for the Future*. Brisant, dass das von vielen als Gründungsdokument verstandene Papier *Plants for the Future 2025 – a European vision for plant genomics and biotechnology* von der *Genval-Group* vorbereitet und nach Zeitungsberichten sogar mit 555 000 Euro finanziell von der EU unterstützt wurde. Das Resultat lässt sich prompt ablesen: Ganz offensichtlich ist der Kommissionsvorschlag für das Rahmenprogramm zur Unterstützung von Forschungsprojekten im Bereich Landwirtschaft und Ernährung einseitig zu Gunsten der Agrar-Industrielobby ausgerichtet. Das Schwergewicht liegt auf der Förderung von Gentechnik. Umwelt- und Naturschutz werden vernachlässigt, kritische Forschung nicht vorgesehen. Anstelle von Lösungen für Landwirte, Verbraucher und die Umwelt vor Ort werden vielmehr Produktentwicklungen für internationale Großunternehmen gefördert.

David gegen Goliath: Grüne, Umwelt- und Verbraucherschutzverbände machen Druck

Die Grünen im *Europäischen Parlament* haben maßgeblich Gesetze und Resolutionen zur EU-Gentechpolitik mitgestaltet. Neben ihrer entscheidenden Rolle bei der Kennzeichnungspflicht ist es auch den Grünen zu verdanken, dass die EU gegen den Willen der *EU-Kommission* Vorschriften für die Ausfuhr von GVO in Drittländer angenommen hat, die weit über die Verpflichtungen der Union nach internationalem Recht hinausgehen. Auf grüne Initiative hin werden die Mitgliedsstaaten gezwungen, unabsichtlich grenzüberschreitende Bewegungen in andere Länder zu vermeiden. Im Rahmen der Koexistenzdiskussion drängten sie auf eine Änderung der GVO-Gesetze, so dass Mitgliedsstaaten nun Maßnahmen zur Gewährleistung der Koexistenz von gentechnisch veränderten, konventionellen und biologischen Kulturen ergreifen können.

Umwelt- und Verbraucherschutzverbände haben eine bedeutende Kontrollfunktion. Als kritische Instanz, die Fehlentwicklungen rechtzeitig bemerkt und an die Öffentlichkeit kommuniziert, kämpfen sie hart dafür, dem Druck seitens der Wirtschaft entgegenzuwirken und den Interessen der Verbraucher und der Umwelt eine Stimme zu geben. Das Kernstück der europäischen Anti-Gentechnik-Lobby bilden neben den Grünen *Greenpeace* und *Friends of the Earth* (*FOEE*). Diese Nichtregierungsorganisationen (*NGOs*) haben dazu beigetragen, die Gefahren der Gentechnik in Brüssel zum Top-Thema zu machen. Als internationale Organisationen verfügen sie über ein weitgefächertes Informationsnetz, von dem sie auch bei ihrer Arbeit mit den europäischen Institutionen profitieren. Allerdings sind ihre Einflussmöglichkeiten auf Grund der relativ geringeren finanziellen Ressourcen beschränkter als die der Biotech-Industrie.[22] Die *NGOs* sind daher auf Zuarbeit und Unterstützung von der nationalen Ebene angewiesen, die sie beispielsweise bei den Vertretern der biologischen und konventionellen Landwirte, dem Netzwerk der Gentechnik-freien Regionen Europas sowie einer stattlichen Mehrheit von EU-Mitgliedsländern und europäischen Konsumenten erhalten.

»Wind of Change« in der Gentech-Politik?

Europa erlebt derzeit zwar eine Welle von Neuzulassungen, vor allem für gentechnisch veränderte Futtermittel, und es ist nicht von der Hand zu weisen, dass die Lobbybemühungen der Agroindustrie daran einen nicht zu unterschätzenden Anteil haben. Doch haben sich ihr mehr Hürden in den Weg gestellt, als sie sicherlich erwartete. Die starke konstante Ablehnung der europäischen Bevölkerung und mehrerer Mitgliedsstaaten, der Siegeszug der gentechnikfreien Zonen, der fehlende zusätzliche Verbrauchernutzen und eine durch Lebensmittelskandale wie BSE sowie Maul- und Klauenseuche aufgerüttelte Öffentlichkeit und Politik haben die Einführung von GVO in Europa insgesamt schwieriger gestaltet, als von ihr erhofft. Weder konnte die Industrie im letzten Jahrzehnt die »Vorteile« von GVO für die Konsumentinnen und die Umwelt unter Beweis stellen, noch haben GVO bei der Bekämpfung von Hunger und Armut auf internationaler Ebene eine Rolle gespielt.[23]

Angesichts der zunehmenden Kritik gerät auch die *EU-Kommission* auf ihrem Pro-Gentechkurs ins Schlingern. Ob sie ihr Ruder von alleine ganz herumreißen wird, ist zwar fraglich. Doch zumindest musste sie im Frühjahr 2006 selbst große Probleme bei der Koexistenz gentechnisch veränderter und konventionell angebauter Pflanzen einräumen. Wenig später beschloss sie ferner, das Verfahren der *EFSA* für die Zulassung von gentechnisch veränderten Organismen zu verbessern. Die Entscheidungen sollen transparenter, ihre wissenschaftliche Begründbarkeit deutlicher werden. Die Kommission will sich in Zukunft ebenfalls das Recht vorbehalten, das Zulassungsverfahren zu unterbrechen, sollte eine Stellungnahme eines Mitgliedsstaates »wichtige neue wissenschaftliche Fragen« aufwerfen.

Dies ist auch der Anti-Gentechnik-Lobby auf die Fahnen zu schreiben, und sie wird sich auch weiterhin entsprechend engagieren. Die Grünen werden auch in Zukunft die europäische Gentech-Politik und Gesetzgebung mit Anfragen, Resolutionen, Initiativen und Änderungsvorschlägen beeinflussen und damit immer wieder die Finger in die Wunde legen. Umwelt- und Verbraucherorganisationen werden für die kritische Öffentlichkeit sorgen. Damit die vielbeschworene Transparenz endlich kommt, ökotoxikologische Daten offengelegt und EU-weite Haftungsregeln ausgearbeitet werden. GVO dürfen nicht zugelassen werden, solange Sicherheitsfragen nicht abschließend geklärt sind. Auch ein EU-weites Reinhaltegebot für Saatgut muss endlich her. Wir werden uns weiter stark machen für eine sichere, transparente, demokratische und koexistenzfähige Gentech-Politik.

Hiltrud Breyer *ist eine der leidenschaftlichsten Kritikerinnen der Gentechnik in der EU. Sie ist für die Grünen seit 1989 im Europäischen Parlament. In den letzten Jahren hat sie sich für die Kennzeichnung genmanipulierter Lebens- und Futtermittel vom Feld bis zum Teller engagiert und die Verpflichtung zu Koexistenzmaßnahmen im Parlament mehrheitsfähig gemacht. Über ihren regelmäßig erscheinenden ÖkoNewsletter informiert sie aktuell über die umweltpolitischen Entwicklungen in der EU. Mehr Infos: www.hiltrud-breyer.de*

Das unsichtbare Netz der Lobbyisten

von Richard Fuchs

Die neuen Entwicklungen in der Bio- und Gentechnologie und ihre Anwendungen haben einen für Bürgerinnen und Bürger nicht immer durchschaubaren Beratungs- und Lobbyapparat hervorgebracht. Das gilt für die »Rote Gentechnik« (rot = Blut, Gentechnik am Menschen) ebenso wie die Agro-Gentechnik. Aufgabe ist einerseits die Popularisierung der neuen Techniken gegenüber der Öffentlichkeit und vor allem gegenüber der Politik. Andererseits dient der Beratungsapparat als Abschirmung von Regelwerken zur Vermeidung von Grundsatzdiskussionen. Auf *EU-Kommission, -Parlament* und *-Rat* in Brüssel üben rund 15000 Lobbyisten im Interesse ihrer Auftraggeber ihren Einfluss aus. Nicht selten entstammen Richtlinien und Verordnungen, die in nationales Recht umgesetzt werden müssen, der Feder eben dieser Industrie- und Verbandsvertreter. Internationale Institutionen stehen den Lobbyisten flankierend zur Seite. Personelle Querverbindungen und weitreichende Vernetzungen zwischen den einzelnen Organisationen sind nicht selten. Einige Abgeordnete machen keinen Hehl daraus, dass sie zusätzlich auf der Gehaltsliste der Wirtschaft stehen. Lobbyisten werden als Sachkenner geschätzt. Kein Kommissionsvorschlag und kein Bericht des *EU-Parlaments*, bei dem Verbände oder Einzelpersonen nicht zuvor zu Stellungnahmen aufgefordert werden. Dabei setzt die *EU-Kommission* trotz aller Bedenken in der Öffentlichkeit generell auf Biotechnologie nicht nur in der Landwirtschaft.

Eine der Lobby-Institutionen ist *EuropaBio* auf europäischer Ebene und ABIC, das Forum für Erfahrungsaustausch, Impulsgebung und Kooperation mit und für Investoren, Industriemanager, Wissenschaftler und politische Entscheidungsträger aus aller Welt. Stellvertretend für eine Vielzahl weiterer Lobby-Institutionen sollen hier *EuropaBio* und *ABIC* beschrieben werden.

500 europäische Firmen gründeten 1996 den *Gentech-Lobby-Verband European Association for Bioindustries* (*EuropaBio*), unter anderem mit dem Ziel, gesetzliche Schranken der Gentechnik abzubauen. Neben Kleinfirmen und Wissenschaftlern, die im Bereich Gentechnologie tätig sind, zählen 37 der größten Nahrungsmittel- und Chemiekonzerne zu dieser Vereinigung, darunter *Nestlé, Novartis, Hoffmann-La Roche, Unilever, Danone, Bayer, Calgene, Monsanto, Rhône-Poulenc*. Diese Konzerne verfügen gemeinsam über eine Bilanzsumme von über 500 Milliarden Dollar. *EuropaBio* verfolgt das Ziel, Gesetzgebungen dahingehend zu beeinflussen, dass sie der Entwicklung der Bioindustrie entgegenkommen. Es gelte außerdem, KonsumentInnen davon zu überzeugen, dass die Gentechnik eine »unschuldige Technologie« sei, die, wenn man sie nur lasse, »viel Gutes tun« könne.

Unter dem Motto »Biotechnologie: Die unsichtbare Revolution, Ausblick und Rückblick« organisierte, 10 Jahre nach Gründung, *EuropaBio* am 30. Mai 2006 einen Tag Europäischer Biotechnologie. Es folgten bis Oktober desselben Jahres 11 weitere Veranstaltungen. Während es in der Vorankündigung eines Vortrags zum Jahrestag noch heißt, »Warum darf die EU Genetik-Modifikationen nicht ablehnen?«, heißt es in der Druckversion des Programms etwas raffinierter, »Weniger Subventionen; mehr Technologie: Wie man eine nachhaltige Landwirtschaft kreiert« (Übers. d. V.). Am Abend zum Cocktail und Buffet- Dinner sprach der Präsident von *EuropaBio*, Dr. Hans Kast, Geschäftsführer von *BASF Plant Science* (Deutschland). Obwohl bei der Bewertung der Gentechnik in der Landwirtschaft inzwischen Ernüchterung eingekehrt ist und neue Versprechen für Konsumenten nicht eingelöst werden konnten, behauptet nach wie vor *EuropaBio*: Biotechnologie in der Landwirtschaft biete beträchtlich höhere Erträge und stelle Alternativen beim Einsatz von Pestiziden bereit. Genetisch modifizierte Früchte und Gemüse könnten einen höheren Nährwert, einen besseren Geschmack und längere Haltbarkeit zum Vorteil der Konsumenten liefern.[1]

Eine besondere Gelegenheit, seinen Unmut über die angeblich schwerfällige Brüsseler Zulassungspolitik für GVO zu äußern, bot sich für den Präsidenten von *EuropaBio*, Dr. Hans Kast, 2004 in Köln. Unter dem Motto »AgBiotech goes Europe« war Deutschland erstmalig Gastgeber einer der weltweit wichtigsten Konferenzen und Fachmessen zum Thema Pflanzenbiotechnologie: *ABIC (Agricultural Biotechnology International Conference*) vom 12.–15. September 2004 in Köln. Das in Kanada 1996 ins Leben gerufene *ABIC-Forum für Erfahrungsaustausch, Impulsgebung und Kooperation*, ist für Investoren, Industriemanager, Wissenschaftler und politische Entscheidungsträger aus aller Welt alle zwei Jahre die wichtigste Konferenz und Fachmesse für Agrarbiotechnologie.

Zu den Ausstellern zählten ebenso Agrochemie- und Saatgutmultis wie *Monsanto, DuPont/Pioneer Hi-Bred, Dow AgroScience, Bayer CropScience, Syngenta, BASF, KWS* und Wissenschaftsinstitute. Auf der Rednerliste standen neben Firmen- und Interessenvertretern aus allen Erdteilen u.a. der EU Forschungs-Kommissar Philippe Busquin, der US-Handelsbeauftragte Robert B. Zoellick, Michael J. Phillips von der *Biotechnology Industry Organization*, Washington, Eric Cline, kanadischer Minister für Industrie und Entwicklung, Simon Barber von *EuropaBio* und schließlich auch Dr. Hans Kast. Vor der Messehalle demonstrierten Gruppierungen von *Greenpeace, Misereor, Brot für die Welt* und andere gegen die Lobby des Biotech-Business.

Unter dem Motto »Wann werden gentechnisch veränderte Pflanzen in Europa Wurzeln schlagen?« referierte Kast in seiner Eigenschaft als Vertreter der Saatgut- und Agrochemiesparte und bedauerte die komplexen und zeitraubenden Zulassungsverfahren in der EU. Diese und die Skepsis der Bevölkerung Genfood gegenüber seien verantwortlich dafür, dass immer mehr Know how verloren gehe. Adressat war u.a. die *Europäische Behörde für Lebensmittelsicherheit (EFSA)*. Sie koordiniert das EU-Zulassungsverfahren für gentechnisch veränderte Organismen (GVO), an dem sowohl die *EU-Kommission* und weitere EU-Gremien als auch die Mitgliedsstaaten und deren Behörden beteiligt sind. In Deutschland ist das *Bundesinstitut für Verbraucherschutz und Lebensmittelsicherheit (BVL)* die wichtigste zuständige Behörde.

Als Voraussetzung für die Zulassung eines GVO-Produktes muss der Hersteller belegen, dass es keine nachteiligen Auswirkungen auf die Gesundheit von Menschen, Tieren oder die Umwelt hat. Die Produkte bzw. deren Etikettierung dürfen die Verbraucher nicht irreführen. Zusammen mit dem Zulassungsantrag müssen dazu Untersuchungsergebnisse, unter anderem toxikologische und ernährungsphysiologische Informationen, eingereicht werden.

Während Hans Kast in der Öffentlichkeit über die schwerfällige Brüsseler Bürokratie klagt, verbreitet er in der Homepage von *BASF Plant*

Science Optimismus: »Die Pflanzenbiotechnologie wird entscheidend dazu beitragen, dass auch in Zukunft ausreichend Nahrung in hochwertiger Qualität für die schnell wachsende Menschheit zur Verfügung stehen kann. Damit ist sie eine Schlüsseltechnologie des 21. Jahrhunderts.« Das 1998 gegründete Unternehmen mit 570 Mitarbeitern, *BASF Plant Science*, will in wenigen Jahren – nicht zuletzt auch durch den Zukauf von Biotechnologieunternehmen – auf dem Gebiet Pflanzenbiotechnologie weltweit führend sein. Die letzte Übernahme, *CropDesign* (Gent/Belgien), fand im Mai 2006 statt.

Erst die Kuh, dann Du: Gen-Futter/Gen-Food und die Nebenwirkungen

von Richard Fuchs

Schon heute sind laut *Statistischem Bundesamt* fast ein Drittel unserer ohnehin beträchtlichen Gesundheitskosten ernährungsbedingt – sei es durch die Kosten zur Behandlung von Dickdarmkrebs als zweithäufigste Krebserkrankung nach Lungenkrebs oder Diabetes mit allen Folgekosten –, um nur diese beiden größten Krankheitsgruppen zu nennen. Das füllt zwar die Wartezimmer und die Kassen der Ärzte und Apotheker, belastet aber gleichzeitig die Solidargemeinschaft der Versicherten und führt zur Erhöhung der Lohnnebenkosten. Wenn es nach dem Willen der Bundeskanzlerin Angela Merkel und ihrem Förderprogramm für die Agrar-Gentechnik geht, werden diese Kosten mit dem Verzehr des Essens aus dem Genlabor in unverantwortlicher Weise weiter steigen. Denn dann werden langfristig mit dem erhöhten Einsatz von Pestiziden im Anbau von gentechnisch verfälschten Pflanzen auch die Restmengen an Pestiziden in unserer Nahrung zunehmen. Und das ist zumindest unumstritten: Damit wird sich auch das Krebsrisiko der Konsumentinnen und Konsumenten erhöhen.

Der renommierte Krebsforscher Bruce N. Ames, Professor an der *University of California*, Berkeley, sagte in einem Vortrag: »Ein Drittel aller Krebsarten werden durch Rauchen verursacht, ein Drittel durch nicht ausgegorene Ernährung.«[1] Nicht ohne Grund weist er auf die gesundheitserhaltende Wirkung von Vitaminen und Mineralien in Lebensmitteln hin. So habe sich gezeigt, sagte Ames, dass die Krebsrate bei dem Bevölkerungsanteil, der am wenigsten Obst und Gemüse esse, doppelt so hoch sei wie bei dem, der am meisten Obst und Gemüse esse. Ohne die darin enthaltenen Vitalstoffe könne der Körper Schäden im genetischen Material nicht beheben. Schließlich empfahl er auch das Essen seiner italienischen Frau: »Die Mittelmeerkost mit viel Gemüse und Fisch, wenig Fleisch ist sehr gut. Nicht umsonst werden Italiener, Franzosen und Griechen am ältesten.«

Der deutsche Biophysiker Prof. Fritz-Albert Popp bestimmt die Lebensmittelqualität und deren innere »Ordnungszustände« durch Biophotonenmessung: Nicht mehr der Energiegehalt der Lebensmittel (Kalorien), sondern deren Gehalt an potentieller Information entscheidet über die Qualität. Die Information, die wir mit der Nahrung aufnehmen und die »Schwingungen«, die auf den Organismus übertragen werden, sind vergleichbar mit Heilmitteln, die wir nach Popps Ansicht für die Regulation der raum-zeitlichen Rhythmik des Organismus benötigen. Lebensmittel mit hoher Biophotonenstrahlung sind solche in naturbelassener Form[2] bzw. in »optimaler biologischer Organisation«.[3] Vitalstoffarme Hochertragssorten, die auch Grundlage für die gentechnische Manipulation sind, besitzen folglich solche Eigenschaft allenfalls in einem sehr begrenzten Umfang.

Wir essen zu viel vom Verkehrten. Nahrungsmittel kommen in der Regel nicht mehr vom Acker frisch auf den Tisch, sondern via Supermarkt aus der Fabrik. In der Nahrungsmittelindustrie geht es in erster Linie ums Geschäft mit Produkten, deren Verpackungen mehr versprechen, als der Inhalt hält. Peter Brabeck-Letmathe von *Nestlé* in der Schweiz, dem weltweit größten Nahrungsmittelkonzern, verdeutlicht in einem Interview für den Film »We feed the World«, dass er die Nahrungsmittelproduktion als reinen Wertschöpfungszweig sieht, in dem wenig Platz für Rücksichtnahme auf Natur oder die Notlage der ärmsten Menschen ist. Alarmiert durch die Zunahme ernährungsbedingter Krankheiten, erwachte auch in der Ärzteschaft das Interesse an Ernährungsmedizin, während in der Ausbildung und Praxis der symptom- und pharmaorientierten Schulmedizin zuvor das Thema Ernährung eher eine untergeordnete Rolle spielte. Andererseits waren es immer auch Ärzte, die sich als Pioniere der Ernährungslehre und -therapie hervortaten wie Dr. Maximilian Oskar Bircher-Benner, Prof. Dr. Werner Kollath und Dr. Max Otto Bruker.

Der erste »Sündenfall« in Sachen Fehlernährung fand nicht im Paradies, sondern als Begleiterscheinung der industriellen Revolution statt. In biblischen Zeiten hieß es noch: »Und Gott sprach: Ich habe euch gegeben alles samenbringende Kraut, das auf der Fläche der Erde ist, und jeden Baum, an welchem samenbringende Frucht ist; es soll euch zur Speise sein …«.[4] Was hier so kurz und gut empfohlen wird, birgt in Wirklichkeit eine ungeheure Vielfalt an vitalstoffreichen Lebensmitteln für den sofortigen Verzehr oder als Ausgangsprodukt für die Zubereitung von köstlichen Speisen. Bei dieser Empfehlung hätte es auch bleiben können. Denn VegetarierInnen leben gesünder und länger als sogenannte Mischköstler. Sieht man vom Speiseplan der Nomaden mit einem höheren Verbrauch an Lebensmitteln tierischer Herkunft ab, ist es für die Sesshaften im klassischen Altertum bei den überwiegend vegetarischen Mahlzeiten geblieben. »Rund 95 Prozent der antiken Weltbevölkerung«, schreibt Klaus Berger, »hat fast ausschließlich vegetarisch gelebt, und das heißt: von Brot (oder Körnerbrei), Wasser und Gemüse. Fleisch und (in küstenfernen Gegenden oft auch) Fisch waren für die Oberschicht reserviert und für den Mann auf der Straße unbezahlbar«.[5] Heute liegt das Verhältnis von Nahrungsmitteln pflanzlicher oder tierischer Herkunft, die wir konsumieren, bei rund 50:50 Prozent.

1. Sündenfall: Mit dem Wachsen großer Städte im Zuge der Industrialisierung begann man, der besseren Haltbarkeit wegen, Ende des 19. Jahrhunderts das volle Korn bzw. Getreide zu kastrieren, indem die Randschichten und der ölhaltige Keim maschinell entfernt wurden. Damit gingen wichtige Vitamine, Mineralien und Faserstoffe verloren. Die Folge waren besonders in den Wintermonaten Thiamin-Mangelkrankheiten (BeriBeri durch Vitamin-B1-Mangel) in der Bevölkerung. Etwas zeitversetzt kauften auch Asiaten Maschinen, die in der Lage waren, Reis zu schälen. Im asiatischen Raum waren als Folge die krankmachenden Mangelerscheinungen durch den überwiegenden Verzehr von geschältem und poliertem Reis noch gravierender. Das wasserlösliche Vitamin B1 wurde 1936 in der Schale des Reiskorns entdeckt. Es wird im Körper nur in geringen Mengen gespeichert, hat dort einen hohen Umsatz, so dass eine ständige Zufuhr gesichert sein sollte. Das war der Anfang der Industrialisierung der Nahrung, der sich keineswegs nur auf Getreide beschränkte.

Ebenfalls Ende des 19. Jahrhunderts entstanden die ersten Zuckerfabriken. Der aus der Rübe gewonnene isolierte Zucker, in den Anfängen noch sparsam als Gewürz verwendet, entwickelte sich im Laufe der Zeit zum Massenkonsumartikel. Um ihn verarbeiten zu können, benötigt der Organismus unter anderem das wichtige Vitamin B1. Lieferant war bis dahin das volle Getreidekorn. Mit der Herstellung des Auszugsmehls ging dies jedoch verloren. Der industriell hergestellte Zucker darf durchaus als Vitamin- und Calciumräuber bezeichnet werden. Laut Gerichtsbeschluss sogar als Schadstoff.

Als infolge der Industrialisierung zu Anfang des 19. Jahrhunderts die anwachsenden Städte mit Lebensmitteln versorgt werden mussten, begann auch die intensive Nutzung von Boden, Pflanze und Tier, das heißt die Rationalisierung der Landwirtschaft, der Maschineneinsatz, die künstliche Düngung und der chemische Pflanzenschutz. Die Entwicklung der Mineralstofftheorie und ihre Anwendung in der Landwirtschaft geht auf die Forschungsarbeiten von Justus von Liebig (1803–1873) zurück. Als vielseitiger Forscher, besonders auf dem Gebiet der organischen Chemie, warnte er aber zugleich auch vor der Anwendung der Mineraldünger und bezeichnete die Mineraldüngung als Frevel an Gottes Schöpfung. Bevor die Massentierhaltung und die davon getrennte industrielle Bewirtschaftung des Landbaus eingeführt wurden, waren Ackerbau und Viehwirtschaft noch in einer Hand und damit auch natürlicher Dünger vorhanden. Die Zerstörung der Böden und Vegetation fand früher in langen geschichtlichen Prozessen statt. Die heutige Intensivnutzung der Landwirtschaft beschleunigt den Prozess mit Hilfe technischer und chemischer Mitteln dramatisch.

2. Sündenfall: Mit dem Wirtschaftswunder nach der Währungsreform 1948 beginnt die »üppige Mangelernährung«. 1945 lag Deutschland in Schutt und Asche, zum Überleben war Kreativität gefragt. Familien erzeugten Lebensmittel selbst und konservierten sie unter Verzicht auf chemische Mittel oder Tiefkühltruhen. Wer noch ein paar Gegenstände zum Tauschen hatte, ging aufs Land zum Tauschen und Hamstern. Soweit vorhanden, konnten der Bevölkerung Gartenland und Bäume als wichtige Nahrungsquelle zugeteilt werden. An alten Rezepten und traditionellem Wissen mangelte es nicht, wenn es darum ging, Kraut zu hobeln und in eine Salzlake einzulegen, Karotten in der Miete unter dem Erdreich haltbar zu machen, Obst und Gemüse einzuwecken oder eine Nacht lang Zuckerrübenschnitzel, abgemischt mit ein paar Zwetschgen, in Wasser zu kochen und so lange zu rühren, bis schließlich am Morgen eine kleine Menge Sirup entstanden war. Hauptnahrungsmittel waren ein paar Zentner im Keller gelagerte Kartoffeln. Was der Garten nicht hergab, bot die Natur, ob Bucheckern, Nüsse, Brennnesseln und viele andere Wildkräuter. Ohne sich dessen bewusst zu sein, handelte es sich dabei im wahrsten Sinne des Wortes um eine vitalstoffreiche Vollwertkost. Diabetes und andere ernährungsbedingte Zivilisationskrankheiten gab es so gut wie nicht. Die Menschen waren schlank, bis sich im Laufe der Zeit nach der Währungsreform alles änderte.

3. Sündenfall: Steigerung der Agrar-Produktion durch Flurbereinigung und weitestgehende Mechanisierung der Landwirtschaft ist das Zauberwort der Reformen nach 1945. Sieht man von noch früheren Vorläufern solcher Maßnahmen ab, gab es bereits in Deutschland durch die NS-Agrarpolitik zur Steigerung und Sicherstellung der Nahrungsmittelversorgung nachhaltige Impulse für Flurbereinigungen – damals mit staatlichem Zwang. Damit die deutsche Agrarwirtschaft dem internationalen Markt standhalten sollte, wurde das erste Flurbereinigungsgesetz (FlurbG) am 14. Juli 1953 verabschiedet und schließlich am 16. März 1976 novelliert. Hier heißt es, dass das Gesetz »zur Verbesserung der Produktions- und Arbeitsbedingungen in der Land- und Forstwirtschaft sowie zur Förderung der allgemeinen Landeskultur und der Landesentwicklung« dienen soll. Was so positiv klingt, hatte aber auch negative Folgen: Arbeitsplatzverluste, Landvertreibung, Abwanderung, Verschuldung der Landwirte, Abhängigkeiten, die Öffnung der industriellen Landwirtschaft zu Lasten des Naturschutzes. Die alte bäuerliche Kulturlandschaft wurde zerstört, Hecken niedergebrannt oder abgeholzt und mit ihnen die Nistplätze der Vögel, mäandrierende Bäche kanalisiert, verrohrt und Gräben zugeschüttet, Grünland umgepflügt, Feuchtwiesen entwässert und intensiviert. Die nun ungeschützten vergrößerten Felder wurden damit dem Risiko der Winderosion ausgesetzt. Während früher Vögel als Insektenjäger bzw. Schädlingsbekämpfer in den Hecken nisteten, bietet die »grüne Revolution« nun (»beste«) Voraussetzungen für den Großeinsatz von Insektiziden und anderen Pestiziden und damit auch für das Artensterben von Tier und Pflanze. Vorauseilend beschrieb der Kämpfer für den Naturschutz Hermann Löns zu Anfang des 20. Jahrhunderts solche Landschaftsveränderungen:

Es geht ein Mann durchs bunte Land;
Die Messkette hält er in der Hand,
Steht vor sich hin und sieht sich um;
»Hier ist ja alles schief und krumm!«
Er misst wohl hin und misst wohl her;
»Hier geht ja alles kreuz und quer!«
Er blickt zum Bach im Tale hin;
»Das Buschwerk dort hat keinen Sinn!«
Zum Teiche zeigt er mit der Hand;
»Das gibt ein Stück Kartoffelland!«
Der Weg macht seinen Augen Pein;
»Der muß fortan schnurgerade sein!«

Die Hecke dünket ihm ein Graus;
»Die roden wir natürlich aus!«
Der Wildbirnbaum ist ihm zu krumm;
»Den hauen wir als ersten um!«
Die Pappel scheint ihm ohne Zweck;
»Die muß hier selbstverständlich weg!«
Und also wird mit vieler Kunst
Die Feldmark regelrecht verhunzt.

Hermann Löns 1866–1914
Aus Eichenauer/Joeris 1994, S. 337

Die Einbindung in den europäischen Agrarmarkt 1962 verschärft den Wandel. Bis 1960 sind 4700 Flurbereinigungsverfahren abgeschlossen. Rund zwei Drittel der landwirtschaftlichen Nutzflächen (7,8 Mio. Hektar) wurde seit 1945 flurbereinigt. Die Zahl der landwirtschaftlichen Betriebe nimmt von nun an ständig ab, während gleichzeitig die Durchschnittsgröße ständig steigt. Größere Höfe sollen aus dem Dorf ausgesiedelt werden. Der Fortschrittsglaube und der Wachstumsfetischismus nach dem Vorbild der industriellen Produktion führt schnell zur Sättigung des Marktes und schließlich zur Überproduktion. Mit Maschinenpark und Chemieeinsatz beginnt das ökologische Gleichgewicht zu schwanken.[6] Die Chemie wird zum Gärtner, und das hat ökologische und gesundheitliche Folgen: für Gewässer, Luft und Böden. Der Einsatz von Mineraldünger und Pestiziden führt zu einem unerwünschten Synergieeffekt.

Gesundheitlich betroffen ist zunächst der Landwirt, Winzer oder Plantagenbesitzer selbst und die Bewohner von Ländereien umgebenden Dörfern. Gegen das Einatmen von Spritzmitteln ist kein Kraut gewachsen. Betroffen sind auch Konsumenten von Agrarprodukten, soweit sie ihren Ausgang im konventionellen Landbau genommen haben. Denn diese Produkte enthalten in der Regel winzige Restmengen von Pestiziden, deren zugelassene Restmengen nicht selten überschritten werden. Wegen des Dauergenusses können diese im menschlichen Organismus laut Krankheitsarten- oder Todesursachenstatik eine toxisch schädigende oder auch tödliche Wirkung entfalten, zu deren Bestimmung sie für andere Organismen hergestellt wurden. Dabei ist der Organismus von Kindern besonders gefährdet.[7] Denn er nimmt die Chemikalien schneller auf, sie werden aber weniger schnell umgewandelt und durch die Nieren ausgeschieden. Der weltweite Einsatz von

Pestiziden wird für eine stetig abnehmende Zeugungsfähigkeit von Männern verantwortlich gemacht. Pestizide (von lat. pestis = ansteckende Krankheit, lat. caedere = töten) ist ein aus dem Englischen (pest = Plage) übernommener Sammelbegriff für chemische Substanzen zur Bekämpfung von Tieren und Pflanzen, die als Schädlinge definiert werden und die mit Hilfe dieser Mittel geschädigt oder getötet werden sollen. Dabei schädigen Pestizide nicht nur den Zielorganismus, sondern greifen auch in biochemische Prozesse bis hin zum Erbgut bei Tier und Mensch ein.

Auch die Vorläufergeneration der Pestizide war zum Schädigen und Töten bestimmt – damals lief der so definierte Schädling bzw. Feind auf zwei Beinen und sollte geschädigt oder vernichtet werden. Die organischen Phosphorsäureester (Alkylphosphate) wurden in den 30er Jahren entwickelt und während des Zweiten Weltkrieges als chemische Kampfstoffe (Tabun, Sarin, Soman) bereitgestellt. Sie kamen allerdings nicht mehr zum Einsatz. Nach dem Kriege wurden sie dann weltweit im Pflanzenschutz als Kontakt- und Systeminsektizide, Akarizide, Nematozide und Fungizide[8] eingesetzt.[9] Das bekannteste Produkt dieser Gruppe, Parathion, seit 1947 in Deutschland unter dem Produktnamen »E 605« gehandelt, wurde populär auch durch den Absatz bei Mördern und Suizidenten, der in den 60er-Jahren epidemieartige Formen annahm. Aber auch unbeabsichtigt kam es bei der Anwendung dieses Mittels im gewerblichen Bereich in der Landwirtschaft, Forstwirtschaft, im Gartenbau, aber auch bei Kleingärtnern durch Einatmen zu Vergiftungen.

Wegen des zu erwartenden Nutzens auf der einen Seite, werden Rückstände von Pestiziden inklusive ihrer Begleitstoffe auf der anderen Seite in Nahrungsmitteln in bestimmten Höchstmengen billigend in Kauf genommen. In den USA benannte die Zulassungsbehörde *Environmental Protection Agency* 1987 insgesamt 50 Zusatzstoffe von pestiziden Handelsprodukten, darunter Benzol und Formaldehyd, die nach Ansicht dieser Behörde als eindeutig giftig einzustufen sind: Sie führen zu Krebs, Geburtsschäden, Missbildungen und Unfruchtbarkeit. Die Forschung über Wirkungsweisen dieser Stoffe wurde dadurch erschwert, dass die Daten über Zusammensetzung der einzelnen Handelsprodukte von den Herstellern als Betriebsgeheimnis gehütet wurden. Die Lebensmittelüberwachung der Länder und Gemeinden sind in der Regel überfordert. Bei den Hunderten von Pestizidwirkstoffen, die weltweit vermarktet werden, muss bei den Proben jeweils erraten werden, um welchen Stoff es sich dabei handelt.

Die Wirkung der Pestizide geht weit über den Einsatzort hinaus: Sie können auf der Pflanzenoberfläche lange haften bleiben, von der Pflanzenoberfläche oder vom Boden ins Innere der Pflanze gelangen und in den Zellen der Pflanzen eingelagert werden. Sie können über die Pflanze als Futtermittel von Tieren aufgenommen und angereichert werden, von den oberen Bodenschichten ins Grundwasser und schließlich ins Trinkwasser gelangen, vom Feld durch Regen in Flüsse und Seen geschwemmt, durch Verdunsten über Luft, Nebel, Regen und atmosphärische Strömungen in Regionen, fernab vom Anwendungsort, auch auf nicht mit Pestiziden behandelte Anbauflächen gelangen. Mehr als 90 Prozent der versprühten Pestizide verdampfen innerhalb von sechs Stunden. Andere Pestizide, wie das in Deutschland seit längerer Zeit verbotene, unter Krebsverdacht stehende Atrazin, gelten als persistent, das heißt dauerhaft bzw. beständig. Es wurde vielerorts im Trinkwasser nachgewiesen. Solche Toxine sind gesundheitsschädigend.

»Grüne Revolution« nannte man die Entwicklung in den sechziger Jahren in Anlehnung an die industrielle Revolution, die eine Abhängigkeit vom Agrobusiness brachte, das heißt von kostspieligen Betriebsfaktoren wie Hochertragssorten, Kunstdünger, Pflanzenschutzmitteln, Bewässerungsanlagen und Maschinen. Ertragssteigerungen sollten mit neuen Kreuzungszüchtungen und Monokulturen erzielt werden. Die Saatgutherstellung durch Bauern wurde durch die von professionellen Züchtern ersetzt. Das industriell gezüchtete vitalstoffarme »hungrige« Saatgut machte den verstärkten Einsatz von Agrochemie und Bewässerung erforderlich. Kompensiert wird der Mangel an natürlichen genetischen Resistenzen durch den gesteigerten Großeinsatz von Pestiziden. Während bisher in der Regel der Einsatz von Herbiziden auf dem Acker stattfand bevor die Saat aufging, vertragen heute im Zeitalter der Gentechnik die gentechnisch veränderten herbizidresistenten Pflanzen die Spritzgifte während der ganzen Wachstumsperiode. Da die Gewinnspanne der Industrie bei Agrochemie beträchtlich ist, äußerte ich bereits vor zehn Jahren in dem Buch »Gen-Food« meine Skepsis gegenüber der Werbebotschaft der Chemieindustrie, man könne mit dem Einsatz von herbizidresistenten Pflanzen den Einsatz von Herbiziden reduzieren. Heute ist das Gegenteil der Fall. Bei allen Verteilungsprozessen von Pestiziden sind Umwandlungs- und Abbaureaktionen zu Metaboliten (jeder im Stoffwechsel umgesetzte Stoff) möglich, deren Giftigkeit weitgehend unerforscht ist.

Die Triebkraft hinter dieser Kursänderung war ein *Netzwerk Internationaler Landwirtschaftsforschung* (*CGIAR*). Das Netzwerk wurde von

Ford und der *Rockefeller Foundation* gegründet und wird heute hauptsächlich von der *Weltbank* und dem *Entwicklungshilfeministerium der USA* finanziert wie auch von deutschem und japanischem Kapital.

4. Sündenfall: Essen aus dem Genlabor lässt eine noch weitere gesundheitsgefährdende Entwicklung befürchten als die der Chemikalisierung der Landwirtschaft und Nahrungsmittel. Zunächst durch die Erhöhung des Einsatzes von Pestiziden, wie in verschiedenen Kapiteln des Buches dokumentiert. Gefährlich kann aber vor allem die artübergreifende Genmixtur aus Erbanlagen von Tieren, Pflanzen und Bakterien vor allem für Allergiker sein. Das bestätigte sich nachdrücklich z. B. nach dem Verzehr von Gentech-Soja in den USA, dem im Auftrag von *Pioneer Hi-Bred* ein Paranussgen eingebaut worden war. Obwohl die neue Sojaart nur geringe Mengen des Paranussgens enthielt, zeigten die Testpersonen, die gegen Paranuss allergisch waren, Reaktionen. Die Entwicklung musste eingestellt werden. »Bei dem Versuch, eine bessere Sojabohne zu konstruieren«, berichtete die *Washington Post*, »hatte die Firma ein potentiell tödliches Produkt hergestellt«.[10] Der Artikel bezeichnete diese Studie als »eine der wenigen, bei denen je direkt nach schädlichen Auswirkungen gentechnisch veränderter Nahrungsmittel oder Nutzpflanzen gesucht wurde«. Als über die Ergebnisse schließlich auch weltweit berichtet wurde, mussten die Agro-Industrie und die Öffentlichkeit zur Kenntnis nehmen, dass mit der Gentechnik ein erhebliches Gefahrenpotential verbunden ist. Der Verzehr von ungekennzeichneten Nahrungsmitteln ist vergleichbar mit Russischem Roulette.

Proteine vom »Reißbrett«: »gene engineering«

Proteine mit einem gefährlichen Gefährdungspotential sind besonders auch aus der Produktion des »gene engineering«, den am »Reißbrett« entworfenen Proteinen, zu befürchten. Da von diesen Proteinen kein natürliches Pendant bekannt ist, kann sich der Organismus nicht auf sie einstellen. Mit der Agro-Gentechnik hat für Allergiker generell die Unsicherheit weiter zugenommen und auch bei der Einführung von chemischen oder gentechnisch hergestellten Lebensmittelzusatzstoffen eine neue Dimension erreicht. Sowohl Enzyme als auch ein Teil der Vitamine und Aromastoffe werden auf der Basis gentechnisch veränderter Mikroorganismen hergestellt. Gennahrung enthält Erbgut aus

Bakterien, Viren und anderen Organismen. Niemand weiß, ob Menschen auf deren Proteine allergisch reagieren, denn sie waren bisher nicht Bestandteil der menschlichen Nahrung.

Allergene in Gen-Soja-Produkten

Wiederholt wurden Allergien durch den Konsum von gentechnisch veränderter Sojamilch oder anderen Sojaprodukten ausgelöst. Soja oder Sojaderivate stecken in rund 60 Prozent aller industriell verarbeiteten Nahrungsmittel. Im März 1999 entdeckten Wissenschaftler des York Laboratory in Großbritannien, dass Sojaallergien im vorausgegangenen Jahr um ungefähr um 50 Prozent zugenommen hatten. Dieser Anstieg katapultierte Soja zum ersten Mal in die Liste der führenden zehn Allergene und liegt jetzt gleich mit Nahrungsmitteln, die eine lange Geschichte als Allergene haben. Die Forschung in Großbritannien auf allergische Reaktionen gegen eine Vielzahl von Nahrungsmitteln an 4500 Personen ergab vor Einführung von Gen-Soja, dass zehn Prozent der Probanden allergisch auf Soja reagierten. Dieser Prozentsatz stieg nach Einführung der Gen-Soja auf 15 Prozent, wozu Darmreizungen und andere Verdauungsprobleme ebenso gehörten wie Hautreaktionen (z.B. Akne, Ekzeme). Die Wissenschaftler fanden eine erhöhte Anzahl von Antikörpern gegen Soja im Blut und bestätigten so den vermuteten Zusammenhang. Die in dieser Untersuchung getestete Soja stammte hauptsächlich, wie damals in Großbritannien üblich, aus den USA. Sie enthielt folglich eine signifikante Menge der gentechnisch veränderten Sorte Roundup Ready. Dem Daily Express erklärten die Forscher, »ihre Ergebnisse würden konkrete Beweise dafür liefern, dass Gennahrung spürbare schädliche Auswirkungen auf den menschlichen Körper haben könnte«.[11] In den USA ist zu beobachten, dass die Zahl der Nahrungsmittel-Allergiker ständig steigt.

Dr. M.O. Bruker beobachtete in Klinik und Praxis in zunehmendem Maße sogenannte Allergien (vor allem Hautausschläge, Neurodermitis, Ekzeme) an Patienten, die Soja-Präparate verzehrten. Besonders betroffen waren Säuglinge, denen Sojamilch verabreicht worden war. Bei den Produkten handelt es sich um Präparate mit unphysiologisch hohem Eiweißanteil, also Konzentrate. Mit Absetzen der Präparate und Verabreichen einer vitalstoffreichen Vollwertkost zeigte sich Besserung und Heilung.

Rückrufaktion: 10 Millionen Packungen von Nahrungsmitteln

Ein weiteres Phänomen machte in den USA Schlagzeilen. Immer öfter erlitten Menschen einen allergischen Schock, nachdem sie etwa Tacos, Tortillas oder andere Maisprodukte verzehrt hatten. Hauptbestandteil war die gentechnisch veränderte (Bt) Maissorte unter dem Namen StarLink, die ein potentielles Allergen enthielt, das nicht für den menschlichen Verzehr zugelassen war. Der Mais erzeugt eine Art des Toxins, die sich von den Giften in anderen Sorten von Bt-Mais unterscheidet und besonders widerstandfähig gegenüber Hitze und Verdauungssäften ist. Mehr als 300 Artikel bzw. 10 Millionen Packungen von Nahrungsmitteln wurden aus den Supermärkten zurückgerufen, nachdem bereits viele Millionen Amerikaner den StarLink-Mais gegessen hatten. Die *FDA* verließ sich auf die Sicherheitsbewertung der Firma *AgrEvo* (später *Aventis*) und ließ StarLink als Futtermittel zu, aber nicht für den menschlichen Verzehr. Obwohl die *US-Genehmigungsbehörde FDA* die Farmer verpflichtete, StarLink getrennt anzubauen und zu verarbeiten, erfuhren nur wenige von diesen Auflagen. Überflüssig waren die Auflagen ohnehin, da das System der Getreideverarbeitung in den USA für eine solche Trennung gar nicht ausgerüstet ist. Weder die Farmer noch die Getreidesilo-Betreiber hatten eine Ahnung. Deshalb wurde StarLink mit anderen Sorten bedenkenlos gemischt. Auf diese Weise gelangte ein Teil der StarLink-Ernte in Tortillas, Tacos, Cornflakes und viele andere Produkte, die Mais enthalten. Auch die Affäre war ein gewaltiger Rückschlag für die Biotech-Industrie. Die amerikanischen Maisexporte und die Preise sackten in den Keller. 87 *Aventis*-Mitarbeiter leiteten 28135 Lastwagen, 15005 Eisenbahnwagons und 285 Frachtschiffe zu Vermeidung von Vermischungen mit anderen Maissorten um. *Aventis* musste schließlich für den Schaden rund eine Milliarde US-Dollar zahlen.[12] Geringfügige Mengen von StarLink hatten sich inzwischen durch Kreuzungen in andere Sorten wie Zuckermais oder Popcornmais eingeschlichen und bleiben so in der Nahrungskette. Er wurde im Saatgut von 71 der 288 Firmen entdeckt, mit denen das amerikanische Landwirtschaftsministerium Kontakt aufnahm.

Antibiotika-Resistenz-Gene machen Patienten resistent

Ein weiteres Problem sind die als Markergene eingesetzten Antibiotika-Resistenz-Gene. Diese werden zur schnelleren und sicheren Identifizierung der wenigen Zellen/Organismen unter einer großen Zahl eingesetzt, die das neue Genkonstrukt aufgenommen haben und das in einem frühen Laborstadium. Da Antibiotika bei der Behandlung bakterieller Erkrankungen in der Human- und Veterinärmedizin eingesetzt werden, haben die Antibiotika-Resistenz-Gene – aber nicht nur diese – in der Risikodebatte eine besondere Aufmerksamkeit gefunden. Denn mit der Nahrungsaufnahme solcher Konstrukte wird der menschliche oder tierische Organismus zur Synthese eines Enzyms befähigt, das das entsprechende Antibiotikum inaktiviert. Eine Antibiotika-Resistenz bei Mensch und Tier kann die Folge sein: Eine gefährliche Entwicklung für die Human- und Veterinärmedizin, die auf eine schnelle Genesung ihrer Patienten durch den Einsatz von Antibiotika setzt. Das Aus der »Wunderwaffe« Antibiotika wird dadurch zusätzlich beschleunigt, dass diese Medikamente zu häufig und zu viel verschrieben werden und dadurch den unerwünschten Synergieeffekt herbeiführen.

Testmarkt Lateinamerika: Gesundheitsschäden durch Glyphosat

Gesundheitliche Auswirkungen durch den Konsum von Gen-Futter/Gen-Food lassen sich am besten in solchen Ländern oder Regionen studieren, wo gentechnisch veränderte Pflanzen seit langem angebaut und verarbeitet werden – und das in einem großen Ausmaß. Das Schicksal der 70 Milchkühe des Landwirts Glöckner wurde im Eingangs-Essay hinreichend beschrieben. Sie verendeten letztlich nach langjähriger Fütterung mit Bt-Mais, der ein Gift gegen Insekten produziert. Dabei ist es nicht immer nur die Gen-Pflanze, die mit Vorsicht zu genießen ist, sondern die mit dem Anbau dieser Pflanzen zwingend vorgeschriebenen Spritzmittel, die entgegen dem ursprünglichen Versprechen der Anbieter nun erhöht eingesetzt werden müssen. Wo könnte man Langzeitfolgen besser studieren als in Argentinien? Denn dort wird auf einer Fläche von mehr als 15 Millionen Hektar Soja angebaut und zwar fast ausschließlich Roundup-Ready-Soja, das gegen das Unkrautvernichtungsmittel Glyphosat gentechnisch resistent gemacht worden ist. Dort erleidet die Bevölkerung in den Anbaugebieten, und vor allem Landarbeiter, massive gesundheitliche Schäden. Anfangs wurde das

Herbizid vom Flugzeug aus versprüht und verbreitete sich mitunter Hunderte von Metern außerhalb der Anbauflächen. *Die US-Umweltschutzbehörde EPA* nennt in ihrem Datenblatt detailliert die bei hoher Belastung zu erwartenden Gesundheitsschäden: auf kurze Sicht »Lungenstauungen und Beschleunigung der Atmung«, auf lange Sicht »Nierenschäden und Auswirkungen auf die Fortpflanzung«.[13]

Der in Buenos Aires praktizierende Arzt Jorge Kaczewer wertet seit mehreren Jahren wissenschaftliche Arbeiten über die gesundheitsschädliche Wirkung von Glyphosat aus. Für seine Patienten hält er ein Informationsblatt über die Symptome einer Herbizidvergiftung bereit: »Haut- und Augenjucken, Übelkeit und Schwindelgefühl, Lungenödeme, sinkender Blutdruck, allergische Reaktionen, Unterleibsschmerzen, massiver Flüssigkeitsverlust im Magen-Darm-Bereich, Erbrechen, Ohnmacht, Zerstörung der roten Blutkörperchen, anormale Elektrokardiogramme, Nierenschäden und Nierenversagen«.[14] Dieselben Symptome zeigen kolumbianische Bauern, die Opfer der Glyphosat-Ausbringung auf Kokaplantagen wurden. Dr. Kaczewer macht darauf aufmerksam, dass den Bauern Glyphosat nicht in Reinform verkauft wird: »Den handelsüblichen Produkten sind inerte Inhaltsstoffe zugesetzt, die dafür sorgen, dass der Wirkstoff von den Pflanzen besser aufgenommen wird.« Auch diese Beigaben wirken sich u. U. negativ auf die Gesundheit aus. Die größte Sorge bereitet dem Mediziner aber ihre Beimischung mit Glyphosat: »Durch das Zusammenwirken der beiden Stoffe entwickeln sich ganz andere Symptome, die sich mit der jeweiligen Symptomatik der einzelnen Produkte nicht erklären lassen.«

Zwar wird das Herbizid inzwischen von Bodenmaschinen versprüht, doch die armen Landarbeiter, die sich weder Schuhe noch Handschuhe leisten können, sind dem Gift weiterhin schutzlos ausgesetzt. »Einer meiner Patienten bildet noch nach einmonatiger Behandlung keine neue Haut an den Füßen«, berichtet Darío Gianfelici, der in der von Sojaplantagen umgebenden Kleinstadt Cerito praktiziert.[15] Obwohl der Arzt vom Gesundheitsamt verwarnt wurde, hält er weiter Vorträge auf Tagungen. Manchmal reist *Monsanto* zeitversetzt hinterher und organisiert an denselben Orten Informationstage mit professionell aufbereiteten entgegengesetzten Botschaften.

Eine heftige Debatte nicht nur in Großbritannien

- In Großbritannien begann 1998 eine heftige Debatte über gentechnisch veränderte Nahrungsmittel und deren riskante Nebenwirkungen. Auslöser war der Versuch des Forschers Arpad Pusztai, Ratten mit gentechnisch veränderten Kartoffeln zu füttern. Bei den Versuchstieren kam es unter anderem zu entzündlichen Reaktionen im Magen-Darm-Trakt. Als Pusztai über dieses Ergebnis im Fernsehen berichtete, wurde er umgehend entlassen und von Politikern öffentlich diskreditiert.
- Während eines Fütterungstests mit Maiskörnern der Sorte TM-25 GM starben doppelt so viel Hühner wie aus der Vergleichsgruppe, die mit konventionellem Mais gefüttert wurden (BBC News, 27.4. 2002).
- Australische Forscher brachen 2005 ihre langjährigen Versuche mit gentechnisch veränderten Erbsen ab, die gegen Insekten resistent gemacht worden waren. Diese hatten bei den Versuchsmäusen Lungenentzündungen verursacht.
- Die Italienerin Manuela Malatesta von der Universität Urbino ließ Mäuse Gen-Soja fressen und stellte strukturelle Veränderungen in deren Leberzellen fest.
- Veränderungen an Nieren und Blutbild von Ratten las die *Commission du Génie Biomoléculaire* des französischen Landwirtschaftsministeriums aus einem Fütterungsversuch mit dem umstrittenen Mais des Typs MON 863 der Firma *Monsanto*.
- Landwirte aus Iowa (USA) berichteten, dass Schweine nach gv-Futter ihre Fertilität verloren haben.
- 39 Personen, die in der Nähe von großen Bt-Maisplantagen auf den Philippinen leben, leiden während des Pollenflugs unter Symptomen wie Atembeschwerden, Verdauungsstörungen, Hautausschlägen und Fieber.

»Vor diesem Hintergrund wird deutlich, dass die weitere Verwendung von Futter- und Lebensmitteln mit gentechnisch veränderten Bestandteilen ein unkontrollierter Großversuch an allen Tieren und Menschen ist, die diese verzehren,«[16] urteilt die Ärztin Angela von Beesten.

Die Auswirkungen auf die Gesundheit

von Antônio Inácio Andrioli

Von Seiten der Gentechnik-Industrie wird versucht, die Risiken von gentechnisch veränderten Produkten aus wirtschaftlichen Hintergründen zu verdrängen. Bei der Risikoabschätzung wird von einer sogenannten »substantiellen Äquivalenz« zwischen gentechnisch veränderten und herkömmlichen Organismen ausgegangen, wobei lediglich das Erbgut untersucht wird, ohne auf die Wirkungen der Gene aus ihrem Gesamtkontext einzugehen. Selbst das Erbgut von Mensch und Affe stimmt zu 99 Prozent überein, was deutlich macht, dass die Erbgutanalyse allein wenig in Bezug auf die Zusammensetzung eines Organismus erklärt. Was die Soja betrifft, sind von ihren 100 000 bis 200 000 Genen bisher nur 20 untersucht worden, also 0,02 % vom Genom dieser Pflanze. (Parodi 2005) Auf diesem Hintergrund ist klar, dass das Prinzip einer »substantiellen Äquivalenz« zwischen herkömmlicher und gentechnisch veränderter Soja mehr von wirtschaftlichem Wunschdenken geprägt ist als von wissenschaftlicher Ernsthaftigkeit.

Viel Zufall, wenig Sicherheit

Die Agrarkonzerne arbeiten mit zwei zentralen Dogmen, nämlich, dass die Gentechnik zielgerichtet sei (also, dass die Gene isolierbar und zielgerichtet zwischen den Lebewesen übertragbar seien) und dass bei den neu eingebrachten Genen nur die gewünschte Wirkung nachzuweisen sei. Diese Behauptungen sind jedoch nicht wissenschaftlich belegt. Nach den bisherigen Methoden, sei es durch die sogenannte DNS-Kanone[1] oder durch den Einsatz von Bodenbakterien (wie dies bei der Gensoja der Fall ist), werden die neuen Gene zufällig eingebracht, so dass sowohl der genaue Einbauort im Genom des Empfängerorganismus als auch die Häufigkeit des Einbaus unbekannt sind.

Da die Wirkungsweise eines Gens von seiner genauen Position, vom zellulären Umfeld und der Umwelt abhängt, ist es sehr unwahrscheinlich, dass ein neu eingebautes Gen nur eine Wirkung haben wird, und unerwünschte Nebeneffekte, wie zum Beispiel neue toxische Stoffe, sind von daher schwerlich auszuschließen. Auch wenn neue Methoden entwickelt werden, um die bisher schwierige Kontrolle der Wirkungsweise eines einzigen eingebauten Gens sicherzustellen, wie zum Beispiel über den Weg, mehrere Genkonstrukte auf einmal in eine Pflanze einzubauen, werden die Nebenwirkungen nicht geringer. Im Gegenteil: Diese Wahrscheinlichkeit kann nur steigen, je komplexer die neuen Stoffwechselwege in der Pflanze werden. Die Molekulargenetik wird durch das Konzept der Gentechnik als Pflanzenzuchtmethode vereinfacht und auf verwertbare Einheiten reduziert. Dadurch wird die Tatsache vernachlässigt, dass eine Pflanze nicht einfach aus einer Summe von Genen besteht, dass die Genregulierung netzwerkartig funktioniert und dass eine Vielfalt an Wechselwirkungen mit der Umwelt als Folge ihres historischen Anpassungsvermögens stattfindet.

Wenig unabhängige Forschung

Ein weiteres, oft gebrauchtes Argument der Agrarkonzerne ist, dass bisher keine ernsthaften Unfälle durch den Anbau und Konsum von gentechnisch veränderten Pflanzen nachzuweisen sind. Da keine ausreichende Kennzeichnungspflicht von gentechnisch veränderten Nahrungsmitteln in den mit Genanbau führenden Ländern besteht, weil sie gerade durch die hartnäckigen Bemühungen der Agrarkonzerne verhindert wird, ist folglich auch keine notwendige Vergleichsgruppe vorhanden, um solche Untersuchungen durchführen zu können. Da die Ergebnisse in Laboren nicht einfach zu übertragen sind, bleiben mögliche Auswirkungen unentdeckt und erst festzustellen, wenn die Gefahren bereits auftreten. Es kommt auch die Tatsache hinzu, dass sehr wenige unabhängige Untersuchungen über die gesundheitlichen Auswirkungen der Gentechnik stattfinden. Viele Forschungsinstitute, die in der Lage sind, solche Untersuchungen durchzuführen, werden zunehmend von den Agrarkonzernen selbst finanziert oder beeinflusst.

Trotzdem gibt es bereits konkrete Fälle, die eine Sicherheit der Gentechnik in Bezug auf die Gesundheit in Frage stellen. Bei der Maissorte StarLink, die von *Bayer* mit einer Insektenresistenz entwickelt wurde, ist 2002 die Gefahr festgestellt worden, dass sie Allergien verursacht. Das führte dazu, dass der Chemiekonzern die Investitionen in Gentechnikforschung einschränkte. (*Aventis* 2001) Die insektenresistente Maissorte MON863 von *Monsanto* hat 2004 eine riesige Polemik hervorgerufen, als eigene Untersuchungen des Konzerns bei Fütterungsversuchen deutliche Veränderungen im Blutbild von Ratten (Zunahme der weißen Blutkörperchen, Erhöhung des Blutzuckers und Zunahme von Nierenentzündungen) feststellten. (Carrel/Rowell 2005) Was Soja betrifft, haben Forscher der *Universitäten von Urbino und Perugia* im Jahre 2002 bei Fütterungsversuchen festgestellt, dass Veränderungen in der Leberstruktur von Mäusen eingetreten sind, die 14 % Gensoja in ihrem Futtermittel erhielten. (Malatesta et al. 2002) Dies kann sowohl auf unbekannte Stoffwechselprodukte durch Positionseffekte des herbizidresistenten Gens zurückzuführen sein als auch auf bekannte Effekte von Rückständen des übermäßig angewandten Herbizids und seiner Nebenprodukte.

Wie reagiert der Mensch?

Ob die Auswirkungen, die bei Ratten festgestellt wurden, auch auf den menschlichen Organismus übertragbar sind, bleibt weiter ungeklärt. Abgesehen davon, ist die Frage der Rückstände von Roundup und dessen Wirkungen auf die menschliche Gesundheit bei der Gensoja jedoch von besonderer Bedeutung. Seit Anfang der neunziger Jahre wird Roundup in Brasilien als Herbizid verwendet, womit es möglich wurde, die »direkte Aussaat«[2] einzuführen. Bei Gensoja ist es möglich, dass Roundup auch während der Wachstumsperiode gespritzt wird, was zusammen mit dessen übermäßigem Einsatz auf Grund der Resistenzbildung von Unkräutern die Wahrscheinlichkeit für Rückstände erhöht. In Brasilien haben Wissenschaftler der *Universität von Curitiba* bei 74 % der Proben bis zu 14 Milligramm Rückstände des Herbizids pro Kilogramm Gensoja nachgewiesen, was weit über dem Grenzwert liegt, der in der brasilianischen Pflanzenschutzgesetzgebung vorgeschrieben ist. (Skalisz 2005)[3] Da circa 80 % der Soja in Futtermittel gelangt und auf die entsprechende Kennzeichnung für Fleisch, Eier und Milch in der Gesetzgebung der Europäischen Union verzichtet wurde, wäre eine Untersuchung der Auswirkungen von Glyphosat-Rückständen bei Gensoja auf den Organismus von Schweinen, Kühen und Geflügel von großer Bedeutung, auch im Hinblick auf die Interessen der Konsumenten solcher Produkte.

Das Herbizid Roundup besteht aus Glyphosat, Isopropylaminsalz, Polyoxyethylen-Alkylamin und Wasser. Obwohl die WHO die akute Toxizität von Glyphosat im Vergleich zu anderen Wirkstoffen als gering einschätzt, sind bereits gesundheitliche Schäden bei Tests an Säugetieren festgestellt worden, die sowohl auf die Nebenwirkungen des Wirkstoffs hinweisen als auch auf die Wirkungen der weiteren Inhaltstoffe von Roundup und dessen Kombination mit anderen Stoffen im Boden und lebenden Organismen. Roundup enthält bis zu 15 % des oberflächenaktiven Stoffes POEA (Polyoxyethylen-Alkylamin), das für die Surfactant-Wirkung zuständig ist, d. h. es reduziert die Oberflächenspannung der Pflanze, damit der Wirkstoff des Herbizids besser in das pflanzliche Gewebe eindringen kann. Die Wirkung dieses Zusatzstoffs ist nach Kaczewer für die Zerstörung von Leber- und Nierenfunktionen bei Tieren verantwortlich. (Kaczewer 2002) Da die meisten Untersuchungen des Herbizids ausschließlich den Wirkstoff Glyphosat isoliert im Labor betrachten, wird die gesamte Formel von Roundup vernachlässigt, deren akute Toxizität bei Versuchen mit Ratten sich im Vergleich zu dem einzelnen Wirkstoff als viel stärker erwies. (Cox 1998; Martinez/Brown 1991)

Krebs und Reproduktionsschäden

Besonders wichtig sind die Untersuchungen, die sich auf die möglichen Reaktionen des Glyphosats im Boden konzentrieren. Es wurde festgestellt, dass während des Abbaus von Glyphosat im Boden eine krebserregende Substanz gebildet werden kann, nämlich Formaldehyd, und dass Glyphosat in Kombination mit Nitraten im Boden Nitroglyphosat bildet, einen Stoff, der seit langem für die Auslösung von Leberkrebs bekannt ist. (Kaczewer 2002) Wichtig sind auch chronische Effekte von Glyphosat, die besonders auf den Hautkontakt mit dem Produkt zurückzuführen sind. Dies betrifft nicht nur Lebewesen mit einer dünnen, durchlässigen Haut wie Frösche, sondern auch Menschen. Hardell und Eriksson vermuten aufgrund ihrer Untersuchungen in Schweden, dass ein Zusammenhang zwischen einem langfristigen Kontakt mit Glyphosat und kanzerogenen Effekten wie dem Non-Hodgkin-Lymphom (NHL)[4] besteht. (Hardell/Eriksson 1999)

Ein weiteres Feld, das im Mittelpunkt der Untersuchungen steht, bezieht sich auf die Auswirkungen von Roundup auf die Reproduktion von Säugetieren, denn hier wurde sowohl eine verringerte Libido als auch ein geringeres Ejakulatvolumen festgestellt. (Yousef et al. 1995) Dies wird dadurch erklärt, dass Rückstände von Roundup die Synthese von Steroiden im Organismus und das Regulationsprotein StAR (steroidogenic acute regulatory protein) hemmt. (Walsh et al. 2000) Dies wurde in Brasilien von Eliane Dallegrave an der Universität aus Porto Alegre bestätigt, die bei ihren Untersuchungen zu dem Ergebnis kam, dass folgende Reproduktionsprobleme bei Wistar-Ratten auftauchen, die in Kontakt mit Roundup kamen: a) ein größerer Anteil an anomalen Spermatozoen; b) eine geringere tägliche Spermatozoenproduktion; c) Veränderungen bei der Entwicklung der Testikelgewebe. (Dallegrave et al. 2003)

Die verfügbaren Untersuchungen lassen vermuten, dass die Auswirkungen von Roundup bei erhöhtem Einsatz in Verbindung mit der herbizidresistenten Soja weiter intensiviert werden. Das Herbizid ist zum wichtigsten Verursacher von Intoxikationen in Brasilien geworden, mit allein 11,2 % der gesamten Vergiftungsfälle zwischen 1996 und 2002. (Benatto 2002) Nach dem brasilianischen *Institut für Umwelt und erneuerbare Ressourcen IBAMA* ist der Verkauf des Wirkstoffs Glyphosat in Rio Grande do Sul zwischen 1998 und 2001 (Periode der Einführung der Gensoja) von 3,85 Tonnen auf 9,13 p.a. Tonnen gestiegen. Die offiziell registrierten Vergiftungsfälle sind nach dem toxikologischen Informationszentrum von Rio Grande do Sul zwischen 1999 und 2002 von 31 auf 119 gestiegen. (*IBAMA* 2003)

Agro-Gentechnik: Neue Strategie mit Gesundheitsversprechen

von Richard Fuchs

Inzwischen hat es sich herumgesprochen, die Werbebotschaft der Saatgutindustrie zieht nicht mehr: die Grüne Gentechnik werde den Hunger in der Dritten Welt besiegen. Das war zu keinem Zeitpunkt glaubhaft und hat sich bis heute nicht bestätigt. Denn dort gibt es einen großen Erfahrungsschatz mit regional angepassten Nutzpflanzensorten. Hochertragssorten mit einem hohen Verbrauch von Wasser, Kunstdünger und Pestiziden sind für den nicht industriell bewirtschafteten großflächigen Landbau ungeeignet. Dort wird das Saatgut preiswert aus der eigenen Ernte gewonnen oder mit anderen Landwirten getauscht. Weder das Saatgut noch die Pflanzenpflegemittel (Pestizide = Biozide) müssen für teures Geld wie in den westlichen Industrienationen erworben werden. Auch andere Argumente der Agro-Gentechnik hielten einer genauen Prüfung nicht stand. Eine Studie, ausgerechnet des US-Landwirtschaftsministeriums, zeigte: Weder ging der Pestizidverbrauch zurück noch konnten die Erträge gesteigert werden.[1] Für Multis *wie Monsanto, DuPont/Pioneer, Delta & Pine Land, Novartis* und andere Protagonisten der Agro-Gentechnik war die Studie ein Schlag ins Kontor. Denn welches Entwicklungsland will Geld für das teure genpatentierte Saatgut unter Verzicht anderer Vorteile ausgeben? Nun muss das Image auf andere Weise verbessert werden.

Aus der positiven Stimmung pro Roter Gentechnik und ihren Gesundheitsversprechungen hat die Branche gelernt. Nun berichtet die *Branchen-Analyse Biotechnologie von BioPartners Cologne* unter dem Titel »Aufbruch in eine optimistische Zukunft!«: »Um den Verbraucher von den Vorzügen der ›Grünen‹ Biotechnologie zu überzeugen, wird von den Unternehmen vereinzelt der Umweg über die gesundheitlichen Vorzüge eingeschlagen. Die Akzeptanz von Functional Food ist deutlich höher; Functional Food hat eine gesundheitsfördernde Wirkung.« Das heißt, die späte Einsicht, dass die sogenannte »Grüne Gentechnik« der Chemieindustrie nützt, von Verbrauchern aber mehrheitlich abgelehnt wird, hat zu einer neuen Marketingstrategie geführt.

Die zweite Generation transgener Pflanzen soll vorgeblich auch für den Konsumenten einen Zusatznutzen bringen, etwa Kartoffeln mit zusätzlichen Ballaststoffen: das übertragene Gen stammt aus der Artischocke. Eiweißreiche Kartoffeln mit Genen aus der südamerikanischen Amaranth-Pflanze soll Inder-Kinder vor dem frühen Tod bewahren. Kartoffeln sollen weniger Bitterstoffe oder mehr Ballaststoffe enthalten. Raps mit erhöhtem Vitamin E-Gehalt oder Goldener Reis mit Beta-Karotin-Genen sollen einem Vitaminmangel vorbeugen. Das aus transgenen Sojabohnen, Raps und Sonnenblumen gewonnene Öl soll dank optimierter Fettsäurezusammensetzung den Cholesterinspiegel senken. Pflanzen sollen Lebensmittelallergien verhindern.

»Molecular Farming« oder »Pharma-Planta« sind die neuen Zauberformeln. Pflanzen sollen gentechnisch derart verändert werden, dass sie Medikamente und Impfstoffe produzieren. Auf dem Markt ist indessen noch keines dieser Produkte.

Medizin aus der Pflanzenfabrik

Soweit es derzeit abzuschätzen ist, kann davon ausgegangen werden, dass auch in Deutschland die öffentliche Akzeptanz der transgenen Pflanzen aus der ›zweiten und dritten Generation‹ größer sein könnte als für diejenigen mit Herbizidtoleranz oder Insektenresistenz.
Peter Brand, Direktor und Professor am *Zentrum Gentechnologie, Robert-Koch-Institut*, Berlin.

Die Versprechungen gehen in dem bereits erwähnten Biotech-Brief weit. Neue Pflanzen sollen einen wichtigen Beitrag zur »Krebsprävention oder zur Prophylaxe von Herz-Kreislauferkrankungen leisten«. Das *Frauenhofer Institut für Molekularbiologie und angewandte Ökologie* in Aachen hofft, mit Hilfe des »Molecular Farming« »in der Bevölkerung leichter und schneller Akzeptanz zu finden« als die mit Anwendung der Agro-Gentechnik in der Landwirtschaft (*Life Science Agency*-Info zur *ABIC*). Über 12 Millionen Euro hat die Europäische Kommission einem internationalen *Pharma-Planta-Wissenschaftlerkonsortium* bewilligt, das nun Impfstoffe und Medikamente zur Behandlung der wichtigsten Krankheiten wie »Aids, Tollwut, Diabetes und Tuberkulose« produzieren will. So oder Ähnliches hatte ich schon einmal gelesen. Da hieß es 1992 in der Anzeigenkampagne »Chemie im Dialog« der *Deutschen Chemischen Industrie*: »Nur mit der Gentechnik haben wir im Kampf gegen Aids, Krebs und Herzinfarkt eine Chance.« Eingelöst wurde das Versprechen nie, aber Milliarden an Forschungsgeldern »verbrannt«. Schlimmer noch, die somatische Gentherapie erlitt durch die von ihr verursachten Krankheits- und Todesfälle einen herben Rückschlag. Dennoch zeigte die frohe Botschaft Wirkung. Der Glaube an die Rote Gentechnik bleibt gefestigt.

Mehr als 300 Testfelder mit gentechnisch veränderten Pflanzen, die verschreibungspflichtige Arzneimittel produzieren, sind in ganz Nordamerika bestellt. Einige dieser Mittel, die von diesen Pflanzen produziert werden, sind Impfstoffe, industrielle Enzyme, Blutverdünner, Blutgerinnung auslösende Proteine, Wachstumshormone und kontrazeptive Mittel. All diese verschreibungspflichtigen Stoffe werden nun von Pflanzen produziert, die im Freien wachsen, stellt der kanadische Farmer Percy Schmeiser fest: »Ich kann mir nicht vorstellen, wie es von unserer Regierung gestattet werden kann, verschreibungspflichtige Stoffe unter freiem Himmel zu produzieren. (...) Gesetzt aber den Fall, jemand steht in ärztlicher Behandlung und isst dann etwas, das mit einem Blutverdünnungsmittel durchsetzt ist, oder ein schwangere Frau verzehrt etwas, das mit einem Verhütungsmittel genetisch manipuliert ist. Was passiert dann? Die Einführung von sogenannten Pharma-Pflanzen, die verschreibungspflichtige Mittel enthalten, ist das Schlimmste, was auf uns zukommt.«[2]

Mit den neuen Entwicklungen im Bereich *Molecular Farming* bzw. *Pharma-Planta* oder auch der Nutrigenomforschung (individualisierte Ernährung) – dem kausalen Zusammenspiel beider Bereiche, verschwimmen zunehmend die Grenzen zwischen der Grünen und Roten Gentechnik. Unternehmen, die sich im Bereich des Pflanzenstoffwechsels profiliert haben, können mit ihrem Methodenarsenal ebensogut ihre Dienste der Pharmaindustrie anbieten. So entsteht eine Gemengelage. Bleibt also abzuwarten, wann ein Imagetransfer von der »guten« Roten Gentechnik hin zur (noch) »schlechten« Grünen Gentechnik und die marketing-gerechte Gehirnwäsche Wirkung zeigt. Bei allen anderen Ankündigungen und Versprechungen bleibt: Lediglich vier Pflanzen, Mais, Raps, Soja und Baumwolle, und zwei gentechnisch eingefügte Eigenschaften, Herbizid- und Insektenresistenz, machen rund 99 Prozent aller Gen-Pflanzen aus.

Doppelblind: Wie »Golden Rice« Forscher blind macht

Ingo Portrykus, der aus Deutschland stammende frühere Professor an der *Technischen Hochschule in Zürich* (*ETH*), entwickelte 1999 zusammen mit dem Biologen Peter Beyer von der deutschen *Universität Freiburg* den »Goldenen Reis«, einen genmanipulierten Reis, der das Provitamin A enthält. Er sollte armen Bauern in Entwicklungsländern geschenkt werden, damit ihre an Vitamin-A-Mangel (VAD: Vitamin-A-Deficiency) leidenden Kinder nicht erblinden. Die Erfolgsmeldung erschien im Wissenschaftsmagazin *Science* am 14. Januar 2000. Mary Lou Guerinot kommentierte die Arbeit in *Science* mit den Worten:

»Man kann nur hoffen, dass diese Anwendung von Pflanzen-Gentechnologie die politische Akzeptanz dieser Technologie wiederherstellen wird, denn hier soll menschliches Elend verbessert werden, ohne auf Kurz-Zeit-Profite aus zu sein.«

Science hatte einen Vorabdruck des Artikels an 1700 JournalistInnen in aller Welt verschickt. Obwohl sich die Akzeptanz für die »Grüne Gentechnik« auf dem Tiefpunkt befindet, ging die Rechnung auf. Medien berichteten zumeist 1:1 über die »uneigennützige« und »humanitäre« Problemlösung des Forscherteams.

Mit Impfbananen und -kartoffeln, Beta-Carotin-Raps und Vitamin-A-Reis und ähnlichen Ankündigungen startete die *Life-Science-Industrie* den zweiten, vielleicht auch letzten Versuch, die Verbrauchergunst für Genfood zu gewinnen. Auf dem Markt sind solche Produkte nicht. Es könnte der letzte Versuch sein. Denn selbst in den USA warnen Analysten davor, Kapital in Branchen der Nahrungsmittelindustrie und Landwirtschaft zu investieren, soweit diese auf Gentechnik gesetzt haben. Ein US-amerikanisches Analyseteam der *Deutschen Bank* (*Deutsche Bank Alex*, Brown, USA) kommt zu dem Schluss, dass »die wachsende negative Einstellung gegenüber GVOs für die Großkonzerne *Pioneer, Monsanto*, *Delta* & *Pine Land* und *Novartis* Probleme schaffen kann«. Der GAU steht noch aus, da die US-amerikanische Öffentlichkeit erst langsam beginnt, sich zu wehren. Das ist aber nicht einfach. Denn die zuständige Zulassungsbehörde *US Food and Drug Administration* (*FDA*) verzichtete bewusst auf eine Kennzeichnungspflicht bei GVOs. Das Beispiel »Goldener Reis« zeigt nun wieder einmal exemplarisch, wie mit Hilfe eines fragwürdigen Produktes der Gentechnik eine öffentlichkeitswirksame Kampagne gestartet wurde.

Jahrzehntelang war Reis weiß. In Weiß poliert ist er zwar mit Stäbchen gut zu greifen, aber nicht sehr nahrhaft, da er überwiegend Stärkemehl, wenig Eiweiß und so gut wie keine Vitamine enthält. Mit dem Schälen und Polieren von Reis werden alle für die Ernährung wertvollen Bestandteile abgeschliffen: Es sind die besonders vitaminreichen Silberhäutchen mitsamt der eiweißreichen Aleuronschicht und dem fett- und vitaminreichen Keim. Die Kolonialmächte im asiatischen Raum waren verantwortlich für die Einführung von Reisschäl-Maschinen, die Denaturierung von Reis und infolge für (Thiamin-Vitamin-B1,-) Mangelerscheinungen unter der ostasiatischen Bevölkerung. Ende des 19. Jahrhunderts breitete sich diese gefürchtete Krankheit (BeriBeri) wie eine Seuche über Indonesien und andere Kolonialgebiete aus. Seit dieser Zeit gilt weiß bei Reis und Brot als Symbol für Qualität, Fortschritt und westliche Überlegenheit.

Nun sollte der Reis nicht mehr weiß sein, sondern, wie der Name »Goldener Reis« schon sagt, tiefgelb – und damit entstehen tiefgreifende kulturelle Probleme. Wie die Mohrrüben wegen des hohen Vitamin A-Gehalts ihre Farbe haben, so färbt auch das Rezept von Potrykus den sonst weißen Reis gelb. Das wird bei vielen Menschen, die an weißen Reis gewöhnt sind, Überzeugungsarbeit kosten. Anstatt den Reis wieder natur pur zu genießen, versprechen die Forscher, mit Vitamin A angereichertem Reis die Mangelernährung in der Dritten Welt zu beseitigen.

Verschenken, was anderen gehört

Ingo Potrykus will den Gentech-Reis zwar verschenken, das wird aber, wie er selber zugeben musste, Probleme geben: »Es ist nicht einfach, den Reis zu verschenken«, sagte er der *Weltwoche* (27.1.2000). Und bei einem öffentlichen Auftritt in St. Louis gestand er: »Ich musste die Patente ignorieren, sonst hätte ich nicht vorwärtsmachen können.« Und er empfahl, Forscher sollten einfach damit beginnen, das Gesetz zu brechen. »Welche Firma wollte schon die negative Publizität, mich ins Gefängnis zu werfen, weil ich gegen die Armut kämpfe?«[3]

Potrykus war als Forscher an 30 Pflanzen-Patenten mitbeteiligt, die meisten im Besitz von *Novartis*. Zudem hat er auch den »Goldenen Reis« zum Patent angemeldet. Persönlich lässt sich Potrykus seinen Altruismus gut bezahlen. Er musste allerdings lange suchen, bis die

Rockefeller-Stiftung und die *Europäische Union* Gelder für sein Forschungsvorhaben zur Verfügung stellten. Beyer und Potrykus haben inzwischen den Goldenen Reis an das *International Rice Research Institute* (*IRRI*) und weitere Forschungsinstitutionen in China, Vietnam, Indien, Indonesien und Südafrika zur weiteren Entwicklung übergeben. Dort sollen die Gene, die für die Produktion von Betacarotin verantwortlich sind, in Reissorten eingekreuzt werden.

Die *Vereinten Nationen* schätzen, dass jährlich etwa zwei Millionen Kinder unter fünf Jahren wegen Vitamin-A-Mangel sterben. Alleine in Südostasien erblinden laut Schätzungen jährlich 250 000 Kinder, weil sie nicht genügend Vitamin A bekommen. 70 Prozent aller Kinder in der Region leiden aus dem gleichen Grund an Mangelerscheinungen. In Indien liegt der durchschnittliche Nahrungskonsum 300 Kalorien unter dem in Entwicklungsländern üblichen Durchschnitt. Mangelerkrankungen gehören in den Familien der 450 Millionen Inder, die täglich weniger als umgerechnet zwei Euro verdienen, zum Alltag.

Genmanipulierte Nahrungsmittel als Wohltat für eine Weltbevölkerung? Dieses Versprechen zählt zu den stärksten und oft wiederholten »running gags« der Gentechnik-Befürworter. Gehalten wurde das Versprechen nicht. Denn Forschungen, die armen Leuten helfen, bringen nicht genug Gewinn und gelten deshalb bei Unternehmen als uninteressant.

Alternativ-Strategie der UNO

Um dem Problem der Fehl- und Mangelernährung zu begegnen, entwickelte die UNO zahlreiche Projekte, die zum Teil Sinn machen, andere aber nicht. Dabei gibt es drei Strategien.

1. Anreicherung von Lebensmitteln (z. B. Vitamin-A-haltige Margarine auf den Philippinen oder Zucker mit Vitamin A in einigen lateinamerikanischen Ländern),
2. Zugabe von Vitamin A: Zweimal jährlich werden im Regelfall hochdosierte Vitamin-A-Kapseln abgegeben,
3. Ernährungsprojekte, wie zum Beispiel Informationskampagnen oder ›Kleine-Hausgarten‹-Projekte. Vitamin A kommt in Fleisch, Fisch, Eiern, Milch und Milchprodukten lediglich in geringen Mengen vor. Durch die Vielfalt von Gemüse, Obst, Nüssen, Ölsaaten und Ge-

treide ist der Vitamin-A-Bedarf reichlich gedeckt. Von mehr als 100 Sorten liegen Berechnungen vor. Alle enthalten ausreichende Mengen β-Carotin (Provitamin A), das der Organismus in Vitamin A umwandelt. Die Förderung der Hausgärten ist also ideal.

In den meisten Ländern hatten die ersten zwei Strategien bisher Priorität. Die dritte bessere Strategie wurde lange Zeit vernachlässigt, gewinnt aber immer mehr an Bedeutung.

In Bangladesch, wo Vitamin A-Mangel ein großes Problem war, hat die *FAO*, zusammen mit der *Stiftung Helen Keller International* (*HKI*) und mit 14 *NGOs*, 1993 ein Projekt zur Förderung von kleinen Häusgärten gestartet. Die Frauen wurden ermutigt, kleine Hausgärten anzulegen, vor allem durch Aufnahme und Verbesserung traditioneller Anbaumethoden. Landlose Familien pflanzen Reben an den Hauswänden an und setzen in die Reben Bohnen, Kürbisse und »bottle gourd« (eine spezielle Kürbisart) hinein. Alle haben Blätter, die üblicherweise gegessen werden. Frauen, die erfahren haben, dass ihre Kinder tatsächlich gesünder werden, tragen das Projekt weiter, wie beim Schneeballprinzip. Die Projekte waren von Anfang an gut in den Dorfgemeinschaften integriert und von den *NGOs* aktiv mitgetragen. Inzwischen sind über 600000 Familien (oder über drei Millionen Menschen) in das Projekt integriert (1998). Eine wissenschaftliche Untersuchung zeigte: Der Gesundheitszustand hat sich verbessert. Bereits sehr kleine Gärten genügen für eine ausreichende Provitamin-A-Versorgung. Ein überraschendes Resultat war: Je mehr verschiedene Früchte und Gemüse eine Person isst, desto besser scheint der Körper Provitamin A aufzunehmen. Die Zunahme der Vielfalt hat also signifikante Verbesserung gebracht, unabhängig von der Menge (wahrscheinlicher Grund: bessere Bioverfügbarkeit und Synergie-Effekte). Familien, die in der Gegend zerstreute kleinste Gärten haben, pflanzen meist eine große Vielfalt an und nehmen folglich Provitamin A gut auf. Dies sind vor allem die ganz armen Familien, die sich den eigenen Hausgarten nicht leisten können.

In Thailand war das grüne und Provitamin-A-reiche Blattgemüse Ivy gourd der »Türöffner« für ein großes Ernährungs- und Informationsprojekt. Ivy gourd ist leicht zu halten, sehr billig und kommt in vielen Gebieten wild vor. Mütter, SchullehrerInnen, Gesundheitspfleger und Bauern waren ebenso im Projekt engagiert wie buddhistische Mönche. Ein bekannter Mönch hatte ein Tonband zusammengestellt, um die

Menschen zur Teilnahme zu ermutigen. Populäre Sänger kreierten Volkslieder zu Ivy gourd. Acht Radiokanäle haben regelmäßig über das Projekt berichtet. Ziel war, in allen Gesellschaftsschichten neue Essgewohnheiten zu verankern, und zwar langfristig.

In Mali, Nigeria und vielen anderen afrikanischen Staaten ist die Saison meist sehr kurz. Das bedeutet, dass Früchte und Gemüse nur kurze Zeit erhältlich sind, wenn sie nicht konserviert werden. Die *FAO* fördert in diesen Ländern kostengünstige Solar-Trocknungsanlagen – das ermöglicht eine Konservierung mit einem minimalen Verlust an Provitamin A. Mit Solartrocknern konservierte Mangoschnitze behalten beispielsweise bis zu sechs Monate einen sehr hohen Provitamin-A-Gehalt. Vitamin A-Mangel ist allerdings nicht die einzige Mangelkrankheit.

Isolierte Nährstoffzugabe – isolierte Sicht des Problems

Die Ergebnisse dieser Projekte zeigen, dass nicht eine isolierte Nährstoffzugabe, wie sie mit dem »Goldenen Reis« offeriert wird, erfolgreich ist, sondern ein vielfältiges Angebot vitalstoffreicher Nahrungspflanzen. John R. Lupien, Direktor der *Food and Nutrition-Abteilung* der *FAO* sagt zum Konzept der isolierten Nährstoffzugabe:. »Ein solcher Ansatz ist nicht geeignet, weil er sowohl biologische wie auch nicht-biologische Interaktionen negiert, und weil er die darunterliegenden Probleme nicht angeht.« Der gentechnisch hergestellte Provitamin-A-Reis beinhaltet aber gerade diesen isolierten Lösungsansatz.

Agrar-Gentechnik in westlichen Industrienationen. Niemand hat danach gefragt

In der Welt der Konsumgüter und ihrer Marketingstrategen zählen gentechnisch veränderte Pflanzen zu der Kategorie von Produkten, die niemand gewollt, niemand nachgefragt hat und es darum auch keinen Bedarf gibt, vor allem nicht aus der Sicht des Endverbrauchers. Solche Produkte schätzt die Werbewirtschaft, da ein Riesen-Werbeetat erforderlich ist, um einen künstlichen Bedarf zu wecken und Konsumgüter in den Markt einzuführen. Ähnliche Produkte entwickelt die Pharmaindustrie, weil in diesem Fall Stoffe, für deren Absatz, Anwendung und

Verbrauch zunächst ein Bedarf konstruiert werden muss, indem neue Krankheiten erfunden werden und Zielgruppen definiert werden müssen. Erst dann kann ein solches sogenanntes »Therapeutikum« beworben werden. Wird für solche Produkte die Werbung wieder eingestellt, bricht der Markt zusammen.

Deshalb bedurfte es für die Agrochemie-Industrie vielfältiger Strategien eines großen Lobby-Apparates und nicht zuletzt Zahlungen von Bestechungsgeldern, transgenes Saatgut schmackhaft zu machen. Welcher gutgläubige Bauer sagt nein, wenn ihm Ertragssteigerungen bei Einsatz von gv-Saatgut versprochen werden bei gleichzeitiger Kostenersparnis für den Spritzmitteleinsatz. Schwieriger ist die Überzeugungsarbeit bei gut informierten Endverbrauchern. Da die GVO-Produkte keinerlei ersichtlichen Nutzen für Konsumenten haben, appellierten die PR-Manager der Industrie an das humanitäre Gewissen der Menschen und deren Glauben an das Versprechen: Mit Hilfe der Gentechnik lösen wir das Welthungerproblem. Der Werbegag kam gut an und haftet als Stereotyp immer noch in den Köpfen derjenigen, die auf eine kritische Hinterfragung verzichten. Nur so war der Diskurs über die Umweltverträglichkeit der Gentechnik zu überwinden. Denn die Chemieindustrie hatte wegen ökologischer und toxikologischer Folgewirkungen von Pestiziden zunehmende Akzeptanzprobleme. Andererseits ging es ihr darum, den Absatz der »Pflanzenschutzmittel« zu stabilisieren und zu steigern. Das konnte am besten mit dem Zusammenwachsen des Saatgut- und Agrochemiemarktes sichergestellt werden. Das heißt Saatgut und Gentechnik als Mittel für den verpflichtenden Einsatz von Pestiziden zu nutzen. Doch weder für den Bauern noch für die Hungernden in der Dritten Welt wurde das Versprechen eingelöst. Das Gegenteil ist der Fall:

Die Erträge sanken, der Spritzmitteleinsatz stieg. Für die Bauern ein spätes Erwachen, das einen Ausstieg aus dieser Technologie wegen der (»Knebel«-) Saatgutverträge fast unmöglich macht. Die Rechnung für die Industrie ging auf. Für die Dritte Welt bedeutet die Agro-Gentechnik: Das internationale Patentrecht blockiert den freien Zugang zu diesem gv-Saatgut und auch die Wiederaussaat von Saatgut aus eigener Ernte. Der Wirtschaftsexperte Prof. Rudolf Lukes, der auch entsprechende Gutachten für die Bundesregierung verfasste, warnte bereits 1987 vor den Folgen der Patentierung von Pflanzen: »Mit der Ausdehnung der Ausschließlichkeitsbefugnisse, die sich bisher auf Vermehrungsgut beziehen, würde auch das letzte Weizenkorn bis hin zum

Konsum und zur industriellen Verwertung vom Ausschlussrecht erfasst. (...) Da die Gentechnologie in der Pflanzenzüchtung zunehmend eingesetzt werden wird, würden in kürzester Zeit alle für die menschliche Ernährung mittelbar oder unmittelbar bedeutsamen Kulturpflanzen dem Patentrecht unterliegen.«[4]

Macht euch vom Acker!

von Richard Fuchs

Syngenta, das letzte Biotechunternehmen, das über eine signifikante Präsenz im Bereich GVO in Großbritannien verfügt, verlegte 2004 seine Laboratorien aufgrund der schlechten Geschäftsaussichten für diese Technologie in die USA. *Monsanto, DuPont* und *Bayer CropScience* hatten bereits zuvor ihre Standorte in England aufgegeben. Spätestens seitdem englische Zeitungen den Gentechnik-Befürworter Tony Blair mit einem verformten, grün gefärbten Gesicht illustrierten, gehört der Begriff »Frankenstein Food« zum allgemeinen Sprachgebrauch. Die Behörden in Wales und Schottland lehnten 2004 die Zulassung von gentechnisch verändertem Mais von *Bayer CropScience* ab, wodurch die Zulassung in allen Teilen Großbritanniens blockiert wird. Es wäre die erste genehmigte Genpflanze in GB gewesen.

Ein südafrikanisches Gericht hat 2004 das schweizerische Unternehmen *Syngenta* aufgefordert, die Verteilung von gentechnisch verändertem Maissaatgut (BT11) zu stoppen. *Syngenta* wurde nachgewiesen, dass die Risikoeinschätzungen nach dem Prinzip der Textverarbeitung »Ausschneiden-und-Kopieren-Prinzip« anderen Anträgen entnommen und folglich gefälscht waren. 2005 verhängte die EU wegen unerlaubter Einfuhr von möglicherweise rund 1000 Tonnen der wegen gesundheitlicher Bedenken verbotenen Futtermittel des Unternehmens *Syngenta* eine Geldbuße von 375 000 Euro. Dabei handelt es sich um den gentechnisch veränderten Mais Bt10, der gegen ein in der Humanmedizin gängiges Antibiotikum resistent ist.

Gentechnikfreie Regionen in Europa

160 Regionen (Bundesländer, Departements, Präfekturen, Woiwodschaften, Contis, Provinzen), Tausende von Gemeinden und Kreisen und Zigtausende von Bauern haben ihr Land zur genetechnikfreien Zone erklärt. In einer Sonderbeilage *transregionale Zeitung der gen-*

technikfreien Regionen Europas der *taz* von Anfang des Jahres 2006 sind diese Zonen euroweit und speziell auch für Deutschland markiert (Stand 01.01.2006).[1,2] Die *Versammlung der Regionen Europas* (*VRE*), ein Zusammenschluss von über 250 Regionalregierungen, hat eine Kampagne gestartet, um der Bevölkerung die Folgen der Gentechnik für ihre regionale Landwirtschaft vor Augen zu führen. Die wichtigsten Kritikpunkte sind dabei das mangelnde Mitspracherecht bei der Zulassung neuer Gentechnik-Konstrukte und die Koexistenzfrage. Die *VRE* verfolgt außerdem das Ziel der Entwicklung transregionaler Kooperationen. Sechsunddreißig Landesregierungen aus derzeit acht Ländern der EU haben sich zu einem *Netzwerk gentechnikfreier Zonen* zusammengeschlossen, deren Ziel es ist, die gentechnikfreie Landwirtschaft auf ihrem Territorium zu sichern und sich gemeinsam in Brüssel Gehör zu verschaffen. In Form einer gemeinsamen Erklärung haben sie einen Forderungskatalog an die *Europäische Kommission* als auch an ihre Nationalregierungen geschickt. Sie verlangen vor allem eine unabhängige wissenschaftliche Risikobewertung, den Erhalt von gentechnisch freiem Saatgut und den Schutz ihrer regionalen Sorten.

Zahllose Initiativen rund um den Erdball[3]

Seit über zehn Jahren hält sich vor allem in Europa ein hartnäckiger Widerstand gegen die Gentechnik auf dem Acker und dem Teller. Unter den Initiativen, die sich kritisch mit der Gentechnik in der Landwirtschaft und der Nahrung auseinandersetzen sind u. a. zu nennen:

Friends of the Earth (FOEE), *Greenpeace, Die Grünen, Attac, Global 2000, Safe our Seeds, Slow Food, Bauern- und Bioverbände (Europa, bzw. international).*

Auf nationaler Ebene: *BUND, Brot für die Welt, MISEREOR, Kein Patent auf Leben, Gesellschaft für Gesundheitsberatung GGB e. V., Gendreck-weg, Gen-ethisches Netzwerk, Coordination gegen Bayer-Gefahren, Genfood Projekt Akademie Klausenhof, Verbraucher-Zentralen, Verbraucher Initiativen, Buko-Agro Koordination, Umweltinstitute, Öko-Institut, Umweltbund, Ökologischer Ärztebund, Arbeitsgemeinschaft bäuerliche Landwirtschaft (AbL), Reformhäuser, Netzwerk gentechnikfreie Landwirtschaft, Bündnis für gentechnikfreie Landwirtschaft, Projekt Qualität aus gentechnikfreier Erzeugung östliches Ruhrgebiet, Arbeitsgemeinschaft der Verbraucherver-*

bände (AgV), Imkerverbände, Infozentrum Gentechnik Hohenlohe-Unterland/Evangelisches Bauernwerk Württemberg, Gentechnikfreie Region Chiemgau-Inn-Salzach, Zukunftsstiftung Landwirtschaft (Deutschland), Grüne Bäuerinnen und Bauern Österreichs, Faucheurs volontaires (freiwillige Mäher, Frankreich), Bio Suisse, Pro Natura, Schweizerische Arbeitsgruppe Gentechnologie (SAG) (Schweiz), Center for Food Safety (USA), Grupo de Reflexión Rual (Argentinien).

Als Einzelaktionen sind u.a. zu nennen: *750 internationale Wissenschaftler beziehen Stellung mit einem Offenen Brief an alle Regierungen, Marsch für gentech-freie Regionen (5.4.2006), Vereinigter Internationaler Protesttag gegen GVO (8.4.2006), Weltweite Videokonferenz (8.4.2006). Der Schweizer Bauernverband, Umwelt- und Konsumentenschützer unterstützte 2005 das Moratorium gegen GVO in der Schweiz. Erklärung Alternativer Nobelpreisträger gegen Erlass 81 (im Irak) (2005).*

Raiffeisen, der größte Futtermittelhersteller in Süddeutschland stellt auf gentechnikfreie Ware um.

Für die zweite Auflage des Buches richten Sie bitte weitere Hinweise auf Initiativen gegen Gentechnik auf dem Acker und dem Teller an den emu-Verlag.

Anmerkungen: Literaturhinweise zu den Beiträgen von Richard Fuchs

Essay

[1] Vor der Fusion mit Zeneca firmierte Syngenta zu dieser Zeit unter Novartis.

[2] dpa 20.12.1996 17:45.

[3] dpa 11.10.1997 14:46.

[4] Ebd.

[5] Greenpeace: Gen-Mais schadet der Gesundheit – Novartis investiert, dpa 21.07.1998 17:18.

[6] Grössler, Manfred (Hrsg.): Gefahr Gentechnik. Irrweg und Ausweg, Mariahof 2004, S. 25–37.

[7] Der Silomais enthält die gesamte Maispflanze inklusive Blätter und Stängel. Um den ebenfalls zur Fütterung verwendeten Körnermais ernten zu können, muss ein Rest der Pflanzen zum Ausreifen länger stehen bleiben.

[8] Schreiben von Syngenta vom 2.7.2002 an Landwirtschaftsmeister Gottfried Glöckner.

[9] Grössler, Manfred (Hrsg.): Gefahr Gentechnik. Irrweg und Ausweg, Mariahof 2004, S. 35

[10] Gentechnikforum der niedersächsischen Landesregierung, 14.03.2005/GID Nr. 169, April/Mai 2005.

[11] Vgl. Gen-ethischer Informationsdienst GID Nr. 176, Juni/Juli 2006; Das Gutachten im Internet: www.gruene-bundestag.de/cms/gentechnik/dokbin/124/124683.pdf

[12] Frankfurter Allgemeine Zeitung, 19.9.1996.

[13] dpa, in HNA, 17.12.1996.

[14] Schreiben vom 10.4.2006 des Referatsleiters 222 Bio- und Gentechnologie des Bundesministeriums für Ernährung, Landwirtschaft und Verbraucherschutz, Wolfgang Koehler, im Auftrag des Bundesministers Seehofer an Axel Schleisick in Köln. Schleisick ist einer von Tausenden Gesundheitsberatern der »Gesellschaft für Gesundheitsberatung (GGB) e.V.« in Lahnstein, die zuvor Horst Seehofer mit ihren Schreiben gebeten hatten, sich mit ganzer Kraft dafür einzusetzen, Gentechnik auf den Feldern zu verhindern. Am 26.05.2006 telefonierte Richard Fuchs mit Wolfgang Koehler, um zu erfahren, welche Versicherung er zur Regulierung von Schäden gewonnen habe und welcher Fonds gebildet worden sei und wer darin einzahlt, wie dies in seinem Schreiben angekündigt wurde. Seine Antwort war: »Keine«, und es gäbe auch keinen Fonds. Nebenbei erwähnte Koehler, dass Seehofer inzwischen über 10000 Briefe zur Agro-Gentechnik erhalten habe, davon lediglich 2 unkritische. Das habe Seehofer nachdenklich gestimmt. Aber hinter ihm stehe ja auch noch eine Kanzlerin, so Koehler.

[15] Aus dem Memorandum der »Union der Deutschen Akademien der Wissenschaften«, das dem Bundeslandwirtschaftsministerium als Stellungnahme zum Gespräch mit Minister Seehofer »Grüne Gentechnik verantwortlich nutzen« am 20.4.2006 zur Verfügung gestellt wurde. Weitere Stellungnahmen wurden vom Öko-Institut e.V., vom Bundesamt für Naturschutz und vom Autor dieses Buches R. Fuchs eingereicht.

[16] Die Woche, 23.7.99.

[17] Schließlich gibt es da auch noch die »Rote Gentechnik« (mit einem Riesenforschungsbedarf am Menschen und an Embryonen), die »Blaue Gentechnik« (Meeres-Biotechnologie), »Weiße Gentechnik« (u.a. Enzyme auf der Basis von gentechnisch veränderten Mikroorganismen in Nahrungs-, Wasch- und Reinigungsmitteln, in Vitaminen, Antibiotika, Ethanol) und die »Graue Gentechnik« (Umwelttechnologie als Reparaturmittel für Umweltschäden).

[18] Die Initiative Gendreck-weg der FeldbefreierInnen wurde 2005 von Imkern, Bäuerinnen und Bauern in Süddeutschland ins Leben gerufen. Im selben Jahr fand die erste Feldbefreiung mit rund 300 TeilnehmerInnen bei Strausberg in Brandenburg statt. Ein massiver Polizeieinsatz konnte nicht verhindern, dass einige Aktivisten schneller waren und Teile des Maisfeldes befreiten. Die Aktion stieß auf ein großes aufgeschlossenes Medieninteresse.

Gen-Saaten rund um den Globus

[1] Vgl. Engdahl, William: Die Saat der Zerstörung, in: Freitag 46, 5.11.2004.

[2] Vgl.: http://www.trend.infopatisan.net/trd1105/t081105.html.

[3] Gen-Soja ist wiederum Bestandteil von rund 30000 Nahrungsmittelprodukten und auch von Futtermitteln.

[4] Cordis Focus, (Organ der EU-Kommission) Brüssel, Nr. 228, 8.9.2003, S. 24.

[5] Mit der WTO-Beschwerde wird ein 60-tägiges Konsultationsverfahren eingeleitet, bevor es zu einer Klage kommt.

[6] Dazu zählen, außer den US-Konzernen, die drei europäischen Konzerne Syngenta (Agrosparten von Novartis und Astra-Zeneca, Schweiz), Bayer CropScience, nach Übernahme von Aventis CropScience, und BASF (Deutschland), nach der Übernahme des Pflanzenschutzherstellers American Home Products

[7] Vgl.: Fuchs, Richard: Die Monopolisierung unserer Nahrung, in: Eberhard (Prof. Dr.) & Eike Hamer Dipl.-Kfm. (Hrsg.): »Wie kann der Mittelstand die Globalisierung bestehen?« Unna 2005, S. 223–233.

[8] Landwirte Wochenblatt 46/2005.

[9] GE-NET-news, www.genet-info.org.

[10] Violat, Pierre-Ludovic: Die Ölfrucht, die goldene Eier legt, in: LE MONDE diplomatique, April 2006. Mehr dazu auch im Kapitel »Mit dem Latein am Ende«.

[11] 1. Mose, 2, 8–15, Eden = hebr. edän = »Wonne«, d.h. ein abgetrenntes und eingehegtes Stück Land mit besonders günstigen Lebensbedingungen für Flora und Fauna. Der Bau und die Pflege des Garten Eden war der Schöpfungsauftrag Gottes für die ersten Menschen. Damit wird der Garten Eden zum Synonym der Schöpfungsordnung und Kultur schlechthin.

[12] http://www.umweltinstitut.org/frames/gen/irakpatente.htm

[13] Bremer ist ein ehemaliger Beamter des US-Aussenministeriums, zuständig für Terrorismusfragen, danach Managing-Direktor der einflussreichen Beraterfirma »Kissinger Associates« des früheren US-Aussenministers Henry Kissinger.

[14] www.iraqcoalition.org/regulations/2004

[15] www.biopiraterie.de/texte/biopiraten/irak.php

[16] Dr. Ibrahim Abouleish, Prof. Dr. Dr. Hans-Peter Dürr, Prof. Johan Galtung, Stephen Gaskin, Tapio Mattlar, Prof. Dr. Manfred Max-Neef, Pat Mooney, Nicanor Perlas, Prof. Dr. P. K. Raveendran, Irina Sherbakova, Dr. Vandana Shiva, Sulak Sivaraska, Prof. Dr. Michael Succow.

[17] Bauer, Andreas/Busch, Julia, in: Umweltnachrichten 101/2005, Andreas Bauer.

[18] Zitiert nach: http://www.steinbergrecherche.com/asdanielamstutz.htm
[19] Vgl.: http://www.umweltinstitut.org/frames/gen/irakpatente.htm
[20] Vgl.: Fuchs, Richard: Gen-Food. Ernährung der Zukunft?, Berlin 1997, S. 94/95.
[21] Zarzer, Brigitte: Percy Schmeiser verliert gegen Monsanto, 24.05.2004, www.heise.de/tp/r4/artikel/17/17492/1.html
[22] Grössler, Manfred (Hrsg.): Gefahr Gentechnik. Irrweg und Ausweg, Mariahof 2004, S. 200.
[23] Bundesgesundheitsblatt, Sonderheft Dez. 1996.
[24] Golle, Stefanie: Chinas Geschäft mit der Baumwolle, in: Gen-ethischer Informationsdienst GID, Nr. 169, April/Mai 2005.
[25] Reuters, 28.11.2005, www.reuters.com.
[26] agrima-nager.de, 20.03.2006/Gen-ethischer Informationsdienst GID, Nr. 175, April/Mai 2006, S. 25.

USA. Das Land der begrenzten Möglichkeiten

[1] Die Veröffentlichung der leicht gekürzten Version dieses Beitrags erfolgt mit freundlicher Genehmigung der Verfasser.
Das Zentrum für Nahrungsmittelsicherheit (CFS) ist eine US-amerikanische, nicht auf Gewinn ausgerichtete Organisation, die zum Schutz der menschlichen Gesundheit und zum Schutz der Umwelt tätig ist. Sie setzt sich für die Einschränkung der Anwendung schädlicher Nahrungsmitteltechnologien ein und fördert ökologische und andere Formen nachhaltiger Landwirtschaft. Näheres zu einer Mitgliedschaft und zusätzliche Informationen über das CFS sind unter www.centerforfoodsafety.org oder schriftlich unter office@centerforfoodsafety.org erhältlich. In der Originalfassung sind im Anhang alle Prozesse und einige Schreiben an die Farmer aufgeführt.
Hauptsitz des Büros: 660 Pennsylvania Ave., SE, Suite 302, Washington, DC 2003, Büro in Kalifornien: 1009 General Kennedy Ave. # 2, San Francisco, CA 94129
Übersetzung: Barbara Schiller im Auftrag der Arbeitsgemeinschaft bäuerliche Landwirtschaft (AbL).
Die Übersetzung wurde unterstützt von: dem ABL-Verlag, dem Netzwerk gentechnikfreie Landwirtschaft, dem Bündnis für gentechnikfreie Landwirtschaft in Niedersachsen, Bremen und Hamburg, dem Projekt Qualität aus gentechnikfreier Erzeugung im Rahmen des Modellprojekts Östliches Ruhrgebiet, Infozentrum Gentechnik Hohenlohe-Unterland/Evangelisches Bauernwerk Württemberg und Gentechnikfreien Region Chiemgau-Inn-Salzach.
[2] Monsanto Co., Jahresbericht 2004, erhältlich unter www.monsanto.com/monsanto/layout/investor/financial/annual_reports.asp
[3] Stewart Laidlaw, »Starlink Fallout Could Cost Billions« Toronto Star, 09.01.2001
[4] Pew Initiative zu Nahrungsmitteln und Gentechnik (Pew Initiative on Food and Biotechnology) Informationspapier (factsheet), »Genetically Modified Crops in the United States«, August 2004 S. 4; erhältlich unter http://pewagbiotech.org/resources/factsheets/display.php3?FactsheetID=2
[5] Graham Brookes & Peter Barfoot, »Co-existence in North American agriculture: can GM crops be grown with conventional & organic crops?«, PG Economics Ltd, 07.06.2004; erhältlich unter www.pgeconomics.co.uk/pdf/CoexistencereportNAmericafinalJune2004.pdf
[6] Im Jahr 2001 berichtete die ETC Group, dass Monsanto für die Saatguttechnologie

von 91 % aller weltweiten gentechnischen Pflanzen verantwortlich war (»Ag Biotech Countdown: Vital Statistics and GM Crops«, Geno-Types at 1 (Juni 2002); erhältlich unter www.etcgroup.org/documents/biotech_countdown_2002.pdf). Hiermit verglich CFS zusätzlich neuere statistische Angaben von ISAAA über die weltweiten Anbauflächen gentechnischer Kulturen (www.isaaa.org/kc/CBTNews/press_release/briefs30/es_b30.pdf). Dabei wurde bestätigt, dass sich Monsantos Kontrollstellung in Bezug auf Saatguttechnologie konstant bei ca. 90 % gehalten hat.

[7] Troy, Roush: telefonisches Interview mit CFS vom 28.08.2003.

[8] Anonymer Bauer: telefonisches Interview mit CFS vom 10.10.2003.

[9] Anonymer Bauer: telefonisches Interview mit CFS vom Oktober 2003.

[10] Siehe Schriftsatz Amici Curiae der amerikanischen Maisbauernvereinigung (American Corn Growers Association) und der nationalen Bauernvereinigung (National Farmers Union) in Unterstützung der Kläger, J.E.M. Ag Supply gegen Pioneer Hi-Bred, Int'l., 534 U.S. 124, 122 S.Ct. 593, 151 L. Ed. 2d 508 (2001), (r'hrg) abgelehnt, U.S., 122 S. Ct. 1600 (2002); siehe auch Lara E. Ewens »Seed Wars: Biotechnology, Intellectual Property and the Quest for High Yield Seeds«, 23 B.C. Int'l? & Comp. L. Rev. 285,286 (2000).

[11] Gregory D. Graff & James Newcomb »Agricultural Biotechnology at the Crossroads«, BioEcomomic Research Associates, S. 23–25 (2003).

[12] Daniel Charles, »Lords of the Harvest«, S. 34 f. (2001).

[13] Pew Initiative zu Nahrungsmitteln und Gentechnik (Pew Initiative on Food and Biotechnology) »U.S. vs. EU: An examination of the trade issues surrounding genetically modified food« (August 2003), erhältlich unter http://pewagbiotech.org/resources/issuebriefs/europe.pdf.

[14] Ebenda.

[15] Friesen, Lyle, u.a. »Evidence of Contamination of Pedigreed Canola (Brassica napus) Seedlots in Western Canada with Genetically Engineered Herbicide Resistance Traits« Agronomy Journal 95, S. 1342–1347 (2003).

[16] Mellon, Margaret und J. Rissler »Gone to Seed: Transgenic Contaminants in the Traditional Seed Supply« Union of Concerned Scientists (24.02.2004), erhältlich unter http://www.ucsusa.org/food_and_environment/biotechnology/page.cfm?pageID=1315.

[17] Siehe Monsanto Co, 2005 Technologie/Stewardchip Vertrag, Paragraph 4.

[18] Siehe Monsanto Co., 2005, technische Leitlinien (US-amerikanische Ausgabe) S.19.

[19] Monsanto Co., 2005 Technologie/Stewardship Vertrag, Paragraph 6; siehe auch Monsanto Co., 2005 technische Leitlinien, S.19.

[20] Siehe Monsanto Co., 2005, technische Leitlinien, S.17.

[21] Ebenda.

[22] Monsanto Co., 2005 Technologie/ Stewardship Vertrag, Paragraph 7.

[23] Dem CFS sind 8 Prozesse gegen Bauern bekannt, die mit Konkursverfahren endeten (Dies war das Ergebnis einer gründlichen Durchsuchung der PACSA-Datei auf Konkursfälle der Jahre 1997 bis 2004, bei denen Monsanto als Partei aufgeführt wurde).

[24] Monsanto Co., 2005, Technologie/Stewardship Vertrag, Paragraph 8.

[25] Monsanto Co., 2005, Technologie/Stewardship Vertrag.

[26] Siehe Peter Shinkle »Monsanto Reaps Some Anger with Hard Line on Reusing Seed«, St. Louis Post-Dispatch (19.05.2003). Siehe auch Daniel Charles »Lords of the Harvest«, S. 115–117, 154, 156 (2001). Bei der Darstellung der Geschichte von Pioneer Hi-Bred und seiner Verpflichtung den besten Interessen der Bauern gegenüber wird Tom Urban von Pioneer folgendermaßen zitiert: »Monsanto hat das Saatgut-Ge-

schäft nicht verstanden ... Es tut mir leid, aber sie haben das Saatgut-Geschäft nicht verstanden.«

[27] Monsanto Co., neuester Bericht über Saatgutpatentverletzungen (2003).

[28] Siehe Jill Sudduth »Where the Wild Wind Blows: Genetically Altered Seed and Neighboring Farmers«, Duke L. & Tech.Rev. 0015 Paragraph 6 (2001). Siehe auch Rich Weiss »Seeds of Discord: Monsanto's Gene Police Raise Alarm on Farmer's Rights, Rural Tradition«, Washington Post, A6 (03.02.1999).

[29] Monsanto Co., Monsanto gibt Einzelheiten von Vergleichen in Patentverletzungsfällen bekannt, Presseerklärung (29.09.1998). Diese Meldung berichtete von 475 Fällen von Saatgut-Patentverletzungen, gegen die Monsanto landesweit ermittelte und die aus über 1800 Hinweisen hervorgegangen sind.

[30] Rich Weiss, »Seeds of Discord: Monsanto's Gene Police Raise Alarm on Farmer's Rights, Rural Tradition«, Washington Post, A6 (03.02.1999).

[31] Monsanto Co., neuester Bericht über Saatgut-Patentverletzungen (2003).

[32] Monsanto Co., neuester Bericht über Saatgut-Patentverletzungen (2004).

[33] »Bean Detectives Visit Nebraskan«, Omaha World-Herald (07.11.2004).

[34] Anonyme Bauern, telefonische Interviews mit CFS (05.10.2003; 9.10.2003; 23.10.2003).

[35] Gary Rinehart, telefonisches Interview mit CFS (28.08.2003).

[36] Hal Swann, telefonisches Interview mit CFS (19.10.2003).

[37] Wayne Board, »Monsanto may take legal steps against catching soybean seeds«, Lubbock Avalance-Journal (24.05.1997), erhältlich unter http://www.lubbockonline.com/news/052597/monsanto.htm.

[38] Anonymer Bauer, telefonisches Interview mit CFS (15.08.3003).

[39] Hal Swann, telefonisches Interview mit CFS (19.10.2003).

[40] Mitchell Scruggs, telefonisches Interview mit CFS (18.08.2003).

[41] Gary Rinehart, telefonisches Interview mit CFS (20.10.2003).

[42] Leland Corley, telefonisches Interview mit CFS (28.10.2003).

[43] Anonymer Bauer, telefonisches Interview mit CFS (05.10.2003).

[44] »Forgery Issue Important, Says Lawyer«, CROPCHOICE NEWS (12.11.2002) erhältlich unter http://www.cropchoice.com/leadstryc304.html?recid=1188.

[45] Gary Rinehart, telefonisches Interview mit CFS (20.10.2003).

[46] Anonymer Bauer, telefonisches Interview mit CFS (16.11.2003).

[47] E-mail Korrespondenz mit Troy Roush (28.08.2003).

[48] Ray Dawson, telefonisches Interview mit CFS (21.08.2003).

[49] Hal Swann, telefonisches Interview mit CFS (19.10.2003).

[50] Rich Weiss, »Seeds of Discord: Monsanto's Gene Police Raise Alarm on Farmer's Rights, Rural Tradition«, The Washington Post, A6 (03.02.1999).

[51] Monsanto Co., neuester Bericht über Saatgut-Patentverletzungen (2004).

[52] Richard Davis »Don't save RR Soybeans«, Carolina/ Virginia Farmer (Juni 2003).

[53] Anonymer Bauer, telefonisches Interview mit CFS (05.10.2003).

[54] Der Prozess »Monsanto Co. gegen Bandy und andere« betraf insgesamt 475 Fälle.

[55] Diese Zahlenangaben entsprechen nicht den tatsächlich zugesprochenen Geldern, die Monsanto aufgrund der Rechtsverfahren erhalten hat. Entscheidungen über Zahlungsverpflichtungen sind nur in 36 der 90 Rechtsverfahren öffentlich dokumentiert (http://Pacer.uspci.uscourts.gov/). Von vielen der übrigen 53 Fälle ist bekannt, dass sie mit Vergleichen endeten, die wahrscheinlich eine Zahlungsverpflichtung gegenüber Monsanto enthielten. Es ist auch wahrscheinlich, dass Monsanto in manchen Fällen keine Gelder zugesprochen wurden.

[56] Mellon, Margaret und Rissler, J., »Gone to Seed: Transgenic Contaminants in the

Traditional Seed Supply«, Union of Concerned Scientists (Vereinigung besorgter Wissenschaftler) (24.02.2004). Erhältlich unter http://www.ucsusa.org/food_and_environment/biotechnology/ page.cfm?pageID=1315.

[57] Philosophical Transactions: Biological Sciences, 358:1439 (29.11.2003).

[58] Monsanto Co., Verpflichtungen unseren Aktionären gegenüber (Commitment to our Stakeholders): 2001–2002 Monsanto Pledge Report; erhältlich unter http://www.monsanto.com/monsanto/content/media/pubs/dialogue-pledge.pdf.

[59] Aufgrund von Vertraulichkeitsklauseln, die Bauern bei Vergleichen mit Monsanto unterschrieben haben, ist es CFS in vielen der schrecklichsten Geschichten, die ihm bekannt wurden, nicht möglich, Einzelheiten darzustellen.

[60] Mehr Informationen über Percy Schmeiser unter http://www.percyschmeiser.com.

[61] Bezüglich weiterer Darstellungen des Falles siehe Daniel Charles, »Lord of the Harvest« S.188f (2001).

[62] Rich Weiss, »Seeds of Discord: Monsanto's Gene Police Raise Alarm on Farmer's Rights«, Rural Tradition, The Washington Post, A6 (03.02.1999).

[63] Watrud L. S., E. H. Lee, A. Fairbrother, C. Burdick, J. R. Reichman, M. Bollman, M. Storm, G. King, P. K. Van de Water, »Evidence for landscapelevel, pollen-mediated gene flow from genetically modified creeping bentgrass with CP4 EPSPS as a marker.« Proc Natl Acad Sci U S A, 05.10.2004, 101(40):14533–8.

[64] Squire, G., G. Begg und M. Askew, »The potential for oilseed rape fetal (volunteer) weeds to cause impurities in later oilseed rape crops«, Department for Environment, Food and Rural Affairs (August 2003), erhältlich unter http://www.defra.gov.uk/environment/gm/research/pdf/epg_rg0114.pdf.

[65] Kanina Holmes, »Canadian Organic Farmers Sue Monsanto on GM Crops«, Reuters (11.01.2002).

[66] 82 »Organic crop certifiers decry transgenic contamination«, Cropchoice (01.05.2002) erhältlich unter http://www.cropchoice.com/leadstrya16a.html?recid=310.

[67] 83 Paul Elias, »Biotech firms pay $ 110 million to settle StarLink lawsuit«, Associated Press, (07.02.2003) erhältlich unter http://ipm.osu.edu/trans/023_071.htm.

[68] Monsanto Co., 2005, technischer Leitfaden, S.17.

[69] Memo and Order (06.07.2001).

[70] Klage (01.11.2000).

[71] Memo and Order (06.07.2001).

[72] Ebenda.

[73] »Monsanto Co. gegen Hartkamp«, 2001 WL 34079482, *1.

[74] Robert Schubert, »Forgery Issue Important, Says Lawyer«, CropChoice News (11.12.2002), erhältlich unter http://www.cropchoice.com/leadstry.asp?recid=1188.

[75] Uchtmann, Donald L., »Can farmers save Roundup Ready beans for seed? McFarling and Trantham cases say »no«, Agricultural Law Update, (Oktober 2002).

[76] Eugene Stratemeyers Antrag auf Sammelklage, Fall Nr. 02-CV-505-MJR, S.24.

[77] Anonymer Bauer, telefonisches Interview mit CFS (06.11.2003).

[78] Ray und Luetta Dawson, telefonisches Interview mit CFS (21.08.2003).

[79] Anonymer Bauer, telefonisches Interview mit CFS (17.09.2003).

[80] Homan McFarling, Telefoninterview mit CFS (25.08.2003).

[81] Entscheidung des US-Bundesberufungsgerichts (US Court of Appeals for the Federal Circuit) Monsanto Co. gegen Homan McFarling vom 09.04.2004.

[82] 104 Robert Schubert, »Mississippi Farmer Gets Big Break From Appeals Court in Monsanto Biotech Seed Case«, CropChoice (27.04.2004).

[83] Hal Swann, Telefoninterview mit CFS (19.10.2003).

[84] SmithKline Beecham Corp, 365 F.3d, 1331.

[85] 110 Im Jahr 2001 wurde in Norddakota ein Gesetz verabschiedet, das sog. House Bill 1442, das an einen Patentinhaber, der einen landwirtschaftlichen Betrieb betreten möchte, folgende Bedingungen stellt: 1. Eine schriftliche Mitteilung an den Landwirtschaftsbeauftragten über die Vermutung, dass eine Patentverletzung stattgefunden hat und die Angabe diesbezüglicher Tatumstände, 2. eine schriftliche Mitteilung an den Bauern über die Vermutung, dass eine Patentverletzung stattgefunden hat und die Aufforderung, eine schriftliche Genehmigung, seinen Betrieb betreten zu dürfen, zu erteilen und 3. den Erhalt einer solchen schriftlichen Genehmigung.

[86] Das sog. Under Indiana House Bill 1571 (2003).

[87] Der Saatgutlieferant muss dem Bauern und dem staatlichen Saatgutbeauftragten mindestens 5 Geschäftstage im Voraus die Mitteilung zukommen lassen, dass er beabsichtigt, das Betriebsgelände zu betreten. Diese Mitteilung muss sowohl das Datum und den Ort, an dem er beabsichtigt, das Gelände zu betreten, als auch den Grund des Betretens beinhalten. Der Saatgutlieferant ist dazu verpflichtet, es dem Bauern, dem Saatgutbeauftragten oder deren Vertretern freizustellen, den Saatgutlieferanten bei der Probenentnahme zu begleiten. Der Saatgutlieferant ist dazu verpflichtet, es dem Bauern, dem Saatgutbeauftragten oder deren Vertretern freizustellen, von jeder Probe, die vom Saatgutlieferanten genommen wird, eine entsprechende Probe zu nehmen.

Mit dem Latein am Ende: Transgene Pflanzen auf dem Vormarsch in Lateinamerika

[1] Bunge & Born, Rockefeller, Cargill, Continental Grain, Anderson Clayton, Luois Dreyfus, Union Carbide, Elanco, Cotai, Archer Daniels Midland/Töpfer, Shell, Dow und Purina waren in den siebziger Jahren die wichtigsten transnationalen Firmen, die bei der Organisation der brasilianischen Sojaindustrie eine Schlüsselrolle spielten. (Morgan 1984)

[2] Wir beziehen uns hier auf die u.a. von Córdova dargelegte Abhängigkeitsstruktur Lateinamerikas. »In unseren Gesellschaften hat die Entwicklung eines abhängigen kapitalistischen Sektors historisch die Existenz nicht-kapitalistischer Sektoren vorausgesetzt; dadurch wurde die Ungleichheit der Verteilung erheblich verschärft. (...) Doch nicht die einfache Monoproduktion macht den Charakter der Abhängigkeit aus. Wenn sie tatsächlich im nationalen Besitz und auf diese Weise kontrolliert wäre, verschwände eines ihrer entscheidenden Attribute: ihre Extra-Nationalität. Im Allgemeinen aber befindet sich in den monoproduzierenden Ländern dieser Sektor im Besitz oder unter der Kontrolle von ausländischen Unternehmen; das mag an der Eigentumslage des im Sektor investierten Kapitals und/oder an der Kontrolle über den Außenmarkt der Produktion liegen. Und das ist der Schlüssel zur wirtschaftlichen Abhängigkeit. Die Entscheidungen über das Produktionsvolumen und die Preisdynamik werden getroffen, um Ziele zu erreichen, die mit dem Allgemeinwohl der Einwohner des Landes nichts zu tun haben«. (Córdova 1973: 54; Córdova/Michelena 1971: 115)

[3] »Währungskrisen stellen leicht eine Bedrohung für den Naturbestand in den betroffenen Ländern dar. Länder, die reich an exportierbaren Naturressourcen sind, sehen sich unter Druck, deren kommerzielle Ausbeutung zu erweitern und zu beschleunigen. (...) Während Kolonialisten sich früher mineralische oder agrarische Ressourcen durch die physische Kontrolle eines Territoriums aneigneten, sichern Gentech-Firmen die Ausbeute genetischer Ressourcen durch weltweit anerkannte Patente auf DNA-Sequenzen«. (Sachs 2002: 180, 186)

Monsanto und die biotechnologische Kolonisierung Lateinamerikas

1 Nach der Mechanisierung der Landwirtschaft begann ab den neunziger Jahren ein Prozess der Reduzierung des Maschinengebrauchs, mit der Folge, dass die Bodenflächen immer weniger gepflügt und geeggt wurden. Das neu eingeführte System wurde als direkte Aussaat bekannt, wofür spezielle Sämaschinen entwickelt wurden und der Einsatz des Herbizids Glyphosat nötig wird. Die Wintervegetation wird durch das Totalherbizid getrocknet, und danach kann sofort die Soja eingesät werden. Durch dieses System wurden auch mehr und verschiedene Sorten von Herbiziden eingesetzt, um das Unkraut in der Wachstumsphase der Soja zu kontrollieren. Das Hacken, das einen hohen Arbeitseinsatz erfordert, wird diesbezüglich als veraltet dargestellt, weil der moderne Sojaanbau mit immer weniger manueller Arbeit auskommt. In vielen Betrieben, besonders in den größeren, wurde das Hacken immer mehr abgeschafft und wird als Symbol »harter Arbeit« betrachtet. In wenigen Jahren reduzierte sich die Wirksamkeit vieler Herbizide aber so, dass die Bauern sie ständig wechseln und miteinander kombinieren mussten. Das Unkraut wurde resistenter und brauchte toxischere Stoffe, um bekämpft zu werden. In diesem Kontext ist das Hacken für viele Bauern noch unvorstellbarer geworden. Es gab schon Anbauflächen, auf denen wegen der Zunahme an Unkraut die Sojaproduktion eingestellt wurde und der Boden inzwischen brachliegt.

2 Vgl. Andrioli/Schmalz 2005.

3 Vgl. Luxemburg 1975: 392.

Viel versprochen, wenig gehalten: Katastrophale Auswirkungen des Gensoja-Anbaus in Brasilien

1 Nach der Konferenz der UNO über Umwelt und Entwicklung, die 1992 in Rio de Janeiro stattfand.

2 Gesetz Nr. 11.105, das am 24.03.2005 in Kraft getreten ist und durch das Dekret Nr. 5.591 vom 23.11.2005 geregelt wurde.

3 Acre = 40,47 Ar/bushel = 36,368 l

4 Wie zum Beispiel in Argentinien.

5 USA, Argentinien, Kanada, Brasilien und China. Was China betrifft, handelt es sich meistens nicht um Nahrungsmittel, sondern um gentechnisch modifizierte Baumwolle. (ISAAA 2001)

Monsanto – eine kleine Chronik des US-Saatgut/Chemiekonzerns

1 Die Chronik mit dem Schwerpunkt auf die Agrosparte von Monsanto nimmt keinen Anspruch auf Vollständigkeit. Weitere Informationen sind den Beiträgen des Buches zu entnehmen. Quellen: http://www.Monsanto.de/Monsanto Geschichte; http://de.wikipedia.org/wiki; http://www.Dosto.de/gengruppe/genfood/Imkonz/monsanto; http://www.heise.de/tp/r4/artikel; http://www.krisennavigator.de

2 Zu der damaligen positiven Umsatzentwicklung mag auch ein anderer Absatzmarkt für Chemikalien beigetragen haben. Im Frühjahr 1962 wurde mit dem Erscheinen des Bestsellers »Der stumme Frühling« der US-amerikanischen Biologin und Schriftstellerin Rachel Carson die Öffentlichkeit erstmals umfassend über die Vergiftung von Pflanze, Tier und Mensch durch den hemmungslosen Einsatz von Pestiziden in den USA aufgeklärt. Monsanto hatte sich, wie auch andere amerikanische Firmen, an der Produktion von DDT beteiligt.

3 Wie Herkules, Diamant-Shamrock, Thompson Chemikalie.

[4] Schon winzige Mengen machen krank oder sind tödlich. 80 Gramm Dioxin in das Leitungswasser einer Stadt in der Größe New Yorks gemischt, würde die gesamte Bevölkerung töten.

[5] 2002 waren in den USA bereits rund 79 Prozent der Anbauflächen für Soja mit Roundup-Ready-Sorten des Konzerns bestellt. Roundup ist das Herbizid von Monsanto. Ca. 27 Prozent der Anbauflächen für gentechnisch veränderten Mais mit Schädlingstoleranz und Herbizidresistenz und etwa 69 Prozent der Flächen mit gentechnisch veränderten Baumwollsorten waren von Monsanto bestellt.

[6] Mit der FlavrSavr-Tomate (»Antimatsch«-Tomate) wird 1994 in den USA erstmals ein gentechnisch veränderter Organismus als Lebensmittel für die Vermarktung zugelassen. 30 Prozent der Ernte der als besonders strapazierfähig geltenden Frucht zermatschte beim konventionellen Verpacken. Der Patentinhaber Calgene musste ein neues teures Verpackungs- und Vertriebssystem finanzieren. FlavrSavr geriet zum Flop mit einem Verlust von 160 Millionen US-Dollar. Calgene wird von Monsanto übernommen.

[7] Monsantos Machtstrategien & Unternehmensaufkäufe – ein Report von Greenpeace.

[8] http://www.centerforfoodsafety.org

[9] Die Ciba Foundation mit Sitz in London stellt seit 1949 mit internationalen Konferenzen Wissenschaftlern ein Forum für einen interdisziplinären Austausch zur Verfügung. Die finanzielle Unterstützung der Konferenzen kommt von Ciba. Ciba hält auch Sitze im Executivrat der Ciba Foundation.

[10] Die Teilnehmer sind Genetiker, Biologen, Soziologen, Anthropologen und Mediziner aus Großbritannien, den USA, Frankreich, Kanada, Israel, Ungarn und Polen.

[11] Die Referate sowie Diskussionsbeiträge erscheinen in vielbeachteten Buchveröffentlichungen: Titel der englischen Originalausgabe: Man and His Future. A Ciba Foundation Volume, London 1963; deutsche Ausgabe: *Jungk, Robert/Mundt, Hans Josef* (Hrsg.): Modelle für eine neue Welt. Das umstrittene Experiment: Der Mensch. Siebenundzwanzig Wissenschaftler diskutieren die Elemente einer biologischen Revolution, München, Wien, Basel 1966.

[12] Nach dem Zusammenschluss von Ciba-Geigy und Sandoz heißt der Konzern heute »Novartis«. Die ausgelagerten Agrosparten von Novartis und Astra-Zeneca heißen nach der Fusion »Syngenta«.

[13] Vgl. http://www.novartis.com/about_novartis/en/3companies,shtml.

[14] *Wehowsky, S.* (Hrsg.): Lebensbeginn und menschliche Würde, Frankfurt/M./München 1987, S. 106.

[15] Nach dem plötzlichen Tod *Franklin D. Roosevelts* (1882–1945) wird Truman am 12.4.1945 dessen Nachfolger und gab den Befehl zum Abwurf der Atombomben auf Hiroshima und Nagasaki.

[16] *Cumings, Bruce*: Napalm über Nordkorea, in: Le Monde diplomatique, Dez. 2004. *Cumings* ist emeritierter Professor der University of Chicago und Autor von: North Korea. Another Land, New York (new Press) 2003.

Unheilige Allianzen: Agrochemie-Konzerne, US-Regierung, Rockefeller-Foundation, Weltbank, WTO, WHO, FDA, CGIAR, ISAAA

[1] Vgl. Engdahl, William: Die Saat der Zerstörung, in: Freitag 46, 5.11.2004.

[2] Ebd.

[3] Tremblay, E.: Die Affaere Rockefeller, L'Union pour une Politique Nouvelle (UPN) (Hrsg.) Paris 1981.

[4] »Dred Scott Case« bezieht sich auf den Streitfall zwischen dem ehemaligen schwarzafrikanischen Sklaven Dred Scott und seinem Sklavenhalter V. Sandford, der in den USA großes Aufsehen erregte und in die Zeit der Bürgerkriegsauseinandersetzungen zwischen den Nord- und Südstaaten fiel. Scott hatte geltend gemacht, dass er, bevor er mit seinem Herrn nach Missouri kam, in dem Bundesstaat Illinois (mit einer anderen Rechtslage) ein freier Mann war und diesen Status auch in Missouri beibehalten wollte. Das Höchste Gericht entschied sich 1857 gegen ihn. Damit verlor er, seine Frau und seine Kinder wieder die Immunität und den rechtlichen Schutz der USA.

[5] Zit. nach: Richardt, Katja: Einflussreiche Verbindungen, in: Gen-ethischer Informationsdienst GID Nr. 171, Aug./Sept. 2005, S. 25.

[6] Fuchs, Richard: Gen-Food. Ernährung der Zukunft? Berlin 1997, S. 89.

[7] Der US-amerikanische Unternehmer John Davison Rockefeller (1839–1937) gründete 1870 die »Standard Oil-Organisation«. Rockefellers Vision war die Vermeidung von Überschüssen und Preiskämpfen durch die Übernahme weiterer Ölfirmen und Raffinerien in einer großen Organisation, d.h. die Monopolisierung der Branche. 1879 kontrollierte die Standard Oil schließlich 90 Prozent der Raffineriekapazität in den USA. In der zweiten Hälfte des 19. Jahrhunderts stiegen zu Beginn der Industrialisierung zahlreiche sogenannte »robber barons« (Räuber-Barone) in die höchsten Spitzen der Wirtschaft auf. Dabei bedienten sie sich äußerst skrupelloser Methoden. Aktionäre wurden übervorteilt, Aktienkurse nach Belieben manipuliert, Politiker in großem Stil bestochen, Konkurrenten ausgeschaltet. Rockefeller und seine Partner bauten mit solchen Methoden den ersten Riesenkonzern der USA auf, gerieten aber auch gleichzeitig in die Kritik. Die Zerschlagung des Standard Oil Trust 1911 nach einem Anti-Trust-Verfahren spülte den Rockefellers Dollars ohne Ende in die Kassen. Anfang des 20. Jahrhunderts engagierte Rockefeller eine Art PR-Manager, der sein Image in der Öffentlichkeit korrigieren sollte. Dazu gehörten auch großzügige Geldspenden an Stiftungen und für wohltätige Zwecke.

[8] Vgl., wie auch weitere Ausführungen: Macrakis, Kristie: Wissenschaftsförderung durch die Rockefeller-Stiftung im »Dritten Reich«, aus dem Amerikanischen übersetzt von Christa Krüger, in: Geschichte und Gesellschaft 12, (1986) S. 348–379.

[9] *Kröner, Hans-Peter*: Von der Rassenhygiene zur Humangenetik. Das Kaiser-Wilhelm-Institut für Anthropologie, menschliche Erblehre und Eugenik nach dem Krieg, Stuttgart/Jena/Lübeck/Ulm 1998, Einleitung, S. 1

[10] Journal of Experimental Medicine 79 (1944), S. 137–158.

[11] Cordis Focus, Brüssel, Nr. 223, 16. Juni 2003.

[12] Zitiert nach: http://www.greanpeace.de/themen/gentechnik/politik.

[13] Jeffrey M. Smith: Trojanische Saaten. Genmanipulierte Nahrung – genmanipulierter Mensch

[14] Brendel, Ulrike, in: http://www.greanpeace.de/themen/gentechnik/politik.

[15] Ha-Joon Chang, Prof. an der Universität Cambridge: Über die Geschichte des wirtschaftlichen Protektionismus, in: LE MONDE diplomatique, Juni 2003

[16] Vgl. Pühringer, Andi, in: http://www.bukoagrar.de/28+M5bb6be8f002.0.html

Patente Geschäfte mit transgenem Saatgut: 20 Jahre Lizenzgebühren

[1] *Bauer, Carsten*: Patente und Sortenschutz in »Kein Patent auf Leben«, Beiträge zur Anhörung vom 05.10.1996 von BÜNDNIS 90/DIE GRÜNEN, Plenarsaal Wasserwerk, Bonn.

[2] GRUR Int 80, 627.

[3] SupC »Chakrabarty« GRUR Int, 627. Vgl. Bauer, Carsten: Patente für Pflanzen – Motor des Fortschritts?, in: Umweltrechtliche Studien, Band 15, Düsseldorf 1993, S. 242.

[4] Ein Erfogsschlager war das von dem Geigy-Wissenschaftler Paul Müller entwickelte (inzwischen verbotene) Insektizid DDT. Er erhielt 1948 hierfür den Nobelpreis. Geigy entwickelte 1956 außerdem das erste auf Triazine basierende Herbizid.

[5] Richtlinie 98/44/EC vom 06.07.98 über den rechtlichen Schutz biotechnologischer Erfindungen, seit 30.07.98 in Kraft, muss innerhalb von zwei Jahren in das nationale Patentrecht der jeweiligen EU-Staaten umgesetzt werden. Das ist allerdings noch in keinem Land geschehen. Gegen die Richtlinie war eine Klage der Niederlande und Italien beim Europäischen Gerichtshof anhängig.

[6] http://www.greanpeace.de/themen/patente/konzerne/artikel/pflanzen. V.i.S.d.P.: Christoph Then, Greenpeace e.V.

[7] http://www.keinpatent.de/Hintergrund.html

[8] Vgl. »http://de.wikipedia.org/wiki

Euro-Land in Lobby-Hand

[1] www.europa.eu.int/comm/research/press/2001/pr0612en-report.pdf.

[2] www.gmofree-europe.org

[3] Die Richtlinie 2001/18/EG über die absichtliche Freisetzung genetisch veränderter Organismen in die Umwelt und zur Aufhebung der Richtlinie 90/220/EWG des Rates vom 12. März 2001.

[4] Vgl. FoEE: Throwing Caution to the Wind, November 2004, sowie Pressemitteilung von FoEE vom 30. Mai 2006 unter: www.foeeurope.org/press/2006/AB_30_May_EFSA.htm.

[5] Vgl. FoEE: Throwing Caution to the Wind, November 2004.

[6] Antwort der Kommission vom 05.08.2005 auf eine schriftliche Anfrage von Hiltrud Breyer (E-2556/05DE). Zu beziehen über hiltrud.breyer@europarl.europa.eu

[7] So in Artikel 14 der Verordnung EG Nr. 178/2002, ABl. L 31 vom 1.2.2002, S. 1.

[8] Vgl. Journal of Agricultural and Food Chemistry, Ausgabe 3, S. 9023–9030.

[9] Vgl. schriftliche Anfrage von Hiltrud Breyer vom 03.05.2006.

[10] Antwort der Kommission vom 20.12.2005 auf eine schriftliche Anfrage von Hiltrud Breyer (P-4154/05). Zu beziehen über hiltrud.breyer@europarl.europa.eu

[11] Greenpeace International (Hrsg.): maize Bt11 – C/F/96.05.10 Notification for Cultivation, über http://eu.greenpeace.org/downloads/gmo/Bt11reportOct05.pdf

[12] So verhängte Österreich ein Importverbot gegen den Genmais T25, Bt176 sowie gegen den Raps GT73, Deutschland und Luxemburg gegen Bt176 sowie Frankreich gegen die Ölrapssorten Topas 19/2 und MS1xRf1. Griechenland sprach sich für die Zulassungsverweigerung des Mais MON810 und 14 neuer Sorten aus, und auch die Slowakei, Polen und Ungarn verhängten ein Importverbot gegen MON810. Ungarn lieferte sich ebenfalls einen heftigen Schlagabtausch mit der EFSA, da diese keine Risikobeurteilung über die eventuellen Gefahren für die pannonische Fauna bei der Einführung von GVO durchgeführt habe. Vgl. FoEE: Contaminate or legislate? April 2006.

[13] Vgl. Agra Facts, No 21-06, vom 10. März 2006.

[14] www.isaaa.org

[15] Berechnungen der europäischen Industrievereinigung »Agricultural Biotechnology«, eines Teams der britischen Universität Reading sowie des US-Landwirtschaftsministeriums zeigen, dass die ISAAA den Anbau in den USA bis zu 9 %, den Anbau

der insektenresistenten Bt-Baumwolle in Südafrika sogar um das 20–30-Fache übertrieb. Vgl. FoEE International: »who benefits from gm crops?«, January 2006; www.gmwatch.org (»ISAAA inflated US figures«); www.umweltinstitut.org/frames/gen/genindustriebloeff.htm.

[16] Eines der Argumente von EuropaBio ist »This would only result in more years of lost opportunity and outright disinvestment in European biotechnology. Protect the Environment – Don't Stigmatize GMOs!« Vgl. FoEE International: »who benefits from gm crops?«, January 2006.

[17] www.gmwatch.org/archive2.asp?arcid=4008

[18] www.gmwatch.org/print-archive2.asp?arcid=4133

[19] Vgl. ESA Positionspapier ESA_04.0099 vom April 2004.

[20] Vgl. www.saveourseeds.org; Pressemitteilung der Österreichischen Berg- und Kleinbauern Vereinigung ÖBV-Via Campesina. www.bergbauern.org

[21] Vgl. Kommissionsmitteilung COM 2004/353.

[22] Power Struggle over Biotech in Brussels. In: Corporate Europe Observatory (CEO), December 2004, http://www.corporateeurope.org/biotechbrussels.html; http://www.umweltlexikon-online.de/fp/archiv/RUBumweltorganisationen/LobbyArbeitvonUmweltverbaenden.php

[23] FoEE International: »who benefits from gm crops?«, January 2006.

Das unsichtbare Netz der Lobbyisten

[1] http://www.europabio.org/eu_index.htm

Erst die Kuh, dann Du: Gen-Futter/Gen-Food und die Nebenwirkungen

[1] Ursachen und Verhinderung von Krebs, Universität Essen, 16.12.1998.

[2] Vgl. Bischof, Marco: Biophotonen. Das Licht in unseren Zellen, Frankfurt 1996

[3] Popp, Fritz-Albert: Biophotonen-Analyse der Lebensmittelqualität, in: Fuchs, Richard: Gen-Food. Ernährung der Zukunft, Berlin 1997, S. 284. Mit der Biophotonenanalytik gelingt es auch, genetische Veränderungen aufzudecken.

[4] 1. Mose 1,29

[5] Berger, Klaus: Manna, Mehl und Sauerteig, Stuttgart, 1993.

[6] Vgl. http://www.naan.de/geographie/flurbereinigung.html

[7] Eine ausführlich Dokumentation in: Fuchs, Richard: Gen-Food. Ernährung der Zukunft? Berlin 1997, S. 211–226.

[8] Pestizide werden nach ihren Zielorganismen unterteilt: Akarizide gegen Milben, Algizide gegen Algen, Bakterizide gegen Bakterien, Fungizide gegen Pilze bzw. Pilzkrankheiten, Herbizide gegen Pflanzen, Insektizide gegen Insekten, Molluskizide gegen Schnecken, Nematozide gegen Fadenwürmer, Rodenzide gegen Nagetiere, Virizide gegen Viren.

[9] Vgl. Strubelt, Otfried : Gifte in unserer Umwelt : toxische Gefahren von Arsen bis Zyankali, Stuttgart 1989, S. 155.

[10] Pack Weiss: Biotech Food Raises a Crop of Questions, Washington Post, 15.8.1999, S. Ai.

[11] Smith, Jeffrey M.: Trojanische Saaten. Genmanipulierte Nahrung – GenManipulierter Mensch, München 2002, S. 218f.

[12] Vgl. Smith, Jeffrey M.: Trojanische Saaten. Genmanipulierte Nahrung – GenManipulierter Mensch, München 2002, S. 232.

[13] www.epa.gov/safewater/dwh/c-soc/glyphosa.html. Zitiert nach: Violat, Pierre-

Ludovic: Die Ölfrucht, die goldene Eier legt, in: LE MONDE diplomatique, April 2006.

[14] Vgl.: Violat, Pierre-Ludovic: Die Ölfrucht, die goldene Eier legt, in: LE MONDE diplomatique, April 2006.

[15] Zitiert nach Ebd.

[16] Beesten, Angela von (Sprecherin des AK Gentechnik im Ökologischen Ärztebund): Gentechnik auf dem Acker und auf dem Teller – eine kritische Betrachtung, in: Sambucus (Hg.), Vahlde 2004.

Die Auswirkungen auf die Gesundheit

[1] Schrotschussverfahren, wodurch Zellen mit Metallpartikeln beschossen werden, damit ein ausgewähltes Gen im Genom landet.

[2] Vor der Saat wurde das Totalherbizid gespritzt, um die gesamte Vegetation abzutöten und danach direkt säen zu können, also ohne Pflug- und Eggeneinsatz. Siehe mehr dazu im Kapitel V.

[3] Der Grenzwert wurde 2004 aufgrund der Debatte um die Freisetzung der Gensoja von 0,2 mg/kg auf 10 mg/kg erhöht. Gleichzeitig wurde auch die Freigabe des Glyphosat als Spritzmittel in der Pflanzenschutzgesetzgebung neu geregelt, denn vorher war dessen Einsatz auf Nutzpflanzen verboten. Damals wurde das Totalherbizid gebraucht, um die Soja künstlich zu trocknen, wenn sie vom Schädling *Nezara viridula* betroffen war, dessen Angriff dazu führte, dass die betroffene Soja nicht reifte und dadurch die Ernte erschwerte. Das Verbot bezog sich auf die Gefahr der Übertragung von Rückständen auf die Soja.

[4] Eine Erkrankung, bei der sich bösartige Krebszellen im Lymphsystem entwickeln.

Agro-Gentechnik: Neue Strategien mit Gesundheitsversprechen

[1] Die Woche, 23. 7. 99

[2] Gefahr Pharma-Pflanzen, in: Grössler, Manfred (Hrsg): Gefahr Gentechnik. Irrweg und Ausweg, Mariahof 2005, S. 197.

[3] Koechlin, Florianne, in: GID Nr. 138, 2/2000.

[4] Zitiert nach: Pflanzen-Patente: Monopol für Konzerne – Greenpeace; http://www.greenpeace.de

Macht Euch vom Acker

[1] Friends of the Earth Europe, www.gmofree.org;Assembly od European Regions www.a-e-r.org

[2] www.gentechnikfreie-regionen.de

[3] Die Auflistung der Initiativen, die sich in der Vergangenheit kritisch mit dem Thema Agro-Gentechnik auseinandergesetzt haben, hat keinen Anspruch auf Vollständigkeit. Gern nimmt der Verlag für die nächste Auflage weitere Angaben entgegen.

Literaturnachweise zu den Beiträgen von Antônio Inácio Andrioli

Agrofolha. (1998): *Soja é solução para alimentar o mundo.* Folha de São Paulo, São Paulo, 15.12.98.

Alstad, D. N./Andow, D. A. (1995): *Managing the Evolution of Insect Resistance to Transgenic Plants.* Science 268: 1894–1896.

Altieri, M. (1994): *Biodiversity and Pest Management in Agroecosystems.* New York: Haworth Press.

Altieri, M. A. & Pengue, W. A. (2006): *La soja transgénica en América Latina. Una maquinaria de hambre, deforestación y devastación socioecológica.* Download: <http://www.grain.org> (20.06.2006).

Altieri, M. (2001): Agroecologia: a dinâmica produtiva da agricultura sustentável. Porto Alegre: UFRGS.

Alvarez, E. (2002). *Perfil de la Indústria Biotecnológia a Nível Nacional.* Instituto Agronómico Nacional, Ministerio de Agricultura y Ganadería del Paraguay. Download: <http://www.concytec.gob.pe/cambiotec/segunda%20parte/11%20paraguay.pdf> (19.06.2006).

Amstalden, L. F. (1991) *Os custos sócio-ambientais da modernização agrícola brasileira.* Campinas: Unicamp.

Andrioli, A. I./Schmalz, S. (2005). *Brasilien: politische Wende oder Fortsetzung neoliberaler Politik?* In: Boris, D./Schmalz, S./Tittor, A.: Lateinamerika: Verfall neoliberaler Hegemonie? Hamburg: VSA-Verlag.

Balcewicz, L. C. et al. (2001): *Estudo comparativo de custos de produção entre a cultura de soja (Glicyne max L. Merril) tradicional (ou convencional) e soja transgênica no Brasil e nos Estados Unidos da América.* Curitiba: PUC-Paraná.

Bartsch, D./Kiper, M./Thurau, M. (1989): *Wie die Gentechnik die Landwirtschaft durchkapitalisiert.* In: Thurau, M. (Hrsg.) Gentechnik – Wer kontrolliert die Industrie? Frankfurt am Main: Fischer Verlag.

Benbrook, C. (2001): *Glyphosate Efficacy is Slipping and Unstable Transgene Expression Erodes Plant Defenses and Yields.* Idaho: Northwest Science and Environmental Policy Center Sandpoint.

Bernhard, J. (1990): *Methoden und Projekte der Gentechnologie in der Pflanzenzucht.* In: Altner, G./Krauth, W./Lünzer, I./Vogtmann, H. (Hrsg.). Gentechnik und Landwirtschaft: Folgen für Umwelt und Lebensmittelerzeugung. Karlsruhe: Müller.

Blecher, B. (2001): *EUA devem cortar área de transgênicos.* Folha de São Paulo, Caderno Agrofolha, São Paulo, 27.03.2001.

Bravo, E. (2002): *Transgénicos en America Latina.* Boletín de la RALLT No. 79.

Broadment, E. (1975): *Exploratory study of Brazil soybean marketing.* Londrina: CNPS.

Brühl, T./Meyer, H. (2001): *Die Umsetzung des Übereinkommens über die biologische Vielfalt in Deutschland.* Bonn: Forum Umwelt & Entwicklung.

Brum, A. J. (1988): *Modernização da agricultura trigo e soja.* Ijuí: FIDENE.

Buntzel, R./Sahai, S. (2005): *Risiko: Grüne Gentechnik. Wem nützt die weltweite Verbreitung gen-manipulierter Nahrung?.* Frankfurt am Main: Brandes & Apsel.

Campanha Por Um Brasil Livre de Transgênicos (2006): *Equador proíbe transgênicos na ajuda alimentar.* Boletim No. 300, 19/05/2006. Download <http://www.aspta.org.br> (20.06.2006).

Canal Rural. (2002): *Mapa critica proposta norte-americana a sojicultores brasileiros.* Download: <http://www.clicrbs.com.br> (25.03. 2002).

Cárcamo, M. I. (2006): *Uruguay: ¿País soberano?* Montevideo: RAP-AL.

Cariboni, D. (2006): *Agricultura América Latina: Transgénicos dejan Huella.* Inter Press Service News Agency, 14/03/2006. Download <http://www.ipsnoticias.net> (21.06.2006).

Castanheira, J. (2003): *Monsanto na fogueira.* Revista Isto É Dinheiro, São Paulo. Download: <http://www.terra.com.br/istoedinheiro/299/negocios/299_monsanto_fogueira.htm> (21.05.2003).

Chaboussou, F. (1987): *Pflanzengesundheit und ihre Beeinträchtigung. Die Schädigung durch synthetische Dünge- und Pflanzenbehandlungsmittel.* Karlsruhe: Müller.

Córdova, A. (1973): *Strukturelle Heterogenität und wirtschaftliches Wachstum.* Frankfurt am Main: Suhrkamp.

Córdova, A./Michelena, H. S. (1971): *Die wirtschaftliche Struktur Lateinamerikas. Drei Studien zur politischen Ökonomie der Unterentwicklung.* Frankfurt am Main: Suhrkamp.

Correa, J. (2003): *Soja convencional tem espaço.* Jornal Zero Hora, Porto Alegre, 11.04.2003.

Darmency, H. (1994): *The Impact of Hybrids Between Genetically Modified Crop Plants and their Related Species: introgression and weediness.* Molecular Ecology 3: 37–40.

Deak, A. (2003): *As raízes do problema.* Revista Novae, São Paulo, 03.07.2003. Download: <http: //www.novae.inf.br> (03.07.2003).

Embrapa (1986): *Compatibilidade de Agrotóxicos com Rhizobium spp. e a simbiose das leguminosas.* Rio de Janeiro: CNPBS.

Formenti, L. (2006): *MMA quer barrar plantio de algodão transgênico.* O Estado de São Paulo, 08/06/2006. Download: <http://www.estado.com.br> (20.06.2006).

García, S. (2006): Monsanto y la Mano de Dios. *La soja transgénica destruye suelos y vidas.* Biodiversidad en América Latina. Download: <http://www.biodiversidadla.org> (20.06.2006).

Gassen, H.-G. (1999): *Gentechnik, Grenzzone menschlichen Handelns?* Karlsruhe: Gesamtverband der Deutschen Versicherungswirtschaft.

González, E. L. (2005): *La problemática de los cultivos transgénicos en Colombia: propuestas y estrategias.* Grupo Semillas, noviembre de 2005. Download <http://www.mamacoca.org> (21.06.2006).

Gnekow-Metz, A. (1999): *Wunderbohne mit wunden Punkten. Information zur Sojabohne.* Eichstetten: Lusophonie-Verlag.

GRAIN (2006): *Argentina: ¿Expulsados del paraíso (de los transgéni-cos)?* Download: <http://www.grain.org> (20.06.2006).

Guerra, M. P./Nodari, R. O. (2003): *Impactos ambientais das plantas transgênicas: as evidências e as incertezas.* Florianópolis: UFSC.

Hobbelink, H. (1989): *Bio-Industrie gegen die Hungernden.* Reinbek bei Hamburg: Rowohlt.

Hobbelink, H. (1990): *Biotecnologia muito além da Revolução Verde: desafio ou desastre?* Porto Alegre: Fundação Juquira Carandiru.

Holt, J. et al. (1993): *Mechanisms and Agronomic Aspects of Herbicide Resistance.* Annual Review Plant Physiology Plant Molecular Biology 44: 203–229.

James, Clive (2005): *Global Status of Commercialized Biotech/GM Crops: 2005.* ISAAA Briefs No. 34. Ithaca, NY: ISAAA.

Joensen, L. & Ho, M. (2004): *La paradoja de los transgénicos en Argentina.* Revista del Sur, No. 147/148 – Enero/Febrero de 2004.

Joensen, L./Semino, S./Paul, H. (2005): *Argentina: A Case Study on the Impact of Genetically Engineered Soya.* Download: <http://www.econexus.info/pdf/ENx-Argentina-GE-Soya-Report-2005.pdf> (18.07.2005).

John, L. (2003): *Soja transgênica tem ganhos discutíveis.* O Estadão (Caderno de Ciência e Meio Ambiente), São Paulo, 25.08.2003.

Kageyama, Â./Silva, J. G. (1988): *A dinâmica da agricultura brasileira: do complexo rural aos complexos agroindustriais.* Campinas: UNICAMP.

King C. et al. (2001): *Plant growth and nitrogenase activity of glyphosate-tolerant soybeans in response to foliar application.* Agronomy Journal 93:179–186.

Kist, A. L. (2002): *Conab aponta soja brasileira entre as mais competitivas do mundo.* Download: <http://www.clicrbs.com.br> (07.08. 2002).

Kremer, R.J./Donald, P.A./Keaster, A.J./Minor, H.C. (2000): *Herbicide Impact on Fusarium spp. and Soybean Cyst Nematode in Glyphosate-Tolerant Soybean.* Download: <http://www.asa-cssa-sssa.org/cgbin/abstract_database_search.cgi? objective=Kremer> (15.07.2003).

Levitus, G. (2006): *Los cultivos transgénicos en la Argentina.* Revista Química Viva, No. 1, año 5, abril de 2006.

Lopes, F. (2004): *Monsanto começa a receber royalties da soja transgênica.* Jornal Valor Econômico, São Paulo, 04.05.2004

Lopes, F. (2002): *Monsanto faz ajuste e busca lucro.* Jornal Valor Econômico, São Paulo, 12.09.2002.

Londres, F. (2001): *Com bom senso e sem transgênicos.* Revista Caros Amigos, nº. 53, Agosto de 2001.

Lutz, B. (1984): *Der kurze Traum immerwährender Prosperität. Eine Neuinterpretation der industriell-kapitalistischen Entwicklung im Europa des 20. Jahrhunderts.* Frankfurt am Main; New York: Campus.

Lutzenberger, J. A. (2001): *Die selbstmörderische Sinnlosigkeit der modernen Landwirtschaft.* Download: <http://www.fgaia.org.br/texts/d-absurditat.html> (15.02. 2003).

Luxemburg, R. (1975): *Die Akkumulation des Kapitals.* Gesammelte Werke, Band 5. Berlin: Dietz Verlag.

Macdonald, D.F. (1991): *Agricultural biotechnology at the crossroads.* NABC Report 3. Binghamton: Union Press of Binghamton.

Maier, J. (1998): *Das Biosafety-Protokoll. Internationale Gentechnikverhandlungen im Spannungsfeld von Welthandel und Sicherheit.* Bonn: Forum Umwelt & Entwicklung.

Marques, V. A. (2004): *Cobrança de royalties da soja transgênica.* Porto Alegre: Assembléia Legislativa.

Massarat, M. (1999): *Nachhaltige Entwicklung durch Kostenexternalisierung. Theorieansätze zur Analyse und Reform globaler Strukturen.* In: Thiel, R. (Hrsg.). Neue Ansätze zur Entwicklungstheorie. Bonn: Deutsche Stiftung für internationale Entwicklung.

Mayer, C./Frein, M./Reichert, T. (2002): *Globale Handelspolitik – Motor oder Bremse nachhaltiger Entwicklung? Eine Zwischenbilanz zehn Jahre nach Rio.* Bonn: Forum Umwelt & Entwicklung/EED.

Mittler, D. (2003): *WTO: Hände weg von unserer Nahrung.* In: Biologische Vielfalt: Nie war sie so wertvoll wie heute. Bonn: Forum Umwelt & Entwicklung, 2003.

Mooney, P. R. (1987): *O Escândalo das sementes: o domínio na produção de alimentos.* São Paulo: Nobel.

Moore, B. (1974): *Soziale Ursprünge von Diktatur und Demokratie. Die Rolle der Grundbesitzer und Bauern bei der Entstehung der modernen Welt.* Frankfurt am Main: Suhrkamp.

Morgan, D. (1984): *Los traficantes de granos.* 5. Auflage. Buenos Aires: Editorial Abril.

Negromonte, M. (1997): *Verdes combatem a soja transgênica.* Folha de São Paulo, São Paulo, 19.03.1997.

Nodari, R. O./Guerra, M. P. (2000): *Biossegurança de plantas transgênicas.* In: Görgen, S. A. *Riscos dos Transgênicos.* Petrópolis: Vozes.

Oricolli, S. (1998): *Soja transgênica economiza defensivo.* Gazeta Mercantil, São Paulo, 12.02.1998.

Paasch, A. (2004): *Brasilien: Eine kritische Zwischenbilanz.* Bonn: FIAN.

Pengue, W. (2000): *Cuando el laboratorio es el protagonista. Presente y futuro de la agricultura en Argentina.* Artículo No. 2, 14 de julio de 2000.

Pengue, W. A. (2000): *Cultivos transgénicos: Hacia donde vamos? Algunos efectos sobre el ambiente, la sociedad y la economía de la nueva »recombinación« tecnológica.* Buenos Aires: Lugar Editorial.

Pengue, W. A. (2001): *Impactos de la expansión de la soya em Argentina.* Biodiversidad, Nr. 29: 7–14, Juli 2001.

Pimentel, D. et al. (1989): *Benefits and Risks of genetic Engineering in Agriculture.* BioScience 39: 606–614.

Radosevich, S. R. et al. (1996): *Weed Ecology: implications for weed management.* New York: John Wiley and Sons.

RCW Consultores. (2002): *Custo de produção de soja e milho no Brasil, Argentina e EUA, Safra 2000/2001.* Download: <http://www.rcwconsultores.com.br/radarsoja> (21.07.2003).

Red Bolivia Libre de Transgénicos (2006): *Soya convencional y transgénica en Bolivia.* Download <http://www.ecoportal.net> (20.06. 2006).

Reportagem Local. (2000): *Redução de custos chega a 17 %.* Folha de São Paulo, São Paulo, 04.08.2000.

Ribeiro, S. (2005): Monsanto y la soya Argentina. Revista La Jornada, año 22, No. 7748, 21 de marzo de 2005. Download: <http://www.jornada.unam.mx> (20.03.2006).

Riewenherm, S. (2000): *Gentechnologie.* Hamburg: Europäische Verlagsanstalt.

Robinson, R.A. (1996): *Return to Resistance: breeding crops to reduce pesticide resistance.* Davis: AgAccess.

Roche, J. (1969): *A colonização alemã e o Rio Grande do Sul.* Porto Alegre: Globo.

Sachs. W. (2002): *Nach uns die Zukunft. Der globale Konflikt um Gerechtigkeit und Ökologie.* Frankfurt am Main: Brandes & Apsel Verlag.

Sanogo, S. et al. (2000): *Effects of herbicides on Fusarium solani F. sp. glycines and development of sudden death syndrome in glyphosate-tolerant soybean.* Phytopathology 90:57–66.

Schumann, H. (1986): *Futtermittel und Welthunger. Agrargroßmacht Europa – Mastkuh der Dritten Welt.* Reinbek bei Hamburg: Rowohlt.

Segatto, C./Waack, W. (1999): *Tem comida estranha na geladeira.* Revista Época, São Paulo, 01.03.1999.

Senado Federal (1999): *Anais do Seminário Internacional sobre Biodiversidade e Transgênicos.* Brasília: Senado Federal.

Tambara, E. (1985): *RS: modernização & crise na agricultura.* Porto Alegre: Mercado Aberto.

Tappeser, B./Baier, A./Dette, B./Tügel, H. (1999): *Die blaue Paprika.* Basel: Birkhäuser.

Tokar, B. (2004): *Cientista revela história obscura da Monsanto.* Jornal Brasil de Fato. Download: <http://www.brasildefato.com.br/?page=noticia&noticia=306> (15.04.2004).

USDA (2005). *Official Foreign Estimates.* Foreign Agricultural Service. Download: <http://www.fas.usda.gov/> (20.04.2005).

Viollat, P. (2006): *Die Ölfrucht, die goldene Eier legt. In Argentinien boomt der Anbau von Gensoja.* Le Monde Dipomatique (Dossier: Angewandte Gentechnik), April 2006, S. 23.

Wallerstein, I. (1979): *Aufstieg und künftiger Niedergang des kapitalistischen Weltsystems.* In: Senghaas, D. Kapitalistische Weltökonomie. Kontroversen über ihren Ursprung und ihre Entwicklungsdynamik. Frankfurt am Main: Suhrkamp.

Weizsäcker, C. (1998): *Warum – in aller Welt – ist das Biosafety-Protokoll so wichtig?* In: Maier, J. Das Biosafety-Protokoll. Internationale Gentechnikverhandlungen im Spannungsfeld von Welthandel und Sicherheit. Bonn: Forum Umwelt & Entwicklung.

Zanatta, M. (2000): *OIT teme exlusão dos pequenos produtores.* Jornal Valor Econômico. São Paulo, 06.10.2000. Download: <http://www.valor.com.br> (18.10.2002).

Zero Hora. (2004): *Produtores gaúchos aceitam pagar tecnologia da Monsanto para grãos transgênicos.* Jornal Zero Hora, Porto Alegre, 28.01.2004.

Sachregister

Namenregister

Ein Verlag, ein Haus, eine Philosophie.

Millionen Bundesbürger kannten den kämpferischen Ganzheitsarzt Dr. Max Otto Bruker (1909–2001) aus dem Fernsehen, aus Vorträgen, durch den „Mundfunk“ überzeugter Patienten. Vor allem lesen sie aber die rund 30 Bücher des schwäbischen Humanisten und Seelenarztes. Mit einer Gesamtauflage von über drei Millionen Exemplaren ist Max-Otto Bruker der wohl bedeutendste medizinische Erfolgsautor im deutschsprachigen Raum. Der – in der Nachfolge des Schweizer Reformarztes Bircher-Benner scherzhaft „Deutschlands Vollwertpapst“ genannte – Massenaufklärer, langjährige Klinikchef und Ernährungsspezialist lehrt zwei fundamentale Erkenntnisse Patienten wie Gesunden: Der Mensch wird krank, weil er sich falsch ernährt. Der Mensch wird krank, weil er falsch lebt.

Hinter den Erfolgstiteln des emu-Verlages steht ein bedeutender Forscher und Arzt, eine Bewegung, ein Haus und tausende Schülerinnen und Schüler. 1994 wurde das „Dr.-Max-Otto-Bruker Haus“, das Zentrum für Gesundheit und ganzheitliche Lebensweise, auf der Lahnhöhe in Lahnstein bei Koblenz bezogen. Es stellt die äußere Krönung des Brukerschen Lebenswerkes dar: Der lichte Bau mit seinem Grasdach, den Sonnenkollektoren und den Wasserrecyclinganlagen, seinen Seminarräumen, dem Foyer mit der Glaskuppel und dem liebevollen Biogarten ist als Treffpunkt für all jene konzipiert, denen körperliche und seelische Gesundheit, ökologische und spirituelle Harmonie Herzensbedürfnis und Sehnsucht sind.

Hinter dem eleganten Halbmondkorpus mit dem markanten Grasdach verbirgt sich eine Begegnungsstätte für Gesundheitsbewusste, Seminarteilnehmer, Trost-, Ruhe- und Anregungsbedürftige.

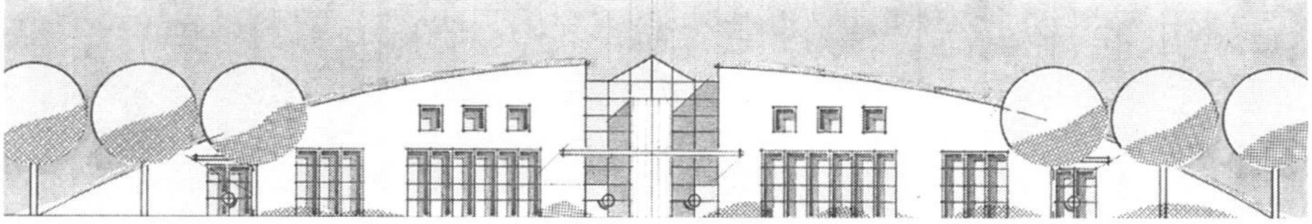

Feste Termine:

Jeden Montag, 18.30 Uhr: Vortrag Ilse Gutjahr-Jung: Theorie und Praxis der vitalstoffreichen Vollwertkost.
Jeden Dienstag, 18.30 Uhr: Vortrag Dr. phil. Mathias Jung (Lebenshilfe und Philosophie)
Jeden Mittwoch, 10.30 Uhr: Fragestunde mit Dr. Birmanns (Ärztlicher Rat aus ganzheitlicher Sicht)

Ausbildung Gesundheitsberater/in GGB
Lebensberatung/Frauen-, Männer- und Paargruppen

Die vitalstoffreiche Vollwertkost hat ihre Verbreitung, auch im klinischen Bereich, durch die unermüdliche Information und praktische Durchführung von Dr. M. O. Bruker gefunden. Um die Erkenntnisse gesunder Lebensführung und die durch falsche Ernährung provozierte Krankheitslawine ins öffentliche Bewusstsein zu rücken, bildet die von ihm 1978 gegründete „Gesellschaft für Gesundheitsberatung GGB e. V." Gesundheitsberaterinnen und Gesundheitsberater GGB aus. Über 4000 Frauen und Männer haben bislang die berufsbegleitende Ausbildung bestanden und wirken in Volkshochschulen, Bioläden, Lehrküchen, Krankenhäusern, ärztlichen Praxen, Krankenversicherungen und ähnlichen Bereichen.

Auf der Lahnhöhe erhalten sie durch das GGB-Expertenteam nicht nur eine sorgfältige Grundlagenausbildung über die vitalstoffreiche Vollwerternährung und den Krankmacher der „entnatürlichten" (denaturierten) Zivilisationsernährung (raffinierter Fabrikzucker, Auszugsmehle, fabrikatorische Öle und Fette, tierisches Eiweiß usw.), sondern gewinnen auch Einblick in die leibseelischen Zusammenhänge der Krankheiten.

Anfragen zur Gesundheitsberater-Ausbildung wie zu den Selbsterfahrungsgruppen, Lebensberatung, Paartherapie und Psychotherapie bei Dr. Mathias Jung und weiteren Tages- und Wochenendseminaren sowie Einzelberatung sind zu richten an die
Gesellschaft für Gesundheitsberatung GGB e. V.
Dr.-Max-Otto-Bruker-Str. 3
56112 Lahnstein
Tel.: 02621/917010, 917017, 917018, Fax:02621/917033
E-Mail: seminare@ggb-lahnstein.de
Internet: www.ggb-lahnstein.de

Fordern Sie ebenfalls ein kostenloses Probe-Exemplar der Zeitschrift „Der Gesundheitsberater" an.

Dr. med. M. O. Bruker
Unsere Nahrung – unser Schicksal

emu-Verlag
ISBN 3-89189-003-6

Waltraud Becker
Korngesund
Das Getreide-Handbuch

emu-Verlag
ISBN 3-89189-1053-9